大模型时代
智能体的崛起与应用实践
微课视频版

王瑞平　张美航　王瑞芳　吴志刚　◎　编著

跟我一起学 人工智能

清华大学出版社
北京

内 容 简 介

本书以大模型为背景,揭示了智能体在多个领域的应用与实践。全书围绕大模型技术和智能体的构建、优化和应用,展开了一场通俗易懂的智能体探索之旅。书中详述了主流算法框架,助力读者全面把握智能体的发展和实践要点。

全书共 8 章,分为入门篇、技术篇和实践篇。入门篇(第 1 章和第 2 章)详述了智能体的理论基础;技术篇(第 3 章和第 4 章)讨论了智能体通用框架和优化策略;实践篇(第 5~8 章)展示了智能体在内容创作、娱乐创意、财务、交通运输和科研等领域的应用。每章均配有案例和操作步骤,便于读者快速学习智能体的构建和使用。

本书配套资源丰富,包括代码、视频等,助力读者深入理解。本书紧贴热点,适合对大模型和智能体感兴趣的读者,也可作为高等院校和培训机构的教学参考书。

版权所有,侵权必究。举报: 010-62782989,beiqinquan@tup.tsinghua.edu.cn。

图书在版编目(CIP)数据

大模型时代:智能体的崛起与应用实践:微课视频版 / 王瑞平等编著. -- 北京:清华大学出版社,2025.3. -- (跟我一起学人工智能). -- ISBN 978-7-302-68661-3

Ⅰ. TP18

中国国家版本馆 CIP 数据核字第 20255A78W4 号

责任编辑:赵佳霓
封面设计:吴 刚
责任校对:时翠兰
责任印制:刘海龙

出版发行:清华大学出版社
网　　址:https://www.tup.com.cn,https://www.wqxuetang.com
地　　址:北京清华大学学研大厦 A 座　　邮　编:100084
社 总 机:010-83470000　　邮　购:010-62786544
投稿与读者服务:010-62776969,c-service@tup.tsinghua.edu.cn
质量反馈:010-62772015,zhiliang@tup.tsinghua.edu.cn
课件下载:https://www.tup.com.cn,010-83470236

印 装 者:三河市少明印务有限公司
经　　销:全国新华书店
开　　本:186mm×240mm　　印　张:19　　字　数:430 千字
版　　次:2025 年 5 月第 1 版　　印　次:2025 年 5 月第 1 次印刷
印　　数:1~1500
定　　价:79.00 元

产品编号:108378-01

前言
PREFACE

未来已来,在这个数据驱动的时代,人工智能技术正以前所未有的速度融入我们的日常生活。大模型的兴起无疑加速了这一变革的步伐。作为一名人工智能领域的实践者,笔者亲历了从传统机器学习到深度学习,再到如今大模型时代的跃迁。大模型的出现,不仅重塑了我们对于智能的理解,更为各行各业带来了颠覆性的发展机遇。

以大模型为核心的智能体,因其广泛的适用性和与场景的强兼容性,必将成为这波浪潮中一颗耀眼的明珠。它们将在医疗、教育、金融、交通等多个领域发挥关键作用,助力人类解决复杂问题,提高工作效率,甚至在一些领域实现超越人类智能的突破。这些智能体将不再是简单的工具,而是生活中的伙伴,它们能够理解人类需求,预测我们的行为,为我们提供更加个性化、精准的服务。

同时,我们也应清醒地认识到,大模型的发展带来的不仅是机遇,还有一系列挑战和伦理问题。如何确保智能体的决策透明、公平、可解释,如何保护个人隐私和数据安全,如何避免潜在的滥用风险,这些都是我们必须严肃对待并努力解决的问题。未来已来,我们不仅要迎接智能时代,更要以负责任的态度去塑造它,确保科技进步真正惠及每个人。当然,这些挑战同时也是机遇,等待着这个时代的参与者去探索与解决。

本书立足于大模型时代的潮头,旨在带领读者深入探索智能体的奥秘。在这场探索之旅中,我们将从大模型的发展历程、关键技术要素,到智能体的构建、应用与优化策略,逐一揭开其神秘的面纱。与此同时,本书也详细介绍了主流的算法框架,为读者提供了一个全面理解智能体发展脉络和实践精髓的窗口。

本书主要内容

第1章主要介绍大模型及其发展历程。通过了解大模型的关键技术要素,包括模型架构、预训练策略、微调技术及硬件与并行计算的重要性,读者将掌握大模型的发展脉络。同时,本章将探讨大模型的核心价值,包括知识涌现和智能决策支持,以及相关技术或方法,如增量预训练、微调、大模型检索增强生成和基于大模型的智能体等,为后续的实践奠定基础。

第2章介绍智能体的基本概念,并探讨从第1个智能体到大模型时代智能体的演变。

智能体的核心功能模块将被详细剖析，同时，读者将了解到主要的智能体框架及其应用。

第3章介绍ModelScope-Agent主要模块及参数配置，并手把手教你搭建应用环境。通过本章的学习，读者将能够搭建自己的智能体应用环境。

第4章介绍智能体的优化策略，包括继续预训练、微调、人类反馈强化学习和提示工程等。通过这些策略，智能体的学识、思考逻辑和表达习惯将得到提高与改进，其在实际应用场景中的能力也会得到提升。

第5章探讨智能体在内容创作与编辑领域的应用，包括智能写作助手、高效新闻生成、内容审核与推荐及场景翻译与风格迁移。通过本章的学习，读者将了解智能体在这些领域的具体应用和价值，同时通过这些实践案例，读者将掌握提示工程在智能体构建中的妙用。

第6章介绍智能体在娱乐创意领域的应用，包括图像生成与重绘、智能语音合成与解析及创意视频生成。通过本章的学习，读者将了解智能体在这些领域的创新应用，同时通过实践案例，读者将掌握官方提供的工具的使用方法。

第7章介绍智能体在财务、交通运输及科研领域的应用，包括财务分析报告撰写、交通知识库构建及智能体在科研领域的应用。通过本章的学习，读者将了解智能体在这些领域的具体应用和价值，同时通过案例实践，读者将掌握自主设计和构建智能体工具的方法和逻辑。

第8章介绍基于多智能体构建的群体型应用，包括协同开发平台、灵动交互空间、智能交通调度和虚拟艺术舞台。通过本章的学习，读者将了解智能体在这些领域的创新应用，同时通过案例实践，读者将掌握多智能体的构建方法和逻辑。

阅读建议

本书适合对大模型和智能体感兴趣的读者，无论是初学者还是有经验的开发者都能在本书中找到有价值的点。对于初学者，建议按照章节顺序，由浅入深地进行学习，逐步构建自己的知识体系。对于有经验的开发者，特别是资深算法工程师和研究员，可以挑选自己感兴趣的章节进行深入研究，以拓宽视野，提升技能。

在阅读过程中，建议读者结合书中的案例进行实践，亲自动手操作能够更好地理解和掌握书中的知识点。同时，本书提供了丰富的代码示例和配套资源，帮助读者更好地自学和实战。

资源下载提示

素材（源码）等资源：扫描目录上方的二维码下载。

视频等资源：扫描封底的文泉云盘防盗码，再扫描书中相应章节的二维码，可以在线学习。

致谢

感谢家人,在写作的过程中对我的大力支持并分担压力;感谢时代,为我们提供了一个舞台,让我们能够尽情地展示自己。

由于时间仓促,书中难免存在不妥之处,请读者见谅,并提宝贵意见。

王瑞平

2025 年 2 月

图书简介

目录
CONTENTS

教学课件(PPT)

本书源码

入 门 篇

第 1 章 未来已来：大模型时代（▷ 65min） ·········· 3
  1.1 什么是大语言模型 ·········· 3
  1.2 大模型的发展历程 ·········· 5
  1.3 关键技术要素 ·········· 7
    1.3.1 模型架构：Transformer 的奥秘 ·········· 7
    1.3.2 预训练策略：从无监督到强大的语言表示 ·········· 8
    1.3.3 微调技术：从通用到专业 ·········· 9
    1.3.4 硬件与并行计算：加速大规模训练 ·········· 10
  1.4 核心价值 ·········· 14
    1.4.1 知识涌现：大模型的自主学习与创造 ·········· 14
    1.4.2 智能决策支持：大模型的行业实践与挑战 ·········· 15
  1.5 相关技术或方法 ·········· 16
    1.5.1 增量预训练 ·········· 16
    1.5.2 微调 ·········· 17
    1.5.3 大模型检索增强生成 ·········· 18
    1.5.4 基于大模型的智能体 ·········· 18
  1.6 本章小结 ·········· 19

第 2 章 认识智能体（▷ 43min） ·········· 20
  2.1 智能体简介 ·········· 20

2.2 从第1个智能体到大模型时代的智能体 ··· 21
2.2.1 智能体不是大模型时代的产物 ··· 21
2.2.2 大模型为智能体赋予了新的生命力 ··· 22
2.3 智能体的核心功能模块 ··· 25
2.3.1 LLM：智能体的大脑 ··· 26
2.3.2 Memory：智能体的记忆区间 ··· 30
2.3.3 Perception：智能体的五官 ··· 30
2.3.4 Action：智能体的四肢和工具 ··· 32
2.3.5 Planning：智能体的核心规划系统 ··· 33
2.4 主要的智能体框架介绍 ··· 34
2.4.1 AutoGPT：AI 自主性探索的集大成者 ··· 34
2.4.2 FastGPT 和 DB-GPT：以工作流编排构建智能体 ··· 36
2.4.3 ModelScope-Agent：柔性的工具定制方法 ··· 38
2.5 本章小结 ··· 38

技　术　篇

第3章　初识 ModelScope-Agent（▶27min） ··· 41

3.1 ModelScope-Agent 简介 ··· 41
3.1.1 什么是 ModelScope-Agent ··· 41
3.1.2 为什么选择 ModelScope-Agent ··· 41
3.1.3 Single-Agent：单智能体 ··· 42
3.1.4 Multi-Agent：多智能体 ··· 43
3.2 主要模块及参数配置 ··· 44
3.2.1 ModelScope-Agent 的组成模块 ··· 44
3.2.2 配置参数 ··· 45
3.2.3 可直接调用的工具 ··· 49
3.3 手把手教你搭建 ModelScope-Agent 应用环境 ··· 52
3.3.1 准备工作 ··· 53
3.3.2 几种推荐的安装方式 ··· 53
3.3.3 配置大模型 API ··· 56
3.4 本章小结 ··· 57

第4章　智能体优化策略（▶86min） ··· 58

4.1 提升智能体的学识：继续预训练 ··· 58
4.1.1 预训练概述 ··· 59
4.1.2 继续预训练 ··· 60

4.1.3　继续预训练的价值和面临的挑战 ……………………………………… 62
　　　4.1.4　开始一个继续预训练 …………………………………………………… 68
　4.2　规范思考逻辑和表达习惯：微调 ………………………………………………… 77
　　　4.2.1　微调的价值 ……………………………………………………………… 77
　　　4.2.2　微调所面临的挑战 ……………………………………………………… 82
　　　4.2.3　微调与继续预训练的差异 ……………………………………………… 85
　　　4.2.4　开始一个面向大模型的微调 …………………………………………… 88
　4.3　树立是非观：人类反馈强化学习 ………………………………………………… 89
　　　4.3.1　什么是人类反馈强化学习 ……………………………………………… 90
　　　4.3.2　人类反馈强化学习在大模型中的应用 ………………………………… 93
　　　4.3.3　人类反馈强化学习的优势 ……………………………………………… 96
　　　4.3.4　面临的挑战与未来的发展方向 ………………………………………… 96
　　　4.3.5　开启一轮人类反馈强化学习的过程 …………………………………… 97
　4.4　增强应用实践能力：提示工程 …………………………………………………… 99
　　　4.4.1　提示工程的关键要素 …………………………………………………… 99
　　　4.4.2　提示工程的具体应用 ………………………………………………… 105
　4.5　本章小结 ………………………………………………………………………… 110

实 践 篇

第5章　内容创作与编辑领域的应用（59min） …………………………………… 113
　5.1　智能写作助手 …………………………………………………………………… 113
　　　5.1.1　高效内容生成 ………………………………………………………… 113
　　　5.1.2　创意灵感激发 ………………………………………………………… 116
　　　5.1.3　文本编辑与优化 ……………………………………………………… 121
　5.2　高效新闻生成 …………………………………………………………………… 125
　　　5.2.1　实时新闻摘要 ………………………………………………………… 125
　　　5.2.2　数据驱动的报道生成 ………………………………………………… 129
　5.3　内容审核与推荐 ………………………………………………………………… 132
　　　5.3.1　内容自动审核 ………………………………………………………… 132
　　　5.3.2　智能标签与分类 ……………………………………………………… 136
　　　5.3.3　用户偏好分析 ………………………………………………………… 146
　5.4　场景翻译与风格迁移 …………………………………………………………… 153
　　　5.4.1　剧本创作 ……………………………………………………………… 153
　　　5.4.2　风格迁移 ……………………………………………………………… 156
　5.5　本章小结 ………………………………………………………………………… 159

第 6 章 娱乐创意领域的应用（29min） 160

6.1 图像生成与重绘 160
6.1.1 创意图像生成 161
6.1.2 人像风格重绘 164
6.1.3 Cosplay 动漫人物生成 169
6.1.4 图像背景生成 174
6.1.5 涂鸦作画 181
6.1.6 艺术字生成 187

6.2 智能语音合成与解析 191
6.2.1 语音合成 192
6.2.2 语音识别 195
6.2.3 创作属于你自己的音乐 197

6.3 创意视频生成 202
6.4 本章小结 205

第 7 章 财务、交通运输及科研领域的应用（33min） 207

7.1 财务分析报告撰写 209
7.1.1 文件的创建、写入、读取和删除 209
7.1.2 跨文件操作 219
7.1.3 扩写、续写和润色财务分析报告 229

7.2 交通知识库构建 235
7.3 智能体在科研领域的应用 240
7.3.1 代码生成 241
7.3.2 代码解释 248
7.3.3 代码优化 258

7.4 本章小结 265

第 8 章 基于多智能体构建的群体型应用（40min） 266

8.1 协同开发平台：算法开发新思路 268
8.2 灵动交互空间：人机互动新体验 275
8.2.1 场景 1：取经路上诗词趣 275
8.2.2 场景 2：智慧教辅课堂 278

8.3 智能交通调度：交通管理新方案 282
8.4 虚拟艺术舞台：相声表演新形态 288
8.5 本章小结 291

参考文献 292

入 门 篇

第 1 章 未来已来：大模型时代

任何足够先进的技术都与魔法无异。

——阿瑟·克拉克

在人类技术演进的长河中，人工智能（Artificial Intelligence，AI）无疑是最具革命性的篇章之一。随着科技的飞速发展，人类迎来了一个全新的纪元——大模型时代。本章旨在深入剖析这一时代的内涵，从大模型的基本概念出发，探索其发展历程，关键技术要素，核心价值，以及支撑其发展的相关技术或方法，为读者描绘一幅智能体崛起与应用实践宏伟画卷的开篇。通义千问[1]以大模型时代为主题绘制的图像如图 1-1 所示。

图 1-1　绚丽多彩的大模型时代即将到来（由通义千问生成）

1.1　什么是大语言模型

大模型这一术语近年来频繁出现在人工智能研究与应用的前沿，它不仅象征着技术趋势，更标志着人工智能领域的一场革命。大模型的核心在于其规模和能力的双重飞跃，通常指代那些拥有数十亿甚至数千亿参数的深度学习模型。这些模型通过在海量数据上进行预训练，掌握了丰富的语言模式、世界知识和复杂的逻辑推理能力。不同于早期的 AI 系统，大模型能够执行多样化的任务,从文本生成、翻译、问答到图像识别和音乐创作等,展现出了跨领域的泛化能力。鉴于当前智能体应用中主要是大语言模型(Large Language Model,LLM),故在本书后续内容中,除非特别说明,所提及的大模型均指大语言模型。

LLM 的本质是一个语言模型,其工作原理是基于统计学习方法,通过分析大量的文本数据来预测下一个词或句子出现的概率。在预训练阶段,语言模型会在大规模的文本语料库上进行训练,学习文本数据中的模式、语法和语义信息。在微调阶段,语言模型可以在特定任务上进行调整,以适应特定的应用场景。为了更具体地描述语言模型的工作原理,引入式(1-1):

$$\underbrace{\text{I went to the}}_{x_1 \ x_2 \ x_3 \ x_4} \rightarrow \text{argmax } P(x_5 | x_1, x_2, x_3, x_4) \rightarrow \underbrace{\text{store}}_{x_5} \quad (1\text{-}1)$$

式(1-1)表明,一个序列的概率可以通过计算每个词在给定前面所有词的条件下出现的概率来得到。在实际应用中,为了简化计算,通常会引入一些假设,例如马尔可夫假设,它假设一个词出现的概率只与它前面的几个词有关,而不是与整个序列的历史有关。

为了更直观地理解 LLM 的工作机制,一个典型的大语言模型工作原理如图 1-2 所示。该流程包括学习大量文本数据,通过这种方式,LLM 能够获得推理和生成能力。这些能力使模型能够通过预测下一个词或句子出现的概率,有效地完成各种下游任务,如文本生成、问答、信息抽取等。

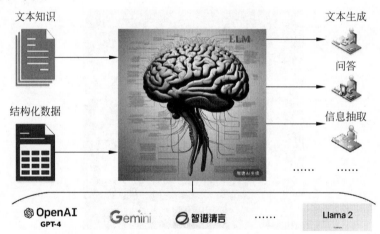

图 1-2 一个典型的大语言模型工作原理

图 1-2 展示了 LLM 的工作原理。将左侧的结构化数据和非结构化文本知识输入 LLM 中,经过处理后,LLM 能够生成文本、回答问题及提取信息。此外,图 1-2 底部还列出了部分与 LLM 相关的企业和它们的产品,如 OpenAI、GPT-4、Gemini、智谱清言和 Llama 2 等。接下来,将结合图 1-2 的内容,对 LLM 在开发和应用过程中的关键环节进行阐述,这些环节对于模型的构建和优化至关重要。

1. 文本收集、整理和预处理

文本收集:在这一阶段,研究人员会从各种渠道收集大量的文本数据,包括书籍、文章、网页内容、对话记录等。这些数据的多样性和覆盖面对于训练一个全面、能力强的大模型至关重要。

文本整理：收集到的文本需要经过整理，以确保数据的质量和一致性。这可能包括去除重复内容、纠正错误、统一文本格式等。

预处理：在训练模型之前，文本数据需要经过预处理，以提升模型训练的效率和效果。预处理步骤包括分词、去除停用词、词干提取、词性标注等。此外，还涉及将文本转换为模型能够理解的表示，如使用词嵌入（Embedding）技术。

2. 大模型的预训练、微调和强化学习

预训练：在这一阶段，模型会在大规模的文本语料库上进行训练，学习文本数据中的模式、语法和语义信息，预训练的目的是让模型获得广泛的语言理解和逻辑推理能力[2,3]。

微调：预训练完成后，模型会在特定格式的任务上进行微调。微调会使用针对特定任务标记的数据集，让模型适应特定的应用场景，如文本分类、机器翻译等，此外，要想获得能够理解人类对话方式的能力，也需要进行特定的微调[4]。

强化学习：强化学习是一种通过与环境互动来学习最优策略的方法[5]。在大模型的训练过程中，强化学习可以用于进一步提升模型在特定任务上的表现，例如生成更符合特定风格或目标的文本。

此外，为了使大模型能够体现出类似于人类的伦理判断和价值观，也需要采用专门的强化学习策略。这涉及设计能够引导模型学习到正确行为规范的环境和奖励机制，确保模型在生成内容或做出决策时能够遵循社会的伦理标准和法律法规。通过这种方式，强化学习不仅能提升模型的技术性能，还能够促进模型在社会责任和伦理道德方面的表现，使其更好地服务于人类社会。

3. 面向下游任务的知识和内容输出

知识输出：经过预训练和微调的大模型存储着大量且丰富的知识，这些知识可以用于回答问题、提供解释、生成摘要等。模型可以根据输入的提示或上下文，输出相关的知识和信息。

内容生成：大模型还能够生成各种类型的文本内容，如文章、故事、诗歌等。这些生成的内容可以用于娱乐、教育、创意写作等多个领域。

多模态输出：除了文本，一些大模型还能够生成其他类型的内容，如图像、音频等，这种多模态的输出能力使大模型在处理和理解多模态数据方面具有广泛的应用潜力。当然，多模态输出这部分并不在本文的研究范围内。

1.2 大模型的发展历程

大模型的兴起可追溯至深度学习技术的突破与算力的大幅提升。从早期的 Word2Vec[6]等词嵌入技术，到 Transformer 架构[7]的诞生，再到 GPT[8]系列、BERT[9]、T5[10]等模型的相继问世，每次迭代都标志着大模型在规模和能力上的重大跨越。这一历程不仅体现了技

术的迭代，更是数据利用、算法优化与硬件协同发展的集中体现。具体来讲，大模型的发展可以分为以下几个关键阶段。

(1) 萌芽期：20世纪90年代至2010年前后，AI主要依赖于专家系统和规则引擎，但受限于手动编程的知识表示，难以处理复杂任务。此时，浅层学习模型开始出现，如支持向量机、神经网络等，为后来深度学习的兴起奠定了基础。

(2) 突破期：2013年，Geoffrey Hinton等提出的深度学习技术在图像识别竞赛中的巨大成功，标志着深度学习时代的到来[11]。同年，Word2Vec的发布，为自然语言处理(Natural Language Processing, NLP)带来了词嵌入的概念，让机器首次能够理解词语的语境意义。

(3) 变革期：2017年，Google Brain团队推出了Transformer架构，解决了序列到序列学习中的并行化难题，极大地提升了模型训练效率。同年，OpenAI发布的GPT-1，首次展示了基于Transformer的大模型在生成任务上的潜力。

(4) 爆发期：随后几年，BERT、GPT-2、GPT-3、T5等模型相继发布，参数量从几百万激增至几千亿，预训练-微调范式的成功应用，让大模型成为AI研究的焦点。这些模型在多项基准测试中刷新纪录，展示了超越人类水平的特定任务性能。

大语言模型发展的里程碑节点如图1-3所示。图1-3详细地描绘了从早期Word2Vec词嵌入技术的出现，到Transformer架构的创新，再到GPT系列、BERT、T5等模型的推出，每步都在模型规模和能力上实现了显著飞跃。这一过程不仅展现了技术的快速进步，也体现了数据利用、算法优化和硬件发展的紧密协作。图1-3展示了大模型的发展历程。

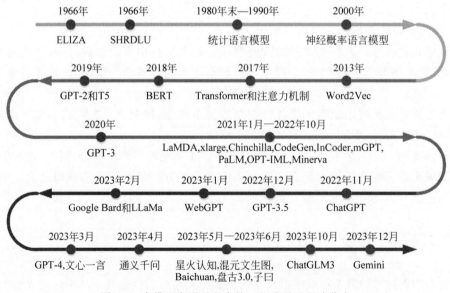

图1-3　大模型发展过程中的一些重要里程碑节点

1.3 关键技术要素

本节旨在剖析大模型时代到来的技术必然性和自然语言处理领域的突破性技术要素，围绕 Transformer 架构的创新设计、预训练与微调技术的策略性进展，以及硬件加速与并行计算在模型训练效率上的显著提升，全方位解码推动当代语言模型不断向前发展的核心动力与关键技术。

1.3.1 模型架构：Transformer 的奥秘

Transformer 架构自 2017 年提出以来，彻底革新了自然语言处理领域。它摒弃了传统循环神经网络[12]（Recurrent Neural Network，RNN）和长短期记忆网络[13]（Long Short-Term Memory Network，LSTM）在处理序列数据时的顺序依赖性，通过并行处理机制显著地提高了训练速度。Transformer 架构[7]组成如图 1-4 所示。

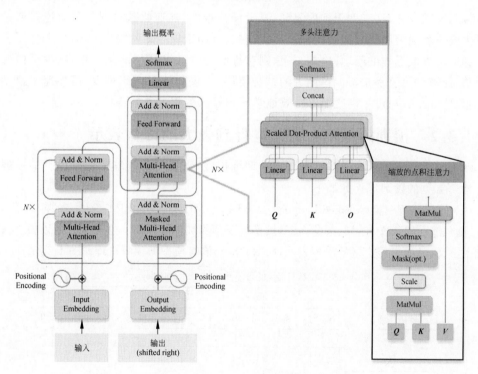

图 1-4 Transformer 架构组成

Transformer 的核心组件包括自注意力机制、位置编码、多头注意力和残差连接等。

（1）自注意力机制：这是 Transformer 的灵魂，它使模型能够直接关注输入序列的不同部分，从而捕捉序列内部的长距离依赖关系。自注意力计算过程涉及 3 个向量：Query（查询）、Key（键）和 Value（值）。对于序列中的每个单词，模型会计算它与其他所有单词的相似度(通过 Query 和 Key 的点积),然后利用这些相似度作为权重,对 Value 进行加权求和,以此获得当前单词的上下文表示。

(2) 位置编码:在 Transformer 模型中,由于自注意力机制本身不包含对序列中元素位置信息的考虑,因此引入了位置编码的概念。位置编码通过固定或可学习的方式,向输入的词嵌入中添加位置信息,这样模型就能够识别并区分序列中各个单词的相对位置。这种编码方式使 Transformer 模型能够理解词序,对于处理诸如语法结构和句子意义等依赖于词序的任务至关重要。

(3) 多头注意力:多头注意力机制是 Transformer 模型中的一个核心组成部分,它通过并行地执行多个自注意力机制,也就是所谓的"头",来增强模型的表达能力和学习效率。每个自注意力头都能够独立地关注输入序列的不同部分,从而捕捉到多种上下文特征。这种并行化的处理方式允许模型同时考虑序列中的多个位置信息,使模型能够在不同层次上学习到丰富的表示,进而提高了处理复杂语言结构的效能。

(4) 残差连接与层归一化:每层 Transformer 都会在自注意力和前馈网络之间使用残差连接和层归一化,这有助于梯度流动,减少训练难度,加速收敛过程。残差连接通过在自注意力模块和前馈网络之间引入一个直接连接,有助于梯度在网络中的流动,防止了深层网络中梯度消失或爆炸的问题。层归一化则对每层的输入进行标准化处理,减少了内部协变量偏移,使模型更容易学习。这两者的结合使用,不仅降低了训练难度,还加速了模型的收敛过程,使 Transformer 模型能够有效地学习到输入数据的复杂特征。

1.3.2 预训练策略:从无监督到强大的语言表示

预训练是指在大量无标注文本数据上训练模型,以便模型能够学习到语言的一般规律和结构。常见的预训练任务如下。

(1) 掩码语言模型(Masked Language Modeling,MLM):以 BERT 为代表的掩码语言模型任务,随机遮蔽输入文本中的某些词汇,模型需要预测被遮蔽词汇。这种任务迫使模型理解和预测上下文,从而学习丰富的语言表示,BERT 掩码语言模型的预测机理如图 1-5 所示。

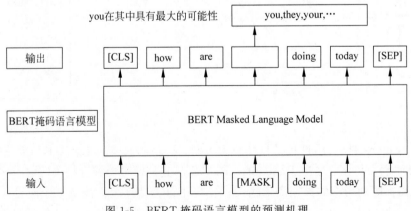

图 1-5 BERT 掩码语言模型的预测机理

(2)下一句预测(Next Sentence Prediction,NSP):下一句预测是一种预训练任务,尽管它在某些最新的模型中可能不再作为标配,但它曾经是增强模型理解文本连贯性的重要手段。NSP任务通过训练模型判断两个句子是否在原始文本中相邻,从而让模型学会捕捉句子间的逻辑关系和连贯性。以BERT作为预训练语言模型的下一句预测实例如图1-6所示。

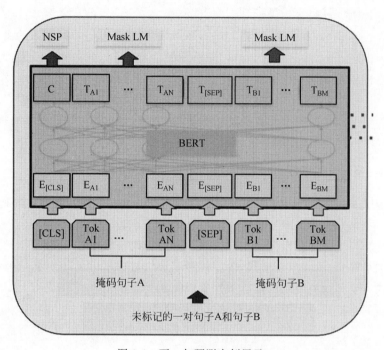

图1-6 下一句预测实例展示

(3)无监督学习:无监督学习是自然语言处理中的一种重要预训练方法,它利用大规模的无标注数据对模型进行训练。在这个过程中,模型能够自主学习并捕捉到丰富的语言模式和知识。这些通过无监督学习获得的知识随后可以通过微调策略迁移到各种特定的任务上,极大地提升了模型的泛化能力和对未知数据的处理能力。无监督学习的优势在于它不依赖于昂贵的标注数据,因此能够在大规模数据集上高效地学习,为模型提供了广泛的语言理解基础。

1.3.3 微调技术:从通用到专业

微调是将预训练好的模型应用于特定下游任务的过程,主要有以下几种策略。

(1)全参数微调(Full Parameter Fine-tuning):全参数微调策略涉及对预训练模型的所有参数进行细致的调整,以适应特定的下游任务。这种方法在资源充足且目标任务与预训练任务具有较高的相似性时,能够发挥出最佳的性能,然而,全参数微调的缺点在于其较高的计算成本,因为它需要对模型中的每个参数进行优化,这在处理大规模模型时尤其耗费资源和时间[14]。

（2）适配层微调(Fine-Tuning)：适配层微调，是一种资源高效的微调方法，它仅对模型的最后一层或新添加的几层进行训练，而保持预训练模型的大部分参数固定不变。这种策略特别适用于资源受限的环境，或者当研究者希望快速进行实验验证时。通过牺牲一定程度的性能，适配层微调大幅地提升了训练效率，减少了计算资源的消耗，使在有限的资源下也能对模型有效地进行调整和优化[4]。

（3）软提示微调(Soft Prompt Tuning)：软提示微调技术是一种创新的微调技术，它通过在输入序列中嵌入一组可学习的向量，即所谓的软提示，来适应特定任务，而无须对模型原有的参数进行任何修改。这种方法的巧妙之处在于，它既保持了预训练模型参数的完整性，又为模型引入了必要的适应性，增强了模型的灵活性和对特定场景的响应能力。软提示微调的加入为模型提供了一种轻量级且可解释的调整手段，使其能够在不牺牲预训练知识的前提下，更好地适应多样化的下游应用[15]。

1.3.4 硬件与并行计算：加速大规模训练

高性能计算单元：图形处理器(Graphics Processing Unit，GPU)和张量处理单元(Tensor Processing Unit，TPU)等是专为高效并行计算而设计的硬件，为训练大规模模型提供了强大的算力支持。TPU尤其在处理矩阵运算和张量操作方面表现出色，常用于大规模机器学习项目，但到了大模型时代，模型体量和训练数据量远远超出了一个GPU的承载极限。部分语言模型及所使用的训练数据集规模如图1-7所示，总体而言，无论是数据集的规模还是模型的参数量，均呈现出不断增长的趋势。

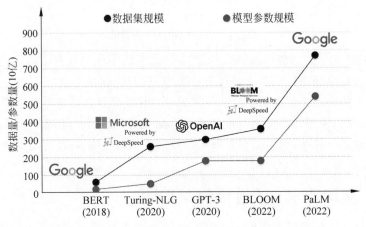

图1-7 大模型和所使用的训练数据集规模发展曲线[16]

因此在实际应用过程中，分布式高效并行计算方法被提出。分布式高效并行计算从数据层面和模型层面可以分为以下几大类。

1. 数据并行化

数据并行是通过在多个设备上(例如多个GPU)复制完整的模型，以并行处理数据的方法,将不同的数据分批次分配给不同的设备。每台设备计算自己的前向传播和反向传播,然后对梯度进行平均,最后更新模型参数。这种方法适用于模型比较大,但单个数据批次能够完全适应内存的情况,也就是说数据并行要进行模型复制,多个批次的数据在不同设备的相同模型上同时进行,对数据进行分割/切块。

2. 模型并行化

模型并行是将一个大模型分解成若干部分,在不同的设备上并行运行。每台设备负责处理模型的一部分,并根据需要将中间结果传递给其他设备。这种方法适用于模型太大以至于无法在单个设备上运行,或者模型的某些部分只能在特定设备上运行的情况(数据复制,模型拆分,每台设备处理模型的一部分),而在模型并行化中,又包括流水线并行和张量并行两种技术方案。

(1)流水线并行:随着模型尺寸的不断增长,单个 GPU 无法将整个模型加载到显存中,部分研究人员提出了流水线并行的概念,其主要思路是将模型不同的层放到不同的 GPU 设备上,以实现大尺寸模型的训练。朴素流水线是实现流水线并行最简单直接的方式,将模型按照不同的层切分为不同的 stage,将每个 stage 放置到不同 GPU 上,每部分计算完成后,将数据传递到下个 stage,直到整个模型计算完成,朴素的流水线并行原理如图 1-8 所示。

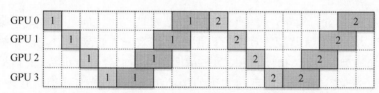

图 1-8 朴素的流水线并行原理示意图[17]

该方案虽然功能上支持大尺寸模型的训练,但在实际的前向与反向计算过程中,仅有一张 GPU 参与计算,其余 GPU 均处于空闲状态。这种情形造成了大量 GPU 资源的浪费,因此并非一个高效的解决方案。为了优化显存的使用,微软在 PipeDream 中提出 1F1B(One Forward pass followed by One Backward pass)调度策略。1F1B 分为交错式和非交错式,这两种方案通过合理安排前向和反向的顺序,达到优化显存占用的目的。

(2)张量并行:张量并行是一种分布式计算技术,它通过将大模型中的张量(如权重和激活值)拆分并使其分布在多个 GPU 之间来应对单个 GPU 内存限制问题。与流水线并行不同,张量并行在模型层内部操作,每个 GPU 持有模型的一部分参数,从而降低了内存负荷。此方法不仅允许处理更大规模的模型,还通过跨 GPU 协同计算提高了处理能力,是应对极端大规模深度学习模型训练的有效策略。

3. 三维并行

为了进一步提升训练效率,三维并行计算方法被提出。三维并行是一种综合性的分布式训练方法,它整合了 3 种关键的并行策略——数据并行(Data Parallelism,DP)、张量并行(Tensor Parallelism,TP)和流水线并行(Pipeline Parallelism,PP),以构建一个高度优化的训练环境。通过这种组合,模型被部署在一个三维的网格架构上,确保每个 GPU 不仅承担一部分数据批次的处理(数据并行),还负责模型张量的分割计算(张量并行),同时在多个 GPU 间实现计算步骤的流水线执行(流水线并行)。这样一来,模型的参数、优化器的状态等关键组件都能被高效地映射到各个 GPU 上,共同驱动训练过程,有效应对大规模模型训练的挑战,实现更高的训练效率和资源利用率。三维并行原理如图 1-9 所示。

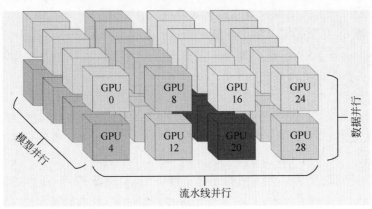

图 1-9　三维并行原理[18]

为了应用上述的并行策略,一些有效的并行框架被提出。DeepSpeed[19] 是微软推出的一个开源库,致力于优化大规模深度学习模型的训练效率和扩展能力。该库综合运用了多种先进技术,如模型并行化、梯度累积、动态精度调整和混合精度训练,大幅提升了训练速度。此外,DeepSpeed 还提供了一系列实用的辅助工具,包括分布式训练管理、内存优化和模型压缩等,助力开发者高效管理及优化大规模训练任务。值得一提的是,DeepSpeed 基于 PyTorch 构建,使 PyTorch 用户可以轻松地将其集成到现有项目中。

零冗余优化器[19](Zero Redundancy Optimizer,ZeRO)是一种用于大规模分布式深度学习的新型内存优化技术,同时也是 DeepSpeed 的核心技术。ZeRO 可以在当前一代 GPU 集群上以当前最佳系统吞吐量的 3~5 倍的速度训练具有 1000 亿参数的深度学习模型。它还为训练具有数万亿参数的模型提供了一条清晰的道路,展示了深度学习系统技术的前所未有的飞跃。ZeRO 作为 DeepSpeed 的一部分,用于提高显存效率和计算效率。

ZeRO 可以克服数据并行和模型并行的局限性,同时实现两者的优点。通过在数据并行进程之间划分模型状态参数、梯度和优化器状态来消除数据并行进程中的内存冗余,而不是复制它们。在训练期间使用动态通信调度来在分布式设备之间共享必要的状态,以保持数据并行的计算粒度和通信量。ZeRO 数据并行有 3 个主要的优化阶段,如图 1-10 所示,它们对应于优化器状态、梯度和参数的划分。

(1) ZeRO Stage 1:在 ZeRO Stage 1 中,采用优化器状态划分(Optimizer State Partitioning,OSP)的技术,通过将优化器的状态参数分散到多个计算设备上,实现了内存占用的显著减少,大约可降低到原来的四分之一。这种划分策略在不增加通信开销的情况下,保持了数据并行性的效率,使在分布式训练环境中能够更高效地利用有限的内存资源。

(2) ZeRO Stage 2：ZeRO Stage 2 进一步扩展了内存优化策略，通过引入梯度分区，在优化器状态划分的基础上，对模型梯度的存储也进行分布式处理。这一阶段的优化使内存占用大幅减少，只为原来的八分之一。值得注意的是，尽管内存使用量显著降低，但梯度分区的实现仍然保持了与数据并行性相同的通信量，确保了训练过程的高效性和可扩展性。

(3) ZeRO Stage 3：添加参数分区（Pos＋g＋p）：内存减少与数据并行度 N_d 呈线性关系。模型内存被平均分配到每个 GPU 之上，每个 GPU 上的内存消耗与数据并行度成反比，但是通信量只是适度增加，例如，在 64 个 GPU（$N_d=64$）之间进行拆分将产生 64 倍的内存缩减。通信量有 50% 的适度增长。

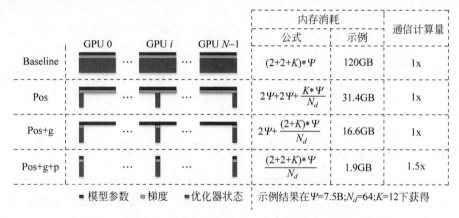

图 1-10　ZeRO-DP 优化的 3 个阶段之中每台设备内存消耗比较[20]

图 1-10 中 Ψ 表示模型大小（模型的参数数量），K 表示优化器状态的内存乘数，N_d 表示数据并行的并行度，即 N_d 个 GPU。本例假设基于 Adam 优化器的混合精度训练，模型大小为 $\Psi=7.5B$，数据并行的 $N_d=64$ 并且 $K=12$ 的情况下，使用 ZeRO Stage 3 的方法，可以将显存消耗量从原始的 120GB 降到 1.9GB，极大地减少了 GPU 显存的占用量。

值得注意的是，这一显著成效并非无代价。该技术方案实际上是通过增加内存使用和依赖更强大的 CPU 计算能力来实现的，这意味着在实践应用中，除了 GPU 资源的优化，还需配备极为充裕的系统内存与高性能的 CPU 支持。此外，这一策略亦可能会引入一定的训练时长增加，这是一把双刃剑，虽有效地缓解了 GPU 显存瓶颈，但也对整体系统的资源配比提出了更高要求。

除 DeepSpeed 之外，TorchDistX（原 TorchRun）是另一种用于实现 PyTorch 分布式训练的重要工具。TorchDistX 作为 PyTorch 框架的一部分，通过命令行界面极大地简化了在本地或远程服务器环境下模型训练部署流程。它不仅使用户能够轻松地通过命令行配置训练参数和模型超参数，还提供了监控训练进展及性能表现的能力。尤为重要的是，TorchDistX 支持分布式训练模式，从而能够有效地利用多 GPU 和跨多节点的计算资源，显著地加快了模型训练速度。尽管自动超参数调优功能并非 TorchDistX 直接提供的标准特性，但 PyTorch 生态系统中确实存在如 Optuna 这样的库，可以与 TorchDistX 集成，实现自动化的超参数优化,进而提升训练效率和模型质量。

在复杂的分布式训练场景下,TorchDistX 显得尤为有用,因为它内建了故障恢复和弹性训练机制。通常情况下,分布式系统中的单一进程故障可能会导致整个训练任务中断。TorchDistX 通过监控进程状态并在检测到故障时自动尝试从最近的检查点恢复所有进程,有效地增强了训练的稳定性。这些检查点包含了模型权重、当前迭代轮次(epoch)、优化器状态等必要信息,确保了训练可以在意外中断后无缝继续。TorchDistX 通过其便捷的部署方式、对分布式训练的支持及内置的容错机制,为 PyTorch 用户提供了一套强大且灵活的训练解决方案。

1.4 核心价值

大模型在知识涌现、多模态处理和智能决策支持方面的突破,不仅展现了人工智能技术的前沿进展,也深刻影响着社会各领域的运作方式,带来了前所未有的机遇与挑战。下面将选取几个价值点结合案例来进行介绍。

1.4.1 知识涌现:大模型的自主学习与创造

GPT-3 的创造性应用:OpenAI 的 GPT-3 展示了其在没有明确编程指令下生成知识和创意的能力,体现了大模型的潜力,例如,在数学问题解决方面,GPT-3 能够理解复杂的数学概念,解答代数方程和几何问题,甚至能推导出解题步骤,展现了其强大的逻辑推理能力。在文学创作上,它能够根据给定的主题或开头,自动生成连贯的故事和诗歌,模仿不同风格的写作,这不仅拓宽了人工智能的创意边界,也为内容创作行业带来了变革。下面,通过一张图来解释什么是涌现行为,涌现行为的示意图如图 1-11 所示。

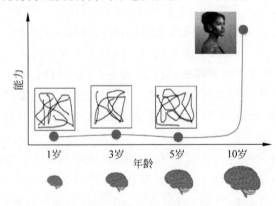

图 1-11 涌现行为的示意图[21]

涌现行为是一种跨越多个学科领域的普遍现象,它不仅出现在大模型中,也同样存在于物理学、进化生物学、经济学和动力系统等众多领域。尽管每个领域对涌现行为的定义可能不尽相同,但它们都指向一个共同的核心概念:系统在定量参数的微小调整下,可能会引发定性行为的显著转变。在这些系统中,状态的转变可能伴随着游戏规则的重新设定或决定行为的方程的根本改变,从而展现出全新的行为模式和特性。

1.4.2 智能决策支持:大模型的行业实践与挑战

在现代社会,个人在日常生活和专业领域面临着各种决策挑战。做出明智的选择需要有效地反映相关信息并对各种决策选项进行权衡。传统上,人们会求助于人类专家来获取建议,但随着技术的发展,基于人工智能的建议开始变得越来越普遍。LLM 为决策过程提供了多方面的支持。它们能够处理和总结大量文本数据,使决策者能够迅速地掌握关键信息。LLM 还擅长创意生成,能够提出不同的解决方案,从而增加决策时的选择多样性。此外,它们能够识别模式和分析历史数据,帮助决策者更好地分析和评估决策情境及备选方案。LLM 还能模拟不同观点的辩论,通过整合多元视角和模拟讨论,帮助决策者系统地探索多种场景和潜在结果。LLM 在决策任务中表现出高度的理性,通过提供合理的输出,有潜力提升人类的决策过程,因此,随着人工智能技术的进步,LLM 成为智能决策支持中的重要工具。LLM 辅助决策的影响因素如图 1-12 所示,同时,此处也给出了几个利用大语言模型进行辅助决策的示例。

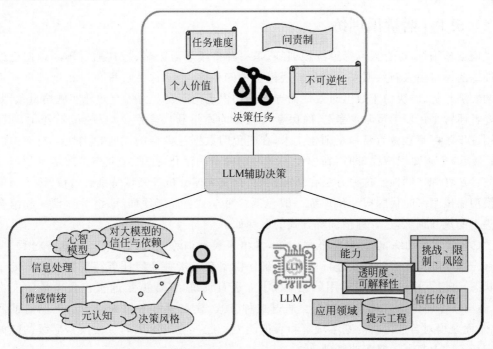

图 1-12 LLM 辅助决策的影响因素示意图[22]

(1)医疗诊断:大模型在辅助医生进行疾病诊断方面展现出了巨大潜力,通过分析医学影像、病历记录等数据,模型能提供初步诊断建议,如识别肿瘤、分析病理报告等,然而,确保诊断准确性和隐私保护成为首要挑战,需要通过不断优化算法、强化数据安全措施来应对。

（2）金融风险评估：在金融领域，大模型能够分析海量交易数据，识别异常模式，预测市场趋势，为风险管理和投资决策提供支持。挑战在于模型需高度精确，以避免误报或漏报风险，同时要符合严格的监管要求，确保公平性和透明度。

（3）自动驾驶决策：大模型在自动驾驶车辆的路径规划、障碍物识别、交通规则遵守等方面发挥着关键作用，提高了行驶安全性与效率。面对复杂多变的驾驶环境，如何确保模型在极端情况下的决策稳定性，以及如何处理伦理道德决策，如碰撞规避策略的选择，是亟待解决的问题。

1.5 相关技术或方法

在深入探讨自然语言处理的关键技术要素之后，本节将进一步介绍一系列相关技术与方法，包括增量预训练、微调策略、大模型检索增强生成及基于大模型的智能体设计。这些方法不仅为模型的持续学习和领域适应提供了有效途径，还显著地提升了智能体在理解、决策和交互方面的能力，为大模型在多个领域的应用开辟了新的可能性。

1.5.1 增量预训练

增量预训练，也有人称为继续预训练，是一种持续学习策略，旨在通过不断地向已经过预训练的模型引入新数据来更新和扩展模型的知识库[23]。这一过程可以帮助模型捕捉最新的发展趋势，解决由于数据时效性而导致的知识老化问题。为了有效地实施增量预训练，研究者通常采用以下策略：首先，确保新增数据的质量和代表性，以反映最新变化；其次，采用逐步学习率衰减策略和正则化技术，在避免旧数据过拟合的同时也加快了新知识的学习；最后，实施知识蒸馏，即用新模型去学习旧模型的泛化能力，保证模型在增量学习过程中的稳定性和连续性。这种方法在新闻摘要、社交媒体分析等领域特别有价值，因为它能确保模型输出紧跟时代脉搏。预训练一般包括3种模式：常规预训练、继续预训练和组合数据集上的重新训练，这3种预训练方式的解释如下。

（1）常规预训练，也称为标准预训练，是语言模型训练的基础步骤。在这一过程中，模型首先采用随机生成的权重进行初始化，确保模型在未接触任何任务特定数据之前处于随机状态。随后，模型在大型通用数据集D1上进行训练，该数据集通常包含大量的文本信息，覆盖了丰富的语言现象和知识。通过这种方式，模型能够学习到语言的通用特征和结构，从而获得对自然语言的基本理解和表征能力。这一阶段的预训练为模型后续的微调和特定任务学习打下了坚实的基础。

（2）持续预训练，也称为增量预训练或继续预训练，是在常规预训练的基础上对模型进行知识扩展和更新。在这一策略中，首先采用在数据集D1上完成常规预训练的模型，然后将其置于新的数据集D2上进一步地进行训练。数据集D2可能包含与D1不同的文本风格、主题或领域，或者D1的时序续集，反映了最新的语言使用趋势和信息。通过这种方式，模型能够吸收新的知识,增强其对语言变化的适应能力,同时解决知识老化的问题,确保模型始终保持最前沿的语言理解能力。

(3) 在组合数据集上重新训练,这是一种将两个或多个数据集合并后对模型进行全新训练的方法。与常规预训练相似,这一过程也是从随机权重开始的,初始化一个全新的模型。不同的是,训练不是在单独的数据集 D1 上进行的,而是将 D1 和 D2 这两个数据集合并成一个更大的组合数据集,然后在这个组合数据集上进行训练。这种方法的目的是充分利用 D1 和 D2 中的所有信息,让模型能够学习到更广泛的语言特征和知识,从而提高其泛化和适应不同情境的能力。通过在组合数据集上的重新训练,模型能够整合来自不同来源的知识,形成一个更加全面和强大的语言理解模型。3 种预训练方法示意图如图 1-13 所示。

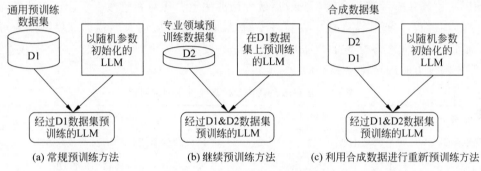

图 1-13　3 种预训练方法示意图

1.5.2　微调

微调是指调整预训练大模型的参数,以适应特定任务或领域。尽管像 GPT 这样的预训练语言模型拥有丰富的语言知识,但它们在特定领域的专业化程度不足。微调通过让模型从领域特定的数据中学习,来解决这一局限性问题,使其在目标应用上更加准确和有效。微调在 LLM 构造过程中所处的位置如图 1-14 所示。

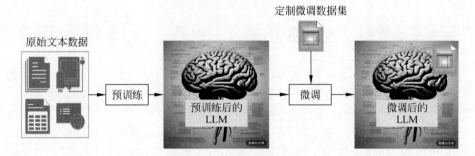

图 1-14　微调在 LLM 构造过程中所处的位置

在微调过程中,通过让模型接触任务特定的示例,模型可以获得对领域细微之处的更深层次理解。这弥合了通用语言模型与专业化模型之间的差距,释放了 LLM 在特定领域或应用中的全部潜力。

全参数微调（Full Parameter Fine-Tuning，FPFT）和参数高效性微调（Parameter-Efficient Fine-Tuning，PEFT）是两种常见的微调方法，它们在处理大规模预训练模型时各有优势。全参数微调是指在预训练模型的基础上，不对模型的结构进行改变，而是使用目标任务的数据对模型的所有参数进行优化调整。这种方法的优势在于能够充分地利用预训练模型学到的知识，并针对特定任务进行充分适应，往往能取得较好的性能表现。然而，它的主要缺点是计算资源消耗大，尤其是在处理超大规模模型时，需要大量的数据和计算力来完成微调，这可能对许多研究者和企业构成挑战；此外，全参数微调有可能出现过拟合问题，从而导致模型性能退化。

参数高效性微调，也称为轻量化微调，旨在通过修改或添加少量额外参数来适应下游任务，而不是更新所有预训练参数。参数高效性微调的主要优势在于减少了计算资源的需求，加速了训练过程，降低了部署成本，使在资源有限的环境下应用大型预训练模型成为可能，但它也可能以牺牲最终模型性能为代价，尤其是在复杂任务上，可能无法达到全参数微调的准确度。两种方法的对比见表1-1。

表1-1　全参数微调和参数高效性微调的对比

任务	全参数微调	参数高效性微调
更新参数	更新模型的所有参数	只更新少量或额外的模型参数
性能	一般优于参数高效性微调	可实现与全量微调相当的性能
计算成本	成本高	低成本
适用性	可用于生成式和嵌入式模型	可用于生成式模型，对于嵌入式模型不适用
实际应用	用于需要大量参数的任务，如语音识别和机器翻译	广泛地用于预训练模型的快速适配

总之，全参数微调和参数高效性微调各有优缺点，适用于不同场景。在实际应用中，可根据任务需求、计算资源等因素选择合适的微调方法。随着人工智能技术的发展，更多高效的微调方法将不断涌现，为模型优化和应用带来更多可能性。

1.5.3　大模型检索增强生成

大模型检索增强生成[24]（Retrieval-Augmented Generation，RAG）技术结合了信息检索系统的精准性与生成模型的灵活性。在生成内容之前，RAG模型首先利用高效的检索机制从外部向量知识库中检索相关文档或片段，这些检索结果作为额外的上下文输入LLM中。这一过程不仅丰富了生成内容的信息量和多样性，还显著地提升了生成的准确性和实用性，尤其在问答、对话系统和文本摘要等场景下效果显著。RAG的工作流程如图1-15所示。

1.5.4　基于大模型的智能体

随着大模型在理解和生成自然语言方面取得的重大突破，它们被广泛地嵌入智能体的

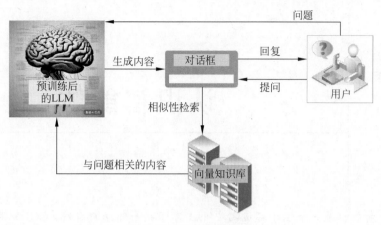

图 1-15 RAG 的工作流程

设计中,从而极大地提升了智能体的理解力、决策能力和交互性。这类智能体能够通过大模型的强大表征能力,更好地理解复杂环境信号,学习并执行高级策略。在机器人技术中,这意味着机器人能够理解人类指令,执行更复杂的任务,并在动态环境中进行自我调整,而对于虚拟助手,大模型的支持使其能够提供更加个性化的服务、进行深度对话理解,甚至在某些情况下展现出情感智能。此外,基于大模型的智能体在游戏人工智能、自动化客服、智能家居控制等多个领域展现出了巨大的潜力,推动了人工智能技术在实际应用中的深化和发展,这部分内容将在后续章节详细描述。

1.6 本章小结

本章精要概述了大模型,特别是大语言模型的基础、演进和技术核心,强调了其在人工智能领域的突出地位,要点如下。

(1) 技术基础与进展:介绍大模型的架构基石——Transformer,其并行处理与自注意力特性,以及通过大规模无标注数据预训练获取的强泛化能力。微调策略针对特定任务优化模型,而硬件与并行计算技术创新克服了资源瓶颈,加速了模型训练与性能提升。

(2) 核心价值展现:阐述大模型在知识创造、多模态处理及智能辅助决策上的独特优势,凸显了其自主学习、信息提炼、模式识别与数据分析能力,为决策支持提供深度洞察。

(3) 先进技术集成:探讨了如增量预训练、大模型检索增强生成(RAG)技术及大模型驱动的智能体等创新应用,这些方法不断地丰富模型知识、提升内容生成质量,并增强了人工智能系统的交互智能。

综上所述,本章不仅深度解析了大模型的技术框架与核心价值,还展望了其在拓宽人工智能应用边界、应对实践挑战及指引未来研发方向上的广阔前景。

第 2 章 认识智能体

一个自主智能体是一个位于环境之中并作为环境一部分的系统,它感知环境并在时间的推移中对其采取行动,以追求自己的目标,从而影响它未来感知到的环境。

——富兰克林和格雷塞

2.1 智能体简介

智能体,作为人工智能领域的一个重要分支,专注于研发和构建能够模仿人类智能与技能的系统。回溯至 18 世纪,哲学家丹尼斯·狄德罗便提出了一个划时代的观点:如果一个生物,例如一只鹦鹉,能够对任何问题给予恰当的回应,则它便可以被视作具备智能。狄德罗的这一观点深刻地揭示了智能的广泛内涵——一个具备高度智能的生物体,能够模拟出近似人类的智能表现[25]。时间推进到 1950 年,艾伦·图灵在此基础上进一步拓展,将这一理念应用于人工实体,并提出了著名的图灵测试。图灵测试成为人工智能研究领域的基石之一,旨在探究机器是否能够展现出与人类相当的智能行为。

在人工智能的语境下,所谓的智能体代表了这些人工实体的核心。智能体构成了人工智能系统的基本构件,它们通过传感器来捕捉环境信息,通过算法进行思考并做出决策,最终利用执行器对环境施加影响。智能体的理念凸显了人工智能系统的本质——它们不仅是编程指令的集合,还是能够与环境互动、学习和适应的动态实体。作为人工智能领域的关键要素,这些智能体正不断推进技术的前沿,使机器在越来越多的领域中展现出类人的智能和技能。以大模型为核心的智能体的工作过程如图 2-1 所示。

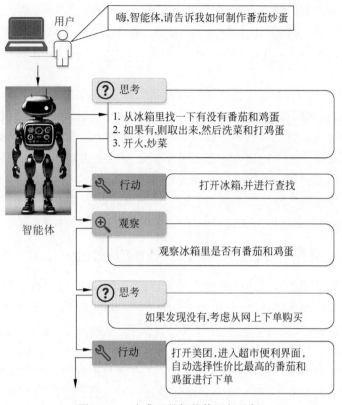

图 2-1　一个典型的智能体运行示例

2.2　从第 1 个智能体到大模型时代的智能体

从初代智能体的诞生到大模型时代的智能体,标志着人工智能技术的飞跃与发展。这一演变过程不仅见证了智能体从理论构想走向实际应用,更体现了人工智能领域对复杂问题解决能力的持续探索。随着技术的不断进步,智能体已经从简单的自动化工具演变为具有高度自主性、适应性和交互能力的复杂系统,它们在各个领域的应用潜力正逐步释放,为人类社会带来了前所未有的变革机遇。

2.2.1　智能体不是大模型时代的产物

智能体的理念源自哲学,其思想根源可追溯至亚里士多德、休谟等哲学家的深邃见解。它描绘了这样一种实体:它们拥有愿望、信念、意图,并具备采取行动的能力[26]。这一概念随后融入计算机科学,旨在让计算机能够领悟用户的偏好,并自主地代表用户执行操作。随着人工智能技术的不断进步,"智能体"这一术语在人工智能研究领域确立了自己的地位,用以指代那些展现出智能行为、具备自主性、反应性、主动性和社交能力的实体。自那时起,智能体的研究和技术的提升便成为人工智能领域的一大焦点。当前,基于生成式人工智能(Artificial Intelligence Generated Content,AIGC)的人工智能智能体被视为迈向通用人工智能(Artificial General Intelligence,AGI)的关键步骤,因为它们蕴含着实现广泛智能活动的巨大潜力。

自20世纪中叶以来,人工智能智能体的发展取得了显著的进步,其研究深度已触及设计和开发的核心。尽管如此,这些进展主要集中于增强特定技能,如符号推理,或在围棋、象棋等专项任务中达到精通,然而,智能体在多种不同环境中展现广泛适应性的目标,仍然是一座难以攀登的高峰。过去的研究往往侧重于算法和训练策略的创新,却未能充分关注于模型本身的通用性能力,如知识记忆、长期规划、有效泛化和高效交互等。实际上,提升模型的内在能力是实现智能体进一步飞跃的关键。该领域目前迫切需要的是一个具备上述关键特性的强大基础模型,它将作为构建智能体系统的坚固基石。

2.2.2 大模型为智能体赋予了新的生命力

大语言模型的发展为智能体的进步注入了新的活力,并已经取得了显著的成就。尽管这些模型主要针对文本数据,但它们在知识获取、指令解析、泛化、规划和推理等方面展现了强大的能力,并能够与人类高效地进行自然语言交流。这些能力使LLM成为通向通用人工智能的潜在途径。

为了进一步推动智能体的发展,可以将LLM作为核心,构建出更全面的智能体系统,扩展它们的感知和行动能力,形成具身智能。通过这种方式,基于LLM的智能体将能够处理更复杂的任务,并通过合作或竞争展现社交行为,甚至可能达到社交层级,即一个由人工智能智能体构成的社会,其中人类可以直接参与和互动。这样的社会将是一个人类与智能体和谐共存的世界,其中智能体不仅能理解和响应人类的需求,还能够自主地进行行动和决策,以促进整个社会的福祉。

回顾历史,让人感到惊讶的是,在主流人工智能社区内,研究人员直到20世纪80年代中后期才相对较少地关注与智能体相关的概念,而当智能体的概念被引入人工智能领域时,其含义发生了一些变化。在哲学领域,智能体可以是人、动物,甚至是可以自主的概念或实体,然而,在人工智能领域,智能体是一个计算实体。由于诸如意识和欲望等概念对于计算实体来讲似乎具有形而上学的性质,并且人类只能观察到机器的行为,因此许多人工智能研究人员,包括艾伦·图灵,建议暂时搁置智能体是否真正在思考或字面上拥有心智的问题。相反,研究人员使用其他属性来帮助描述智能体,如自主性、反应性、主动性和社交能力。还有一些研究人员认为,智能是旁观者眼中的;它不是固有的、孤立属性。本质上,人工智能智能体并不等同于哲学上的智能体;它是在人工智能背景下对哲学上智能体概念的具象化。本文将人工智能智能体视为能够使用传感器感知周围环境、做出决策,然后使用执行器进行响应的人工实体,它的发展经历了从符号型智能体到基于大模型的智能体的持续性发展,相关发展路径如图2-2所示。

图 2-2 人工智能领域智能体的发展路径

1. 符号型智能体

在人工智能的启蒙时代,符号人工智能占据了研究的核心地位。这种方法的根基在于符号逻辑的强大力量,它通过逻辑规则和符号表征来封装人类知识,进而推动推理过程的实现。

符号型智能体的诞生,旨在模仿人类的思维模式。它们拥有一套清晰、可解释的推理框架,这使它们在表达复杂概念和逻辑关系方面具有得天独厚的优势。基于知识的专家系统便是这一方法的典型代表,它们能够利用预先设定的规则和事实数据库来解决特定领域的问题。

然而,符号型智能体在应对不确定性和大规模现实世界问题时,其局限性逐渐显现。在面对模糊、不完整或矛盾的信息时,符号推理往往显得力不从心。此外,由于符号推理算法的复杂性,寻找一种能在有限时间内得出有意义结果的高效算法成为一个极具挑战性的课题。

尽管如此,符号人工智能在人工智能发展史上仍具有重要地位,它为理解人类思维模式、构建可解释的人工智能系统提供了有益的启示。在未来的研究中,如何克服符号人工智能的局限性,将其与其他人工智能方法相结合,以更好地应对复杂多变的世界,将是人工智能领域的一个重要研究方向。

2. 反应型智能体

反应型智能体,与符号型智能体形成鲜明对比,它们摒弃了复杂的符号推理机制。反应型智能体的核心在于关注智能体与其所处环境之间的直接互动,强调的是迅速和实时的反应能力。这种设计理念倾向于简化处理过程,直接将环境中的输入映射到具体的输出动作上,而不是进行烦琐的推理和符号操作。

反应型智能体的特点在于它们的简洁性和效率。由于不需要进行复杂的逻辑推理,所以这些智能体通常能够更加迅速地做出反应,这对于那些需要即时响应的应用场景来讲至关重要,例如,在机器人足球比赛中,反应型智能体能够根据场上情况迅速做出决策,而不需要花费时间进行深层次的思考,然而,这种快速响应的能力也带来了一定的局限性。反应型智能体往往缺乏进行复杂高层决策和规划的能力。它们通常依赖于简单的规则或行为模式来指导行为,这意味着在面对需要长期规划和策略思考的问题时,它们可能无法表现出最佳的性能。

尽管如此,反应型智能体在许多实际应用中仍然非常有用,尤其是在那些环境动态变化、需要快速反应的场合,例如,自动驾驶汽车在遇到紧急情况时,就需要反应型智能体这样的系统来确保乘客的安全。此外,反应型智能体在控制简单机械、进行实时监控和响应等领域的应用也非常广泛。

总体来看,反应型智能体提供了一种不同于传统符号人工智能的解决方案,它们在处理速度和资源消耗上的优势,使它们在特定领域内具有不可替代的作用,然而,如何将反应型智能体的快速响应能力与符号型智能体的复杂决策能力相结合,以创建更加智能和适应性强的系统,仍然是人工智能研究中的一个重要课题。

3. 基于强化学习的智能体[27]

基于强化学习智能体的研究焦点在于如何通过与环境互动来学习,以便在执行特定任务时最大化累积奖励。这类智能体的学习过程最初依赖于传统的强化学习算法,如策略搜索、价值函数优化,以及诸如 Q-Learning 和 SARSA 等经典算法。随着深度学习技术的快速发展,强化学习与深度神经网络的结合催生了深度强化学习这一新兴领域。深度强化学习使智能体能够从高维数据中学习到复杂的策略,这一突破性的进展带来了众多引人注目的成就,例如 AlphaGo 在围棋领域的胜利,以及深度 Q 网络在视频游戏控制上的应用。

深度强化学习方法的显著优势在于它赋予了智能体在未知环境中自我学习和适应的能力,而这一过程无须过多的人工干预。这种自主学习的能力使基于强化学习的智能体在广泛的应用领域内大放异彩,从游戏到机器人控制,再到自动驾驶汽车等,然而,强化学习在理论和实践层面都面临着一系列挑战。首先,训练强化学习模型通常需要大量的时间,因为在学习过程中智能体需要与环境进行大量交互并以此来积累经验,其次,强化学习的采样效率较低,这意味着智能体在学习过程中可能会浪费很多不必要的尝试。此外,稳定性问题也是强化学习中的一个重要挑战,特别是在复杂和动态的真实世界环境中,智能体的学习过程可能会出现不稳定和收敛速度慢的问题。

为了解决这些问题,研究人员正在探索多种方法,包括但不限于改进算法以提高采样效率、使用模拟环境来加速学习过程及引入模型预测等策略来增强稳定性。尽管存在这些挑战,基于强化学习的智能体仍然是人工智能领域中一个非常活跃且具有前景的研究方向,它为构建更加智能、自适应和稳健性系统提供了可能性。

4. 基于迁移学习和元学习的智能体

在传统的强化学习领域,训练一个高效能的智能体通常面临着样本需求量大、训练周期长及泛化能力不足等问题。为了克服这些挑战,研究人员将迁移学习引入强化学习之中,以加速智能体对新任务的掌握。迁移学习的核心在于利用已有的知识,减轻在新任务上的训练负担。通过这种方式,智能体能够在不同任务之间实现知识的共享与迁移,这不仅提升了学习效率,还显著地提高了学习绩效和泛化能力。在这样的框架下,智能体不再从零开始学习,而是在前人经验的基础上,更快地达到新的高度。

同时,元学习(Metalearning)的引入为强化学习智能体带来了革命性的变革。元学习的核心在于让智能体能够快速适应新任务,仅依赖少量样本便能迅速地推断出最优策略。这种智能体在面临新任务时,能够依托已获得的一般知识和策略,迅速调整学习方法,极大地减少了对大量样本的依赖。

尽管如此,但也必须认识到,迁移学习和元学习并非万能。当源任务与目标任务之间存在较大差异时,迁移学习的效果可能会大打折扣,甚至可能出现负迁移现象,即原有知识对新任务的学习产生负面影响。此外,元学习虽然强大,但其本身也需要大量的预训练和样本支撑,这在一定程度上限制了建立通用学习策略的可能性。基于迁移学习和元学习的智能体仍提供了一种高效的学习途径。随着技术的持续发展和完善,这些智能体有望在更多领域展现其强大的学习能力和广泛的应用前景。

5. 基于大语言模型的智能体

随着大模型展现出的令人瞩目的人工智能新兴能力,研究人员正逐步将这些强大的模型应用于构建人工智能智能体。这些智能体的核心或控制单元主要由 LLM 构成,并通过整合多模态感知器和工具利用等策略来拓宽其感知和行动的范围。借助诸如思维链和问题分解等先进技术,基于 LLM 的智能体能够展现出与符号型智能体相媲美的推理和规划能力。它们不仅能在逻辑和抽象层面上进行思考,还能通过与环境的互动,从反馈中学习并执行新的行动,这一点类似于反应型智能体。得益于在大规模语料库中的预训练,LLM 展现了出色的泛化能力,这使基于 LLM 的智能体能够在不同任务之间实现无缝转移,而无须进行烦琐的参数更新。这种灵活性和适应性是它们的一大优势。

基于大语言模型的智能体已经在多个现实世界场景中得到了应用,包括软件开发、科学研究等领域。由于它们具备自然语言理解和生成能力,所以这些智能体能够以人类用户习惯的方式与之无缝互动,这不仅提高了用户体验,也促进了多个智能体之间的协作与竞争。在协作方面,这些智能体能够通过自然语言交流共享信息、协调行动,从而在复杂任务中实现高效的合作。在竞争场景中,它们能够分析对手的行为,制定策略,并灵活应对变化,展现出高度的智能和自主性。基于大语言模型的智能体正在成为人工智能领域的一个重要发展方向,它们的强大能力不仅为单一任务的执行带来了革命性的提升,也为多智能体系统中的复杂交互和合作开辟了新的可能性。

2.3 智能体的核心功能模块

13min

智能体的核心是大模型,它与 Memory、Perception、Planning 和 Action 等功能模块紧密相连,构成了完整的智能体,其中,大模型起居中调度和协调作用,同时完成与生成和推理相关的工作。Memory 模块负责存储历史对话记录和与提示工程相关的信息等；Perception 模块用于感知外部信息，从而让大模型更好地做出决策，一般来讲，它可以表示为接收数据和信息的模块，数据和信息类型包括文本、图像、音频、位置等多种类型；Planning 模块则根据目标对任务进行分解，同时通过反思和自省等来调整和规划进程，具体的方法用到了大模型领域的一种独特技术，即思维链，关于思维链的内容将在 Planning 一节中进行详细介绍；Action 模块则是将大模型生成的结果或者 Planning 后的结果通过调用或者不调用工具的方式输出。组成智能体的各个功能模块如图 2-3 所示。

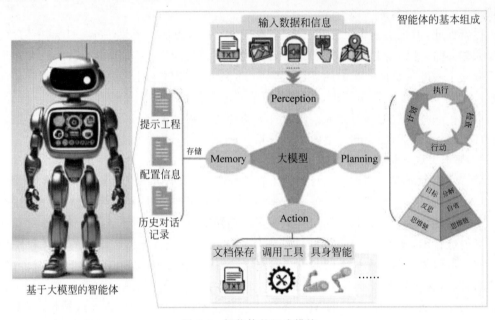

图 2-3　智能体的组成模块

2.3.1　LLM：智能体的大脑

大语言模型是智能体的核心，类似于人类的大脑。它负责调度和协调智能体的各个功能模块，同时完成与生成和推理相关的工作。大语言模型基于 Transformer 架构有序堆叠而成，再通过海量数据的训练，使其不仅学会了语言的统计规律，还掌握了上下文理解、逻辑推理乃至情感理解的高级技能。大语言模型通过持续迭代和优化，能够处理从日常对话到专业领域知识的广泛内容，实现从简单回答问题到创造性思考的跨越。它们的决策和协调能力体现在能够动态地调用其他模块，如根据对话内容激活 Perception 模块获取更多信息，或是通过 Planning 模块制定长期策略，展示出类似人类的综合判断和执行能力。大语言模型作为智能体的大脑，可以完成的任务及应用领域如图 2-4 所示。

1. 文本生成

基于大语言模型的文本生成技术通过利用如 GPT-3、BERT、XLNet 等先进的人工智能模型，能够创建出连贯、有逻辑且符合特定风格或内容的文本。这些模型通过从大量文本数

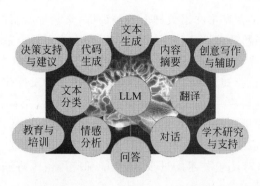

图 2-4 大语言模型作为智能体可以完成的任务及应用领域

据中学习,捕捉到语言的复杂模式和深层次结构,从而在给定一定的提示或上下文的情况下,生成高质量的文本。它们的特点包括上下文理解、多样性与创造性、连贯性与逻辑性及风格适应性,使生成的文本在语言表达上接近人类自然语言。

这些技术的应用范围广泛,包括内容创作、教育培训、客户服务、编程辅助、翻译与本地化及娱乐与艺术等多个领域,例如,在教育领域,大语言模型可以用来生成教学材料、练习题和答案,辅助学习过程,而在客户服务领域,则可以自动生成回复邮件、报告和常见问题解答,提高服务效率。

然而,基于大语言模型的文本生成也存在一些限制。首先,模型可能无法保证生成文本中的事实准确性,有时可能会产生误导性信息,其次,由于模型是在大量数据上训练的,所以可能会无意中吸收和放大数据中的偏见,引发伦理问题。此外,尽管模型能够生成创造性文本,但它们的创造力仍然受限于训练数据集的多样性和范围,因此,在使用这些技术时,需要谨慎对待其潜在的局限性和挑战。

2. 文本分类

基于大语言模型的文本分类技术,利用预训练的大语言模型对文本数据进行自动分类,通常采用深度学习算法,这些算法在预训练过程中学习语言的基本规则和模式,随后通过微调针对特定分类任务进行调整。这一过程涉及预训练和微调两个阶段,其中预训练使模型具备广泛的语义理解能力,而微调则使模型能够更准确地识别和区分不同类别的文本。

这项技术的优势在于其准确性高、泛化能力强,并且能够减少对大量标注数据的依赖。它在多个应用场景中显示出其价值,如情感分析、主题分类、垃圾邮件检测和内容审核等,能够帮助企业和研究人员高效地对文本数据进行处理和分析。

然而,基于大语言模型的文本分类也面临一些挑战。首先,模型的训练和推理需要大量的计算资源,其次,模型可能会从训练数据中继承偏见,导致分类结果的不公平性。此外,大语言模型的决策过程通常是黑箱式的,缺乏解释性,使分类结果的依据难以被理解和验证。尽管存在这些挑战,但是基于大语言模型的文本分类技术仍然是自然语言处理领域的重要工具,并在不断发展和完善中。

3. 问答系统

基于大语言模型的问答系统是一种利用预训练语言模型来理解和回答用户提问的人工

智能应用。这些系统通过在海量文本数据上的预训练,学会了丰富的语言表示和知识,能够解析用户的查询,识别问题的关键信息,并在其知识库中检索最合适的答案。它们的特点包括强大的理解能力、广泛的知识覆盖、回答的多样性和上下文感知能力,这使问答系统能够在客户服务、教育辅导、企业知识库和虚拟助手等多个场景中发挥作用。

然而,这些系统也面临着一些挑战,如确保答案的准确性、提高泛化能力以处理未知查询、避免训练数据中的偏见及满足计算资源的需求。尽管存在挑战,基于大语言模型的问答系统仍然是人工智能领域的一个重要研究方向,它们在提供了高效、便捷的信息获取方式方面具有巨大的潜力,并预计随着技术的进步,其性能和应用范围将进一步扩大。

4. 翻译

基于大语言模型的翻译技术利用先进的人工智能算法,在大量双语语料库上进行训练,以实现从源语言到目标语言的文本转换。这些模型能够深入地理解源语言文本的上下文和结构,生成目标语言中语法正确、表达流畅的文本,显著地提升了翻译的准确性和自然性。它们支持多语言对的翻译,包括资源较少的语言,并在在线翻译服务、产品本地化和多语言交流等多个场景中发挥着重要作用。

然而,这一技术也面临一些挑战,如模型可能无法完全理解文化差异,导致翻译不够精确;高质量翻译依赖于大量高质量的双语数据,这些数据可能难以获取;处理长文本时保持连贯性和一致性的问题。尽管存在这些挑战,基于大语言模型的翻译技术仍在不断进步,为全球化的交流提供了强大的支持,并预计随着模型的优化和训练数据的丰富,其性能和应用范围将进一步提升。

5. 代码生成

基于大语言模型的代码生成技术利用经过专门训练的预训练语言模型来辅助编程,能够理解自然语言描述的编程任务并生成相应的代码片段。这些模型具备自然语言理解、代码生成、上下文感知和多语言支持等特点,被广泛地应用于代码补全、代码修复、代码示例提供及编程学习与教育等多个场景。它们的出现显著地提高了软件开发效率,减少了编程中的重复性工作。

然而,这一技术也面临一些挑战,包括生成的代码可能存在准确性问题、安全性和可靠性风险,以及开发者可能过度依赖代码生成工具而忽视对编程原理的深入理解。尽管如此,基于大语言模型的代码生成技术正在逐步改变软件开发的传统模式,为开发者提供了一个强大的辅助工具,预计随着模型的不断优化,其在软件开发领域的应用将更加广泛和深入。

6. 决策支持与建议

基于大语言模型的决策支持与建议系统是一种高效的人工智能应用,它通过分析大量文本数据,理解复杂的信息模式,并为用户提供专业的建议和见解。这些系统具有信息处理、数据分析、定制化建议和实时反馈等特点,被广泛地应用于商业策略、医疗诊断、法律咨询和教育辅导等多个领域。它们能够帮助企业分析市场趋势,辅助医生进行诊断,为律师提供法律建议,以及为学生制订学习计划等。

然而,这些系统也面临一些挑战,包括确保建议的准确性、处理敏感信息时的隐私和安全问题、提高建议的解释性,以及避免训练数据中的偏见影响建议的公正性。尽管存在挑战,基于大语言模型的决策支持与建议系统仍然为各行业专业人士提供了重要的辅助,并随着模型的优化和训练数据的丰富,其性能和应用范围将进一步提升。这些系统的出现正在改变传统的决策模式,为用户提供了一种更加智能、高效的决策支持手段。

7. 学术研究与支持

基于大语言模型的学术研究与支持是一个深具潜力的领域,它利用大语言模型来推动科学研究和技术创新的边界。这些模型具有处理和理解大量文本数据的能力,这使它们在学术研究中扮演着越来越重要的角色。

在文献综述方面,大语言模型能够迅速扫描和分析成千上万篇学术文章,帮助研究人员识别研究趋势、发现知识空白,并提炼出关键的研究成果。这一过程不仅节省了研究人员大量的时间和精力,还提高了综述的全面性和深度。在数据分析方面,这些模型可以处理复杂的文本数据,提取出有价值的信息,支持研究人员进行定量和定性分析,例如,在社会科学研究中,模型可以帮助研究人员分析社交媒体数据,揭示公众意见和社会动态。在假设生成方面,大语言模型通过分析现有研究,能够提出新的研究假设和方向。这种能力对于探索未知领域和推动科学理论的进步至关重要。模型可以根据已有的知识库,提出可能的解释和预测,为研究人员提供新的研究灵感。在理论验证方面,研究人员可以利用大语言模型来测试和验证学术理论。通过模拟实验和预测分析,模型可以帮助评估理论的有效性和适用范围,从而加深对科学原理的理解。

尽管基于大语言模型的学术研究具有显著的优势,但它也面临着一系列挑战。首先是准确性问题,由于模型可能存在误解或无法完全理解复杂的学术概念,因此其输出的信息需要经过专业知识的验证,其次是偏见和伦理问题,模型可能无意中放大训练数据中的偏见,这在处理敏感话题时尤其需要注意。最后是解释性问题,大语言模型的决策过程往往是黑箱式的,这使解释其输出成为一项挑战,然而,随着技术的不断进步,这些问题正在逐步得到解决。研究人员正在开发新的方法来提高模型的透明度,减少偏见,并确保其输出的可靠性。展望未来,基于大语言模型的学术研究有望在各个学科领域发挥更加重要的作用,推动科学知识的深度探索和广泛应用。

8. 教育与培训

基于大语言模型的教育与培训是一种利用大模型来辅助教学和学习的方法。这些模型通过在海量文本数据上进行训练,能够理解和生成自然语言,从而在教育领域提供个性化的学习体验和智能化的教学支持。

在教育与培训中,基于大语言模型的应用主要体现在以下几个方面:个性化学习、智能辅导、多语言支持和适应性教学。个性化学习指模型可以根据学生的学习进度和风格提供个性化的学习建议和资源,帮助学生更有效地掌握知识。智能辅导则通过与学生进行自然语言对话,提供实时的学习辅导和反馈,帮助学生理解和掌握复杂的概念。多语言支持则是指这些模型通常支持多种语言,可以帮助不同语言背景的学生学习,提高语言学习的多样性和包容性。适应性教学则是指模型能够根据学生的学习表现调整教学内容和难度,以适应不同学生的需求,实现更加灵活和有效的教学。

基于大语言模型的教育与培训技术正在改变传统的教学和学习模式,它为教育者和学习者提供了一个强大的辅助工具,然而,这一技术也面临一些挑战,如确保教学内容和反馈的准确性、处理学生数据时的隐私和安全问题、提高模型的解释性,以及避免训练数据中的偏见影响教学内容的公正性。尽管存在挑战,基于大语言模型的教育与培训技术未来在教育领域的应用将更加广泛和深入,为教育者和学习者提供更加智能、高效的学习体验。

2.3.2　Memory:智能体的记忆区间

Memory(记忆)模块是智能体的记忆系统,类似于人类的记忆。它负责存储历史对话记录和与提示工程相关的信息等,但同时,Memory模块又不仅只是简单的信息存档库,它还可以采用先进的数据结构和算法,如分布式表示和图神经网络,来模拟人类记忆的多层次、关联性和遗忘机制。该模块通过持续更新和优化内部的知识架构,实现对新旧信息的有效整合。记忆系统支持语义检索,使智能体能快速定位相关信息,支持即时决策。同时,它利用强化学习机制,对频繁访问或重要信息进行优先存储和加强,形成类似人类的长期记忆。此外,Memory模块未来还负责情绪记忆的模拟,帮助智能体理解并回应用户的情感需求,增强人机交互的亲密度和真实感。

2.3.3　Perception:智能体的五官

Perception(感知)模块作为智能体的感知系统,承担着类似于人类五官的功能。它不仅能接收来自不同渠道的信息,还能通过深度学习模型对这些信息进行解析、分类和理解。未来的Perception模块将会集成多种先进的感知技术,包括自然语言处理、计算机视觉(Computer Vision,CV)、语音识别(Automatic Speech Recognition,ASR)和地理位置服务等,构建一个全方位、多模态的感知世界。

例如,当处理图像时,Perception模块能够分析图像中的物体、场景和情感表达,并结合自然语言处理技术理解相关的文本描述,实现跨模态的信息融合和理解。这种能力使智能体能够适应更复杂的环境互动,例如在智能家居中识别用户的非言语指令,或在医疗场景下辅助医生分析病例。总体来看,Perception模块通过集成多种先进的感知技术,为智能体提供了一个全方位、多模态的感知世界,使智能体能够更好地理解和适应各种复杂的环境和场景,Perception模块示意图如图2-5所示。

图2-5　Perception模块示意图

1. Perception模块中的眼睛:捕捉视频和图像

在智能体Perception模块中,图像和视频的捕捉与处理发挥着类似生物视觉系统中眼睛的作用。这些模块负责收集外部世界的视觉信息,并将其转换为智能体可以理解和分析的数据。它们不仅能捕捉静态图像,还能捕捉动态视频,涵盖颜色、形状、纹理和运动等特征。

通过这些模块,智能体能够提取关键特征,如边缘、角点、纹理和颜色等,这些特征有助于智能体识别和分类物体、场景和动作。智能体利用提取的特征来理解场景的结构和内容,包括识别物体、估计物体的位置、姿态和运动,以及理解物体之间的关系。此外,图像和视频模块可以帮助智能感知环境中的变化和动态,如物体的移动、环境的改变或事件的发生,这有助于智能体做出适当的反应和决策。智能体还可以利用这些模块与人类或其他智能体进行交互,通过理解面部表情、手势和语言,更好地理解人类的意图和需求。在导航和定位方面,图像和视频模块可以帮助智能体识别地标、路径和障碍物,从而规划合适的路径和动作。在安防领域,这些模块用于监控和分析潜在的安全威胁,智能体可以识别异常行为、可疑物体或危险情况,并采取相应的措施。

综合来看,图像和视频模块在智能体 Perception 模块中发挥着至关重要的作用,它们为智能体提供了丰富的视觉信息,帮助智能体理解和适应复杂的环境,并与人类和其他智能体进行高效交互。随着技术的发展,这些模块的功能和性能将继续提高,为智能体提供更强大的感知能力。

2. Perception 模块中的耳朵:捕捉声音

在智能体 Perception 模块中,声音信息的捕捉与处理发挥着类似生物听觉系统中耳朵的作用。这些模块负责收集外部世界的声音信息,并将其转换为智能体可以理解和分析的数据。具体而言,声音模块在智能体 Perception 模块中扮演着以下关键角色:

智能体的耳朵,捕捉外部环境的声音信号,这些信号可以涵盖声音频率、音量和音调等特征。通过这些模块,智能体能够提取关键特征,如声音频率、音量和音调等,这些特征有助于智能体识别和分类声音。智能体利用提取的特征来理解声音信号的语义和情感。声音模块帮助智能体感知环境中的声音变化和动态,如声音的来源、声音的强度和声音的类型等。这有助于智能体做出适当的反应和决策。智能体还可以利用声音模块来与人类或其他智能体进行交互,例如,通过理解语言和声音,智能体可以更好地理解人类的意图和需求。

声音模块在智能体 Perception 模块中发挥着至关重要的作用,它们为智能体提供了丰富的声音信息,可以帮助智能体理解和适应复杂的环境。随着技术的发展,这些模块的功能和性能将继续提高,为智能体提供更强大的感知能力。

3. Perception 模块中的舌头:捕捉味觉

在智能体 Perception 模块中,味觉捕捉功能类似于生物味觉系统中的舌头。这些模块负责收集外部世界的味觉信息,并将其转换为智能体可以理解和分析的数据。具体而言,味觉捕捉模块在智能体 Perception 模块中扮演着以下关键角色:

捕捉外部环境的味觉信息,这些信息可以是各种食物和饮料中的味道,涵盖甜、酸、苦、咸和鲜等基本味觉。通过这些模块,智能体能够提取关键味觉特征,如味道的强度、持续时间和变化等。这些特征有助于智能体识别和分类味觉。智能体利用提取的味觉特征来理解味道的来源和含义。这包括识别特定的味道、估计味道的强度和持续时间,以及推断味道的潜在意义。味觉捕捉模块可以帮助智能体感知环境中的味道变化和动态,如食物和饮料的味道、烹饪过程中味道的变化等。这有助于智能体做出适当的反应和决策。智能体可以利用味觉捕捉模块来与人类或其他智能体进行交互,例如,通过理解食物的味道和口感,智能体可以更好地理解人类的意图和需求。在安防领域,味觉捕捉模块可用于监控和分析潜在的安全威胁。智能体可以识别异常味道、可疑味道或危险味道,并采取相应的措施。

味觉捕捉模块在智能体 Perception 模块中发挥着至关重要的作用,它们为智能体提供了丰富的味觉信息,帮助智能体理解和适应复杂的环境。随着技术的发展,这些模块的功能和性能将继续提高,为智能体提供更强大的感知能力。

4. Perception 模块中的鼻子:捕捉气味

在智能体 Perception 模块中,气味捕获功能类似于生物嗅觉系统中的鼻子所起的作用。这些模块负责收集外部世界的气味信息,并将其转换为智能体可以理解和分析的数据。具体而言,气味捕获模块在智能体 Perception 模块中扮演着以下关键角色:

捕捉的外部环境气味信息可以是化学物质和挥发性物质的混合物,涵盖不同的气味成分和浓度。通过这些模块,智能体能够提取关键气味特征,如气味成分、气味浓度和气味强度等,这些特征有助于智能体识别和分类气味。智能体利用提取的气味特征来理解气味的来源和含义。这包括识别特定的气味成分、估计气味的浓度和强度,以及推断气味的潜在意义。气味捕获模块帮助智能体感知环境中的气味变化和动态,如气味的来源、气味的强度和气味的类型等。这有助于智能体做出适当的反应和决策。智能体可以利用气味捕获模块来与人类或其他智能体进行交互,例如,通过理解气味的情感和生理影响,智能体可以更好地理解人类的意图和需求。在安防领域,气味捕获模块可用于监控和分析潜在的安全威胁。智能体可以识别异常气味、可疑气味或危险气味,并采取相应的措施。

气味捕获模块在智能体 Perception 模块中发挥着至关重要的作用,它们为智能体提供了丰富的气味信息,帮助智能体理解和适应复杂的环境。随着技术的发展,这些模块的功能和性能将继续提高,为智能体提供更强大的感知能力。

2.3.4 Action:智能体的四肢和工具

Action(行为)模块代表了智能体的行动力和创造力,它不仅能执行基本的指令操作,还能根据情境创新地使用各种工具和资源。这包括但不限于通过网络接口与外部服务交互、控制物理机器人的动作或者生成复杂的创意作品。Action 模块的智能在于它能够根据大语言模型和 Planning 规划模块的输出,灵活选择最合适的执行路径,甚至在遇到障碍时自我调整策略,例如,当用户请求制作一张特定风格的图片时,Action 模块会调用图像生成服务,如 DALL-E 或 Stable Diffusion,并通过精确的参数设置确保输出符合要求。这种高度的自主性和适应性让智能体能够完成从简单到复杂的各类任务。Action 模块的工作示意图如图 2-6 所示。

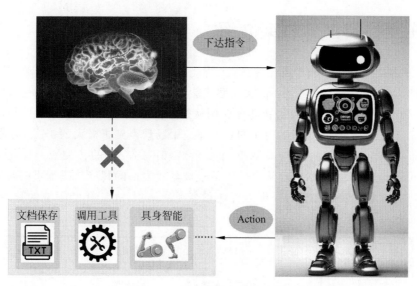

图 2-6　Action 模块工作示意图

2.3.5　Planning：智能体的核心规划系统

　　Planning(规划)模块是智能体的核心规划系统，它扮演着智囊团的角色，综合运用了人工智能领域的多种规划算法和技术，如强化学习、蒙特卡洛树搜索、基于案例的推理等，来制定高效且灵活的行动策略。在这个框架中，思维链技术(Chain of Thought，CoT)是一种关键的高级认知模型，它允许智能体构建和评估多个假设场景，模拟未来可能的发展路径，并做出最优选择。这种方法不仅关注当前任务的解决，还强调学习过程中的自我反馈和调整，促使智能体在实践中不断地优化其策略和行为模式。

　　大模型的思维链技术通过在模型生成的答案中包含中间推理步骤，提高了模型的透明度和可解释性。这种技术模仿了人类解决问题时的思考过程，即逐步分析问题、应用规则和逻辑，最终得出结论。在大模型中，这通常意味着模型会生成一系列的中间响应，这些响应被逐步引导到最终的答案，例如，在解决一个复杂的数学问题时，大模型会首先识别问题的核心，然后逐步推导出解决方案，每步都建立在前面步骤的基础上。这样，用户不仅可以看到最终答案，还可以理解模型是如何一步步推导出这个答案的。

　　通过持续的试错和学习，Planning 模块推动智能体向更高层次的自主性和智能化发展，实现从被动响应到主动创造价值的转变。同时，思维链技术在提高模型准确性的同时，也增强了用户对模型决策过程的信任，尤其是在需要模型解释其答案的场合，如教育、法律和医疗等领域。通过提供透明的推理过程，思维链有助于用户理解模型的思考方式，从而更好地评估模型的回答。

2.4 主要的智能体框架介绍

随着21世纪的第3个十年的到来,人工智能领域经历了前所未有的变革,特别是大语言模型的迅速崛起。下面绘制了一幅大模型智能体发展时间线示意图,以便生动地描绘从2021年到2023年人工智能领域的智能体应用从初步探索到广泛应用的发展过程。在这短短的三年间,以大语言模型为基础构建的智能体应用场景得到了极大的扩展,从通用型智能体到专注于特定任务的工具型、模拟型,甚至是游戏和网络交互的各类智能体,实现了从理论到实践的飞跃。同时,本章节也从中选出几个极具代表性的智能体进行进一步阐述,以便读者对于智能体的发展现状有一个更为直观和客观的认识。人工智能领域的智能体发展情况示意图如图2-7所示。

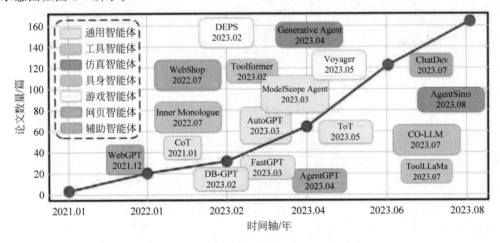

图 2-7 人工智能领域的智能体发展情况示意图[28]

2.4.1 AutoGPT:AI自主性探索的集大成者

AutoGPT,这一由Significant Gravitas公司推出的创新成果,自2023年3月30日开源问世以来,便在人工智能领域树立了新的里程碑。作为GPT-4技术的集大成应用,它不仅在ChatGPT的基础上实现了质的飞跃,更以高度的自主性操作和减少对人工干预的依赖,开启了AI发展的新篇章。AutoGPT的设计超越了单一任务的局限,成为一个能够跨领域执行多元化任务的全能智能体。从内容创作到社交媒体管理,乃至复杂的数据分析,其强大的自我学习与优化能力,允许它在获得初步指导后自主规划并执行任务链,如策划一场生日派对,从构思到执行,全程无须细致入微的人为指令。

AutoGPT的核心竞争力在于融合了GPT-4的先进语言处理能力与基于规则的人工智能决策系统,形成了一个能够在预设框架内自主决策并采取行动的智能体。这种设计使它能够动态地调整策略,递归地改进自身功能,但也因此面临一系列挑战,其中包括自我反馈循环可能放大初始错误、对虚假信息的误认，以及因持续调用 OpenAI API 带来的高昂成本和潜在的无限循环问题。此外，其短期记忆限制也是制约因素之一，影响了长期复杂任务的处理能力。

作为人工智能自主性探索的前沿项目，AutoGPT 虽处于实验性阶段，但其展现出的巨大潜力已吸引了科技界的广泛关注，被视为未来人工智能发展的重要驱动力。随着技术的不断成熟与优化，解决现有局限，AutoGPT 有望在更多领域发挥其革命性作用，从科研辅助到商业策略规划，甚至是日常生活中的个性化服务。尽管前路不乏挑战，但是 AutoGPT 的每次进步都在为人工智能的自主性与实用性树立更高的标杆，预示着一个更加智能化、自主化的未来即将到来，AutoGPT 的工作流程如图 2-8 所示。

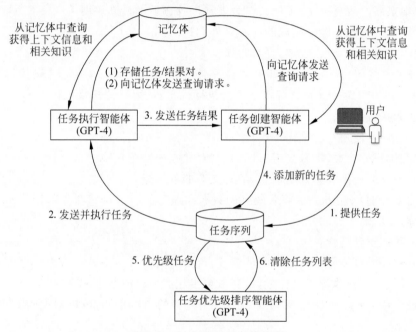

图 2-8　AutoGPT 的工作流程

在图 2-8 中，AutoGPT 的工作流程如下：

（1）用户设定一个目标或任务。

（2）AutoGPT 将任务发送给任务执行智能体（其核心是 GPT-4），由任务执行智能体来执行任务，在此过程中会向记忆体发送请求，来查询是否有可用的历史记录或者相关信息。

（3）AutoGPT 执行完任务后会将任务结果发送给任务创建智能体，任务创建智能体会参考记忆体中的历史信息，生成新的任务。

（4）AutoGPT 将新生成的任务发送到任务序列中进行存储。

（5）AutoGPT 利用任务优先级排序智能体对任务序列中的任务进行排序。

（6）随后，AutoGPT 会将任务序列中上一次的任务清除掉，将新的任务放进去。

接下来，AutoGPT 会再一次执行上述过程。在此过程中，用户可以设定两种模式，一种是要求每执行一步或者几步就向人类用户发送确认请求,让人类用户确认是否继续往下执行;另一种模式是完全交给智能体来决定是否一直执行,这种模式可能会导致进入死循环。

简而言之,AutoGPT是一个基于GPT-4的循环过程,它通过不断生成、优先排序和执行任务来达成用户设定的目标,同时利用外部记忆来维持上下文并自我改进。接下来将通过一个示例来进一步说明AutoGPT的工作过程。

(1) 目标或任务设定:请帮我撰写一篇关于"人工智能在医疗领域应用"的文章。

(2) 任务生成:AutoGPT将根据给定的目标生成一系列任务,示例如下:

① 进行市场调研,了解当前人工智能在医疗领域的应用情况。

② 搜集最新的研究论文,了解人工智能在医疗领域的最新进展。

③ 列出人工智能在医疗领域的潜在好处和挑战。

④ 编写文章草稿,整合收集到的信息。

(3) 任务优先级排序:AutoGPT对这些任务进行优先排序,决定首先执行哪个任务。当然,这一步在第1轮执行时有可能并不会执行,而是从第2轮开始执行。

(4) 任务执行:

① AutoGPT使用互联网插件进行在线搜索,搜集相关信息。

② 它阅读研究论文,提取关键点,并将其存储在外部记忆中。

③ AutoGPT根据收集到的信息,编写文章的各部分。

(5) 结果存储:AutoGPT将收集到的数据和编写的段落存储在外部记忆中,以便于后续进行检索和编辑。

(6) 自我纠正和迭代:

① AutoGPT可能会根据用户的反馈或自己的评估,对文章进行修改和完善。

② 它可能会重新执行某些任务,以获取更多相关信息或改进文章内容。

(7) 最终成果:AutoGPT最终会提供一个完整的内容草稿,可以根据需要进一步地进行编辑和发布。

在整个过程中,AutoGPT作为一个自主代理,帮助用户完成了从研究到写作的一系列任务,而用户仅仅需要作为一个旁观者,选择是否在合适的时间插手AutoGPT的生成过程,这样的模式大大地提高了内容创作的效率,但同时,由于人为干预的减少,也导致最终结果的不可控。

2.4.2 FastGPT和DB-GPT:以工作流编排构建智能体

不同于AutoGPT专注于探索自主智能体,FastGPT与DB-GPT作为两项前沿的开源创新项目,共同点在于它们均巧妙地融合了大模型能力,为知识库问答与数据库操作领域带来了革命性的智能化、灵活性与安全保障。FastGPT专注于知识管理,提供了一套从部署至应用的快捷解决方案,不仅便于私有化部署和多平台集成,还拥有特色如Web内容自动化同步的高级功能,显著地提升了企业协作效率,其强大的数据预处理和模型训练能力,结合高度可定制性,简化了人工智能知识库的构建流程,适应了广泛的用户群体需求。FastGPT 的高级编排主页和工作形态如图 2-9 所示。

图 2-9　FastGPT 的高级编排主页和工作形态

DB-GPT 则重塑了数据库交互的边界,利用 LLM 实现了自然语言查询,确保数据的私密性和安全性,同时借鉴了 FastChat、Vicuna、LangChain 等技术要素,构建起一个功能丰富、易于扩展的生态系统,支持私有知识库问答及多种插件集成。此外,DB-GPT 提供的 AWEL(Agentic Workflow Expression Language)是一种专门为大模型应用开发设计的智能体工作流表达式语言,它提供了强大的功能,同时又兼具灵活性,通过 AWEL API,开发者可以专注于 LLM 应用的业务逻辑开发,而无须关注烦琐的模型和环境细节。AWEL 与 FastGPT 的高级编排非常类似,工作界面及创建的工作流如图 2-10 所示。

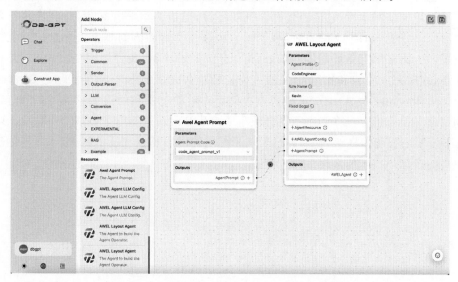

图 2-10　DB-GPT 中 AWEL 的主页及工作流样式

两者均引入了创新的智能体工作流设计理念：AWEL 在 DB-GPT 中通过自然语言式的表达式，使非技术用户能够搭建包含智能决策的代理工作流，涵盖数据处理到数据库交互，内置隐私保护；FastGPT 的高级编排则通过直观的可视化编辑器和描述性语言，让用户自由组合数据处理、模型调用等模块，支持复杂逻辑和多模型协同，同样降低了技术门槛。

2.4.3　ModelScope-Agent：柔性的工具定制方法

ModelScope-Agent、AutoGPT、FastGPT 及 DB-GPT 都是推动人工智能领域发展的创新框架和项目，各自聚焦于不同的应用场景和技术侧重点，共同展现了人工智能技术的多样性和发展潜力，但它们的侧重点各有不同。AutoGPT 是一种创新产品，它利用 GPT-4 技术实现了人工智能的自主性操作，能够在多个领域自主规划和执行任务。这种自主性虽然带来了挑战和成本压力，但同时也极大地提高了人工智能的操作能力。FastGPT 优化了知识管理流程，简化了人工智能知识库的构建，并具备提升企业效率的高级特性。这意味着它可以帮助企业更有效地管理和利用知识，从而提高整体的运营效率。DB-GPT 变革了数据库交互方式，通过自然语言查询增强了数据库操作的安全性和灵活性，并支持多样化插件集成。这使数据库的操作更加方便和高效，同时也提高了数据的安全性。ModelScope-Agent 则是一个强调通用性与高度定制的开源框架，专注于帮助用户轻松地构建和部署定制化智能体，支持广泛的任务类型和集成多种外部工具与 API，并且背靠强大的 ModelScope 社区资源，更多关于 ModelScope-Agent 的介绍将在本书的第 3 章给出。

2.5　本章小结

本章主要介绍了智能体的概念、发展历程、核心功能模块及主要智能体框架。智能体是人工智能领域的基本单元，它通过传感器感知环境，通过决策过程思考，并利用执行器对环境做出反应。智能体的理念源自哲学，经历了从符号型智能体到基于大模型的智能体的持续性发展。大语言模型是智能体的核心，类似于人类的大脑，负责调度和协调智能体的各个功能模块，同时完成生成和推理相关的工作。智能体的其他核心功能模块包括 Memory、Perception、Planning 和 Action，分别负责存储历史对话记录和相关信息、感知外部信息、制定长期策略和执行指令操作。本章还介绍了 AutoGPT、FastGPT、DB-GPT 和 ModelScope-Agent 等主要的智能体框架，它们各自聚焦于不同的应用场景和技术侧重点，共同展现了基于大模型的智能体技术的多样性和发展潜力。

技 术 篇

第 3 章 初识 ModelScope-Agent

给我一个足够长的杠杆和一个支点，我可以撬动整个地球。

——阿基米德

3.1 ModelScope-Agent 简介

随着大语言模型的兴起，生产力的深刻变革正在被见证，这些模型不断挑战创新与创造的传统边界。在这一历史性的转折点上，研发与之相匹配的生产力工具显得尤为迫切。这些工具不仅是激发大模型潜能、推动时代进步的关键，更是满足各行各业特定需求、推动内容创作、产品设计及决策分析等多领域革命性飞跃的核心力量。在众多工具中，ModelScope-Agent 被看作撬动生产力爆发的关键之一。

3.1.1 什么是 ModelScope-Agent

ModelScope-Agent[29]，作为一个灵活且通用的平台，为开发者和企业提供了智能体定制化开发的全新解决思路。它不仅是一个模型部署工具，更是一个集模型管理、多工具集成和定制于一体的生态系统。用户可以在 ModelScope-Agent 的基础上构建各种类型的人工智能应用，无论是基础的问答系统，还是复杂的业务流程自动化。此外，ModelScope-Agent 还拥有强大的社区和生态支持，作为 ModelScope 平台的一部分，用户可以获取最新的模型研究成果、教程和最佳实践。这使非专业背景的开发者也能轻松地参与到人工智能应用的创新中来，降低了技术壁垒，让更多用户能够快速分享人工智能技术带来的便利。

3.1.2 为什么选择 ModelScope-Agent

之所以选择 ModelScope-Agent 作为构建智能体的框架，是因为它在众多人工智能智能体框架和平台中具有显著的优势和特色。相较于其他框架，如 AutoGPT[30]、FastGPT 和 DB-GPT[31]，ModelScope-Agent 提供了一个更为通用和高度可定制的开源解决方案。

AutoGPT 利用 GPT-4 技术实现了人工智能的自主性操作，能够在多个领域自主规划和执行任务，然而，这种过分的自主性导致使用者能够参与的部分太少，从而诱发了结果的不可控。与此同时,使用者参与度低也导致了无法针对特定场景开发更实用的应用。

FastGPT优化了知识管理流程,简化了人工智能知识库的构建,并具备提升企业效率的高级特性,但FastGPT的智能体更多的是为知识库服务,因此定制化能力稍显不足,并且应用场景多围绕知识库展开,在其他领域稍显欠缺。

DB-GPT变革了数据库交互方式,通过自然语言查询增强了数据库操作的安全性和灵活性,并支持多样化插件集成,然而,它同样存在与FastGPT类似的问题,即过分侧重于数据库的查询,而弱化了智能体的能力,例如,在DB-GPT中,智能体是通过代理工作流表达语言(Agentic Workflow Expression Language,AWEL)来创建的,而这种语言是基于一些给定的模块来进行编排的,当使用场景超出给定模块能够解决的范围时,构建智能体便会变得困难。

相比之下,ModelScope-Agent则是一个相对灵活的平台,它不仅支持广泛的任务类型,还可以自定义工具并集成多种外部API。这使用户能够根据需求轻松地构建和部署定制化智能体。此外,ModelScope-Agent背后有强大的ModelScope社区支持,为用户提供最新的研究成果、教程和最佳实践,这些特点也使ModelScope-Agent成为本书中创建智能体的首选。当然,这并不意味其他框架比ModelScope-Agent差,而是在本书对应的场景中,ModelScope-Agent可以最大限度地为场景构建提供便利。

3.1.3 Single-Agent:单智能体

单智能体系统涉及一个独立的智能体在特定环境中学习和做出决策。这个智能体的目标通常是最大化某种累积奖励信号,通过与环境的交互学习最优策略,例如,使用深度Q网络[32]或策略梯度方法如近端策略优化[33](Proximal Policy Optimization,PPO)的机器人导航、游戏人工智能等都属于单智能体系统的应用。以下是单智能体的一些特点。

(1) 单一决策结构:单智能体系统的核心在于拥有一个中央决策单元,该单元负责接收环境反馈、处理信息并做出决策。这种结构简化了决策过程设计,避免了多智能体系统中可能出现的协调难题和复杂的交互逻辑,使系统设计更加直观和易于理解。

(2) 直接环境交互:智能体直接与外部环境互动,通过感知环境状态变化并采取行动以影响环境,进而达到其目标。这种直接交互模式使智能体的学习过程更加聚焦于自身行为对结果的影响。

(3) 学习目标明确:单智能体系统通常围绕一个明确的目标进行优化,如最大化累积奖励、最小化错误率或成本等。这种明确的目标设定使智能体的学习具有量化性和可衡量性,便于采用强化学习、监督学习或无监督学习等技术进行训练。

(4) 算法相对简单:相较于多智能体系统,单智能体的学习算法设计和实现通常更简单、直接。

(5) 易于调试和解释:由于只有一个决策中心,所以单智能体系统的问题定位和调试工作相比多智能体系统要直接和简便。当智能体行为不符合预期时,可以通过跟踪决策过程和分析学习日志来快速识别问题所在,有利于算法的优化和改进。

（6）广泛的应用性：单智能体系统因其设计的简洁性和高效性，被广泛地应用于游戏人工智能、推荐系统、自动化控制、自然语言处理、图像识别等多个领域。无论是提高个人用户的体验，还是优化工业生产线的效率，单智能体系统都能提供针对性的解决方案。

单智能体系统凭借其直观的决策架构、直接的环境互动、清晰的目标导向、算法的高度灵活性、便捷的调试过程及广泛的应用范围，已成为大模型引领下的新一代人工智能领域中不可或缺的组成部分。

3.1.4 Multi-Agent：多智能体

多智能体系统（Multi-Agent Systems，MAS）由两个或多个相互作用的智能体组成，它们可能追求相同或不同的目标，在合作、竞争或多种动机交织的环境中，智能体可以共同或独立地进行学习和决策。此外，这些系统通过监督、竞争和对抗等活动，能够实现更广泛、更开放的成果。这类系统模拟了现实世界中多方主体互动的场景，例如交通管控、团队协作型机器人、多人在线游戏等。多智能体系统的主要特点如下：

（1）分布式决策与协同作业：多智能体系统的核心特征之一是存在多个独立的决策中心，每个智能体都有自己的感知、决策和行动能力。这些智能体通过相互交流与合作，实现对复杂任务的分布式处理和协同完成。这种分布式特性使系统能够处理超出单个智能体处理能力的大型问题，提高了问题解决的效率和范围。

（2）交互与通信机制：多智能体系统内部的智能体之间存在直接或间接的交互，需要有效的通信协议和机制来传递信息。这包括但不限于直接消息传递、共享环境状态、隐含的交互规则等。合理的通信机制对于协调智能体行为、避免冲突、促进合作至关重要。在ModelScope-Agent 中，多智能体的交互和通信机制可以选择使用 Ray 这样一个开源框架来实现。

（3）复杂动态行为与涌现现象：多智能体系统经常展现出个体行为无法预测的集体动态和涌现现象，如自组织、集群行为、分层结构的形成等。这些涌现特性使系统能够适应复杂多变的环境，解决那些没有预设解决方案的问题，体现了高度的灵活性和创新能力。

（4）多样化目标与策略：在多智能体系统中，不同的智能体可能追求不同的目标，甚至目标之间可能存在冲突。这要求系统设计必须考虑到目标的协调与冲突解决机制，如采用博弈论、合作与竞争模型等，以实现整体系统的稳定性和效率。

（5）算法与学习方式的调整：多智能体系统的算法设计比单智能体更复杂，涉及多目标优化、信用分配、策略同步与异步更新及在部分可观测环境下的决策等问题。这可能需要考虑诸如多智能体深度强化学习、多智能体路径规划、联盟学习等高级算法的参与。

（6）适应性和稳健性：多智能体系统在面对环境变化、智能体失效等情况时，表现出较强的适应性和稳健性。通过智能体之间的重新配置和任务分配，系统能够继续运作或快速恢复，这对于构建弹性系统、灾难响应、军事战略等应用尤为重要。

（7）广泛的应用范围：多智能体系统被广泛地应用于多个领域，包括但不限于智能交通系统、无人机编队飞行、机器人足球、电子市场模拟、社交网络分析、网络安全性等。这些应用展示了多智能体系统在处理大规模、动态、复杂问题上的潜力和优势。

多智能体系统以其分布式决策、协同作业、交互通信机制、复杂动态行为与涌现现象、多样化目标与策略、算法与学习方式的调整、适应性和稳健性及广泛的应用范围等特点，成为模拟和解决现实世界中多方主体互动问题的有效工具。这些系统通过智能体之间的相互作用，不仅能处理单个智能体难以应对的复杂任务，还能在多变的环境中展现出高度的灵活性和创新能力，为交通管理、机器人协作、在线游戏等多个领域提供了革命性的解决方案，展现了人工智能技术在处理大规模、动态问题上的巨大潜力。

3.2 主要模块及参数配置

3.2.1 ModelScope-Agent 的组成模块

2.3 节深入剖析了智能体的关键模块。ModelScope-Agent 作为一个智能体框架，全面覆盖了智能体运行所需的所有基础功能模块。不仅如此，除了这些核心模块，ModelScope-Agent 还精心设计了一系列额外的功能模块。ModelScope-Agent 的核心系统架构如图 3-1 所示。

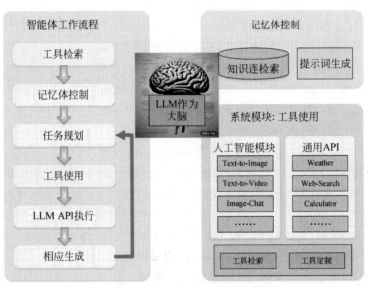

图 3-1 ModelScope-Agent 的核心系统架构[29]

智能体工作流定义了智能体如何执行其功能的一系列步骤。首先，智能体会根据需求检索合适的工具，然后它会对内存进行管理以存储和访问必要的信息。接下来，智能体会制订任务计划来指导其行动。在实际操作阶段，智能体会利用检索到的工具并调用相应的 API 来完成任务。API 执行完成后，智能体会产生一个响应或输出，从而结束这个工作流程。记忆体控制部分负责处理与知识检索和提示生成相关的工作。知识检索确保智能体可以获取执行任务所需的信息。同时，提示词生成模块会生成系统提示和其他相关信息，帮助智能体理解用户的需求或上下文环境。系统模块则包含了工具库和一系列工具检索及自定义服务。工具库中包含了许多实用的工具和 API，如文本转图像、天气查询、计算器、地图导航、音乐播放器、购物应用等。此外，用户还可以根据自己的需求对这些工具进行检索和个性化定制。总体来讲，ModelScope-Agent 是一个全面而复杂的系统，它将训练框架、智能体工作流程、记忆体控制和系统模块有机地结合起来，实现了高效的人机交互和任务执行能力。

3.2.2　配置参数

在着手进行参数配置之前，再次审视智能体的 5 个核心构成模块：大语言模型、存储记忆、行为、感知和规划。接下来，将依照这 5 个模块逐一探讨配置的相关问题。首先，从一张图像生成的示例入手，这个示例是在官方提供的图像生成示例的基础上稍做调整而成的，旨在更清晰地阐述智能体参数配置的过程，示例代码如下：

```python
//modelscope-agent/demo/chapter_3/Example_Code_3-1.py
import sys
import os
sys.path.append('/mnt/d/modelscope/modelscope-agent')
from modelscope_agent.agents.role_play import RolePlay

os.environ['DASHSCOPE_API_KEY']='YOUR_DASHSCOPE_API_KEY'

dialog_history = []
def test_image_gen_role():
    role_template = '你扮演一个画家,用尽可能丰富的描述信息调用工具绘制图像。'
    dialog_history.append(role_template)

    llm_config = {'model': 'qwen-max', 'model_server': 'dashscope'}
    dialog_history.append(llm_config)

    #input tool args
    function_list = ['image_gen']
    dialog_history.append(function_list)

    bot = RolePlay(
        function_list=function_list, llm=llm_config, instruction=role_template)

    response = bot.run('画一张猫的图像')
    dialog_history.append(response)

    text = ''
    for chunk in response:
        text += chunk
    print(text)
    assert isinstance(text, str)
```

```
        print(dialog_history)

if __name__ == '__main__':
    test_image_gen_role();
```

上述示例代码主要由以下几部分构成。

(1) 导入必要的模块和设置路径：代码首先导入了 sys 和 os 模块，用于操作系统的路径设置，确保能够正确地引用 ModelScope-Agent 的相关功能模块。

(2) 配置大语言模型的 API 服务：在此部分，通过设置环境变量 DASHSCOPE_API_KEY 来配置大语言模型的 API 服务。这一步骤是关键，它使程序能够安全地与大语言模型进行交互。

(3) 初始化对话历史记录存储空间：为了实现多轮对话的连贯性，定义一个名为 dialog_history 的列表，用于存储对话的历史信息。

(4) 定义图像生成函数 test_image_gen_role：此函数封装了图像生成的逻辑，通过定义角色模板和配置大模型，使智能体能够按照指定的角色进行图像生成。

(5) 程序入口：在主程序入口部分，调用了 test_image_gen_role 函数，启动了整个图像生成过程。

特别值得一提的是，第(2)部分中的大语言模型配置，出于安全性考虑，可以在专门的配置文件中完成 API 的配置工作。该配置文件位于 ModelScope-Agent 的 llm 文件夹下，其中包含了多个大模型 API 的配置选项，如 zhipu 和 openai 等。

关于记忆存储模块，虽然在官方的单智能体示例中并未直接提供，但为了实现多轮对话的历史记录功能，示例代码中手动初始化了一个空的列表 dialog_history。

最后，行为模块的引入是代码的关键所在。在示例中，使用了一个典型的行为模块——图像生成工具 image_gen，这个工具实际上是一个函数，大模型通过调用它来生成所需的图像，从而实现了智能体的特定行为。

在上述示例中，由于仅涉及一个简单的执行动作，并未包含与外界的交互，因此并未涉及感知模块的调用。为了深化对感知模块的理解，以下呈现了一个更复杂的场景，示例代码：

```
//modelscope-agent/demo/chapter_3/Example_Code_3-2.py
import sys
import os
sys.path.append('/mnt/d/modelscope/modelscope-agent')
from modelscope_agent.agents.role_play import RolePlay

os.environ['DASHSCOPE_API_KEY']='YOUR_DASHSCOPE_API_KEY'

dialog_history = []
def test_image_gen_role():
    role_template = '你扮演一个画家,用尽可能丰富的描述信息调用工具绘制图像。'
    dialog_history.append(role_template)
```

```python
    llm_config = {'model': 'qwen-max', 'model_server': 'dashscope'}
    dialog_history.append(llm_config)

    #input tool args
    function_list = ['image_gen', 'amap_weather', 'web_browser']
    dialog_history.append(function_list)

    bot = RolePlay(
        function_list=function_list, llm=llm_config, instruction=role_template)

    response = bot.run('请查询当前地区的天气状况,并根据当前的天气状况绘制一张包括猫和当地地标建筑的图像')
    dialog_history.append(response)

    text = ''
    for chunk in response:
        text += chunk
    print(text)
    assert isinstance(text, str)
    print(dialog_history)

if __name__ == '__main__':
    test_image_gen_role();
```

在上述代码示例中,绘制图像前需先确定所在地区的天气状况和地标建筑。地标建筑的信息对于大模型来讲可能已知,也可能因未曾学习而未知。至于天气状况,作为一种实时信息,大模型自然无法直接获取,因此,需要借助专门的感知工具进行查询。本示例运用了两种感知工具:一种是高德提供的基于地理位置的天气查询工具 amap_weather,另一种是网页浏览器工具 web_browser。通过这两个工具的协同作用,大模型得以感知到当地的地标建筑及当前的天气情况,进而基于这些整合信息创作出一张图像。下面给出了基于上述示例代码生成图片的过程:

【示例3-1】 调用天气查询工具和图像生成工具根据输入位置和描述信息生成一幅图像

Action:amap_weather

Action Input:{"location": "武汉市"}

Observation:\<result\>武汉市的天气是晴温度是27℃。\</result\>

Answer:武汉市目前天气晴朗,气温为27℃。接下来,我将根据这一天气状况,创作一张包含猫与武汉地标性建筑黄鹤楼的图像。设想在一个晴朗的日子里,一只猫坐在黄鹤楼前的台阶上,享受着温暖的阳光,远处的蓝天白云映衬着古老的塔楼,一切都显得格外宁静美好。

Action:image_gen

Action Input：{"text"："一只猫坐在晴朗天空下的武汉黄鹤楼前台阶上，享受阳光，黄鹤楼雄伟古老，背景是蓝天白云，气温宜人，绿树环绕。"，"resolution"："1024*1024"}

Observation：< result >！［IMAGEGEN］（https：//dashscope-result-sh.oss-cn-shanghai.aliyuncs.com/1d/f7/20240515/1b61f1c0/48f239fc-ce2f-4bc6-9e72-ac7617ee6712-1.png？Expires＝1715848273&OSSAccessKeyId＝LTAI5tQZd8AEcZX6KZV4G8qL&Signature＝TWGU88IJh3RpCxvZ10eSEsP83m4％3D)</result >

Answer：根据您的要求，这是描绘了在晴朗天气下，一只猫坐在武汉黄鹤楼前台阶上享受阳光的画面。黄鹤楼雄伟地矗立着，背景是明媚的蓝天白云，整幅画面和谐而宁静。请欣赏这幅画作：！［晴朗日子下的黄鹤楼与猫］（https：//dashscope-result-sh.oss-cn-shanghai.aliyuncs.com/1d/f7/20240515/1b61f1c0/48f239fc-ce2f-4bc6-9e72-ac7617ee6712-1.png？Expires＝1715848273&OSSAccessKeyId＝LTAI5tQZd8AEcZX6KZV4G8qL&Signature＝TWGU88IJh3RpCxvZ10eSEsP83m4％3D）

注意：示例3-1中的Action：amap_weather和Action：image_gen表明智能体采取了行动，具体来讲调用了两个工具，一个是amap_weather，这是一个在线天气查询工具；另一个image_gen是绘图工具；Action Input则需要用户输入，为了便于用户理解，系统也给出了一些提示信息，例如location，即要求输入位置，text则要求输入文本信息；Observation是智能体观察到的结果，是一个中间过程，为最终的输出答案服务，而用户需要重点关注的是Answer后输出的结果。

在上述输出示例中，展现了一个清晰的逻辑流程：

（1）首先执行的是感知工具amap_weather，紧接着根据大模型从提示词中解析出的地理位置为武汉，并得到了武汉市的天气是晴，温度是27℃的查询结果。

（2）随后，将这一天气信息与原始提示词根据当前的天气状况绘制一张包括猫和当地地标建筑的图像相结合，构建了一个新的文生图提示词"武汉市目前天气晴朗，气温为27℃"。接下来，根据这一天气状况，创作一张包含猫与武汉地标性建筑黄鹤楼的图像。设想在一个晴朗的日子里，一只猫坐在黄鹤楼前的台阶上，享受着温暖的阳光，远处的蓝天白云映衬着古老的塔楼，一切都显得格外宁静美好。

（3）接着，通过调用图像生成工具image_gen，并结合上述文生图提示词，形成了图像生成的输入参数。text：一只猫坐在晴朗天空下的武汉黄鹤楼前台阶上，享受阳光，黄鹤楼雄伟古老，背景是蓝天白云，气温宜人，绿树环绕。resolution：1024*1024。

（4）最后，利用图像生成工具和生成的提示词，完成了图像的创作。由于大模型的编译环境未配备图像显示模块，因此提供了一个链接。通过这个链接，可以查看生成的图像，该图像如图3-2所示。

上述逻辑流程可视为智能体核心模块中的规划过程，其中涉及的天气查询工具和网页浏览器工具则是感知模块的典型代表。实际上，感知模块与行为模块之间存在诸多相似之

图 3-2　调用了天气查询和地标查询后生成的图像

处，如两者均涉及与大模型外部环境的交互及工具的调用，然而，感知模块的主要职能是将外部信息输入大模型，而行为模块则负责将大模型生成的内容输出至外部环境。

3.2.3　可直接调用的工具

ModelScope-Agent 官方给出了部分可以直接调用和配置的工具，但相关的解释较少，本书中，通过整理参考资料，给出了较为完善的工具介绍。

（1）image_gen：图像生成工具，需要提前在环境变量中配置 DASHSCOPE_API_KEY。通过调用通义万相文本生成图像大模型来根据用户输入的文字内容生成符合语义描述的多样化风格图像，克服了大语言模型无法生成图像的缺陷。支持的图像风格包括但不限于水彩、油画、中国画、素描、扁平插画、二次元、三维卡通等；支持中英文双语输入；支持输入参考图片进行参考内容或者参考风格迁移。风格迁移前后的效果如图 3-3 所示。

图 3-3　风格迁移前后的效果

注意：图 3-3 来源于 ModelScope-Agent 官方，链接如下：https://help.aliyun.com/zh/dashscope/developer-reference/api-details-9?spm=a2c4g.11186623.0.0.592b2a19wVdY48。

（2）code_interpreter：代码解释器。代码解释器使用了 Jupyter_client 库，而 Jupyter_client 库则是 Jupyter 生态系统中的一个核心库，扮演着桥梁的角色，负责在 Jupyter 的不同组件之间建立和管理通信。ModelScope-Agent 在处理代码相关问题时，大语言模型会调用 Jupyter_client 来完成，进而获得更好的代码体验。

（3）web_browser：网页浏览器。网页浏览器在执行信息检索时，一般涉及 3 个关键步骤：通过搜索组件（如 GoogleSearchAPIWrapper）将查询转换为网址，利用加载工具（如 AsyncHtmlLoader 或 AsyncChromiumLoader）将网址转换为 HTML 页面，再通过转换技术（如 HTML2Text 或 BeautifulSoup）将 HTML 内容处理为格式化文本。网页浏览器的工作原理如图 3-4 所示。

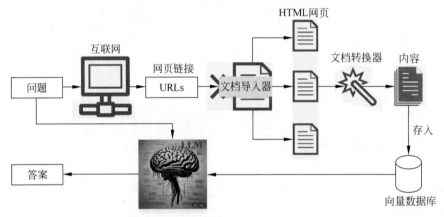

图 3-4　网页浏览器的工作原理

（4）amap_weather：实时天气情况查询。这里给出的实时天气情况查询调用了高德的服务，因此首先需要申请对应的 API，然后在环境变量中配置 AMAP_TOKEN 即可。

（5）wordart_texture_generation：艺术字纹理生成，需要提前在环境变量中配置 DASHSCOPE_API_KEY。生成可以对输入的文字内容或文字图片进行创意设计，根据提示词内容对文字添加材质和纹理，实现立体材质、场景融合、光影特效等效果，生成效果精美、风格多样的艺术字，结合背景可以直接作为文字海报使用。图 3-5 和图 3-6 展示了两个艺术字纹理生成的官方示例。

（6）qwen_vl：视觉理解工具，需要提前在环境变量中配置 DASHSCOPE_API_KEY。视觉理解工具是基于通义千问的开源视觉理解大模型 Qwen-VL 来实现的，可以实现通用 OCR、视觉推理、中文文本理解等基础能力和"看图做题"等高阶应用。

（7）style_repaint：人像风格重绘工具，需要提前在环境变量中配置 DASHSCOPE_API_KEY。人像风格重绘工具可以对输入的人物图像进行多种风格化的重绘生成，使新生成的图像在兼顾原始人物相貌的同时，带来不同风格的绘画效果，当前支持的风格有复古漫

图 3-5　以"瀑布流水"为预设风格生成的艺术字

图 3-6　以"国风建筑"为预设风格生成的艺术字

画、三维童话、二次元、小清新、未来科技等。该工具实现的功能与 image_gen 有一定的重叠,但 image_gen 处理风格迁移除外,还具备从无到有的图像生成能力。ModelScope-Agent 官方给出的人像风格重绘示例如图 3-7 所示。

原图

复古漫画　　三维童话　　二次元　　小清新　　未来科技

国风古画　　将军百战　　炫彩卡通　　清雅国风　　喜迎新年

图 3-7　人物风格重绘工具效果示例

注意：图 3-7 来源于 ModelScope-Agent 官方，链接如下：https://help.aliyun.com/zh/dashscope/developer-reference/tongyi-wanxiang-style-repaint?spm=a2c4g.11186623.0.0.4446602dyvTuuy。

（8）image_enhancement：图像增强与超分辨率工具，需要提前在环境变量中配置 DASHSCOPE_API_KEY。图像增强与超分辨率是两种常用的图像处理技术，其中图像增强用于改善图片的亮度、对比度等，让图片看起来更鲜明，但不改变像素数量，而超分辨率则是利用算法将低清图片变成高清图片，实际增加了像素，提升了细节，两者都是为了让图片质量更好，ModelScope-Agent 官方给出的图像增强与超分辨示例如图 3-8 所示。

图 3-8 图像增强与超分辨示例

注意：图 3-8 来源于 ModelScope-Agent 官方，链接如下：https://github.com/dreamoving/Phantom。

（9）speech-generation：语音生成工具，需要提前在环境变量中配置 DASHSCOPE_API_KEY。语音生成，又称语音合成，是一种能够将文本数据转换成逼真的人类语音输出的技术。这一过程涉及多个技术层面，核心是通过算法和模型模拟人类语音的特征，包括音节的发音、音调的变化、语速的快慢及各种语言特有的韵律，使机器能够像真人一样说话。

（10）video-generation：视频生成工具，需要提前在环境变量中配置 DASHSCOPE_API_KEY。视频生成工具以视频生成模型为基础，该模型基于多阶段文本到视频生成扩散模型，输入描述文本，返回符合文本描述的视频。目前仅支持英文输入。

3.3 手把手教你搭建 ModelScope-Agent 应用环境

在探索智能体的过程中，掌握一套性能强劲的算法框架至关重要，而搭建高效的应用环境是每位开发者的必备技能。本节旨在提供一份详尽的 ModelScope-Agent 应用环境搭建指南，细致讲解从确认系统要求到安装运行环境，再到具体的安装步骤的每一环节。

3.3.1 准备工作

在开始搭建 ModelScope-Agent 应用环境之前,确保已经完成了以下准备工作。

(1)系统要求:推荐使用最新版本的 Linux 操作系统,因其广泛支持开发环境和稳定性较高。对于 Windows 用户,可能会遇到特定的兼容性问题,从而导致安装或运行不畅,因此可以考虑安装 Windows Subsystem for Linux(WSL),以获得更稳定的 Linux 环境体验。至于 macOS,未进行过具体测试,可以参考相关社区或官方文档验证具体应用的兼容性。

(2)安装及运行环境搭建:建议将 ModelScope-Agent 部署到虚拟环境中,以便与其他环境隔离。为此,建议安装 Docker、Conda 或 pip 中的一种虚拟环境,而具体虚拟环境的创建可以通过开源社区查询获得。

(3)Python 环境配置:安装 Python 并设置好 Python 环境,推荐 3.11.9 版本。

(4)安装依赖:确保安装必要的依赖包,如通过 pip install -r requirements.txt 命令来安装所有必需的依赖,这些是运行 ModelScope-Agent 及其他模型的基础。

3.3.2 几种推荐的安装方式

下面将分别介绍如何在 Ubuntu 20.04 系统中通过两种不同方式安装 ModelScope-Agent:一种是利用 Docker 容器进行安装,另一种是直接在系统环境中通过创建 Conda 或 pip 环境来进行安装。

1. 直接在 Docker 容器中进行安装

首先假设 Docker Hub 中有 ModelScope-Agent 的 Docker 镜像,安装方式如下。

(1)首先确保 Ubuntu 系统上已安装 Docker。如果未安装,则可以通过命令行方式安装,命令如下:

```
sudo apt update
sudo apt install docker.io
```

(2)启动 Docker,命令如下:

```
sudo systemctl start docker
sudo systemctl enable docker
```

(3)获取 ModelScope-Agent Docker 镜像。

查找 ModelScope-Agent 的官方 Docker 镜像:访问 Docker Hub 或 ModelScope 的 GitHub 页面查看是否有官方发布的 Docker 镜像。这里假设有一个名为 modelscope-agent 的镜像(实际名称以官方发布为准),则可以拉取 Docker 镜像,代码如下:

```
docker pull modelscope-agent
```

(4)下载 ModelScope-Agent 的工程,有两种方法,一种是直接从 GitHub 上手动下载;另一种是通过 git 克隆,代码如下:

```
git clone https://github.com/modelscope/modelscope-agent.git
cd modelscope-agent
```

(5) 利用拉取的镜像创建容器,命令如下:

```
docker run --name llama-pro -itd --shm-size=1g --gpus all -v /mnt/d/llama-pro/:/llama-pro ID_modelscope-agent_images /bin/bash
```

(6) 查看 Docker 容器的 ID_container,命令如下:

```
docker ps -a 或 docker ps
```

(7) 开启 Docker 容器,命令如下:

```
docker start ID_container
```

(8) 进入 Docker 容器,命令如下:

```
docker exec -it ID_container /bin/bash
```

如果无法在 Docker Hub 上找到对应的镜像,则需要基于一个基础镜像来创建对应的容器,与上述步骤最大的不同在于需要自己安装依赖。

(1) 首先确保 Ubuntu 系统上已安装 Docker。如果未安装,则可以通过命令行方式安装,命令如下:

```
sudo apt update
sudo apt install docker.io
```

(2) 启动 Docker,命令如下:

```
sudo systemctl start docker
sudo systemctl enable docker
```

(3) 获取 ModelScope-Agent 工作环境镜像,假设该镜像的名称为 NVIDIA/cuda:11.7.1-cuDNN8-devel-Ubuntu20.04,则可以拉取该 Docker 镜像,命令如下:

```
docker pull NVIDIA/cuda:11.7.1-cuDNN8-devel-Ubuntu20.04
```

(4) 下载 ModelScope-Agent 的工程,有两种方法,一种是直接从 GitHub 上手动下载;另一种是通过 git 克隆,命令如下:

```
git clone https://github.com/modelscope/modelscope-agent.git
cd modelscope-agent
```

(5) 利用拉取的镜像创建容器,命令如下:

```
docker run --name llama-pro -itd --shm-size=1g --gpus all -v /mnt/d/llama-pro/:/
llama-pro ID_modelscope-agent_images /bin/bash
```

（6）查看 Docker 容器的 ID_container，命令如下：

```
docker ps -a 或 docker ps
```

（7）开启 Docker 容器，命令如下：

```
docker start ID_container
```

（8）进入 Docker 容器，命令如下：

```
docker exec -it ID_container /bin/bash
```

（9）在 Docker 容器内安装 ModelScope-Agent 运行所必需的依赖，命令如下：

```
pip install -r requirements.txt
```

显然在有 ModelScope-Agent Docker 镜像和没有 ModelScope-Agent Docker 镜像两种情况下，最大的区别在于步骤(3)和步骤(9)，在有 ModelScope-Agent Docker 镜像的情况下，并不需要步骤(9)。

2. 直接在 Ubuntu 系统环境安装 ModelScope-Agent

（1）下载 Miniconda 安装包，命令如下：

```
wget https://repo.anaconda.com/miniconda/Miniconda3-latest-Linux-x86_64.sh
```

或者

```
curl -O https://repo.anaconda.com/miniconda/Miniconda3-latest-Linux-x86_64.sh
```

（2）验证下载文件的完整性（可选），命令如下：

```
sha256sum Miniconda3-latest-Linux-x86_64.sh
```

（3）安装 Miniconda，命令如下：

```
chmod +x Miniconda3-latest-Linux-x86_64.sh
./Miniconda3-latest-Linux-x86_64.sh
```

安装过程中会显示许可协议，按需阅读后，输入 yes 继续安装。安装程序会询问是否愿意将 Miniconda 的 bin 目录添加到你的 PATH 环境变量中，通常推荐输入 yes。最后，安装完成后会询问是否希望安装 Anaconda 的额外软件包，可以根据个人需求进行选择。

（4）完成安装和验证，命令如下：

```
source ~/.bashrc
```

或者

```
source ~/.zshrc
```

验证安装是否成功可以输入的命令如下：

```
conda --version
```

(5) 创建 Conda 环境，命令如下：

```
conda create -n myenv python=3.9
```

(6) 激活这个环境，命令如下：

```
conda activate myenv
```

3. 创建虚拟环境安装 ModelScope-Agent

除了上述两种方法外，还有一种更简单的方式，即直接创建虚拟环境。这种方法只要保证当前系统中安装好了 Python 及最新版的 pip，便可以通过以下方式创建虚拟环境。

(1) 创建一个新目录，用于存放虚拟环境，命令如下：

```
mkdir my_project
cd my_project
```

(2) 创建虚拟环境，命令如下：

```
python3 -m venv env
```

(3) 激活虚拟环境，命令如下：

```
source env/bin/activate
```

(4) 退出虚拟环境，命令如下：

```
deactivate
```

注意：安装完虚拟环境后并不能直接进行后续工作，依然要安装对应的依赖包等。

3.3.3 配置大模型 API

ModelScope-Agent 与大模型交互时，需要配置 API 密钥以访问 ModelScope 平台（或其他大模型应用平台，例如智谱 AI、讯飞星火和通义千问等）上的模型服务。本书以 ModelScope 平台为例，具体步骤如下。

(1) 注册 ModelScope 账号：访问 ModelScope 官网，注册账号并登录。
(2) 获取 API 密钥：在账号设置中找到 API 密钥部分，生成一个新的密钥对。

（3）配置环境变量：将 API 密钥设置为环境变量，以便 ModelScope-Agent 能够访问。在终端中，可以这样操作（将 YOUR_API_KEY_HERE 替换为实际密钥），代码如下：

```
export MODELSCOPE_API_KEY=YOUR_API_KEY_HERE
```

或者在代码中直接指定：

```
from modelscope.utils.config import Config
config = Config()
config.api_key = 'YOUR_API_KEY_HERE'
```

3.4　本章小结

　　本章主要介绍了 ModelScope-Agent 智能体框架的概念、特点及应用环境的搭建方法。ModelScope-Agent 是一个灵活且通用的平台，不仅提供了模型部署工具，还集成了模型管理、多工具集成和综合框架定制等功能，使用户能够轻松地构建各种人工智能应用。与同类框架相比，ModelScope-Agent 具有显著的优势和特色，能够满足不同场景的需求。

　　本章详细阐述了单智能体和多智能体系统的特点，以及 ModelScope-Agent 的主要模块和参数配置。通过具体示例，展示了如何配置大模型、存储记忆、行为等模块，以及如何调用官方提供的工具。在应用环境搭建方面，提供了详细的准备工作、安装步骤和配置大模型 API 的方法。介绍了在 Linux 系统下通过 Docker 容器和 Conda 或 pip 环境安装 ModelScope-Agent 的两种方式，为开发者搭建高效的应用环境提供了指导。

第 4 章 智能体优化策略

优化策略是智能体进化的核心动力,其宗旨在于持续提升智能体的性能,并增强其在实际应用场景中的适应能力。鉴于大模型在智能体中扮演着至关重要的角色,针对这一核心的研究自然成为当前学术领域的焦点和热门话题。在此背景下,继续预训练、微调、基于人类反馈的强化学习和提示工程,被认为是有可能推进智能体进步的四大支撑策略。

继续预训练是知识深化的过程,它拓宽了智能体的认知广度与深度,使之能更精准地掌握和应对多样化任务,构建起坚实的信息处理基础。微调,则是对智能体思维逻辑与表达方式进行精细调整的手段,确保其不仅在技术层面运作高效,同时在文化和语境上与人类用户高度契合,提升交互体验的自然流畅性。通过融入人类反馈的强化学习机制,智能体得以在道德伦理的框架内进行学习与决策,这不仅是技术向善的体现,也是确保智能体行为与社会价值观相一致的关键步骤。此外,提示工程作为另一重要维度,通过巧妙设计提示词,引导智能体高效解锁特定任务技能,释放大模型的自身潜力,极大地增强了其在复杂应用场景下的灵活性与实用性。

本章旨在深入剖析这些优化路径,为读者勾勒出大模型时代智能体优化策略的宏伟蓝图,并探索揭示智能体如何持续精进,以更优的姿态服务于人类社会。同时,本章内容也将为该领域的发展提供前瞻性的视角与深入的思考。

4.1 提升智能体的学识:继续预训练

智能体的学识,即其拥有的知识和技能,是决定其性能的关键因素。为了提升智能体的学识,需要对其进行预训练,使其能够更好地适应各种任务和环境。预训练涉及在大规模数据集上训练大模型,其目的是让其学习到通用的知识表示和技能。这种通用的知识表示和技能对于智能体在后续任务中的快速适应和优异表现具有重要意义。

继续预训练则是指在新的数据集上对智能体的大脑(通用大模型)进行进一步训练,以再次提升其性能。在这个过程中,使用了包括迁移学习、多任务学习等方法。迁移学习是指将在一个任务上学到的知识应用到另一个相关的任务上。多任务学习是指同时学习多个任务,通过共享表示来提高模型的泛化能力。继续预训练的优势在于,它可以让智能体在持续的学习过程中,逐渐积累更多的知识和技能,例如行业知识和逻辑推理等,从而在面对新的任务和环境时,能够更快地适应。

然而,继续预训练也面临着一些挑战,例如,如何选择合适的数据来构建数据集及确定预训练任务是一个关键问题。预训练数据集和任务需要根据智能体要解决的问题和场景进行定制,否则预训练和目标任务之间产生的差异可能会导致智能体在目标任务上的性能下降。为了应对这些挑战,研究者提出了许多方法,例如,可以设计更加通用的预训练任务,使智能体学习到更加广泛的知识和技能。此外,可以采用元学习、模型自适应等方法,使智能体能够更好地适应目标任务。

尽管目前面临着一些挑战,但在提升智能体的学识方面,继续预训练是一种有效的途径。通过继续预训练,智能体可以学习到通用的知识表示和技能,从而在面对新的任务和环境时更快地适应。继续预训练示意图如图 4-1 所示。

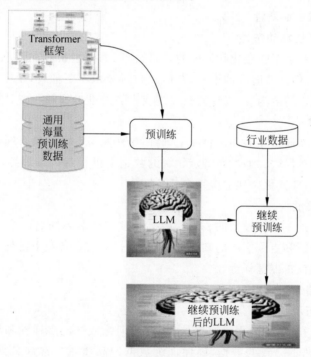

图 4-1 继续预训练示意图

4.1.1 预训练概述

预训练大模型通常是指使用海量数据,通过自监督学习或无监督学习的方式进行训练后获得的深度学习模型。这些模型在训练时不需要标注数据,它们通过设计特定的任务来学习数据的内在规律和表示,例如语言模型通过预测下一个词语来学习语言的统计特性。

在预训练阶段,模型会学习到丰富的通用知识,这些知识后续可以迁移到各类下游任务中,如文本分类、机器翻译、情感分析等。预训练使模型能够捕捉到数据中的深层次特征,这对于提高模型在特定任务上的表现非常有帮助。预训练模型的发展经历了多个阶段,从早期的词嵌入,如 Word2Vec 和 GloVe,到后来的基于 Transformer 的模型,如 BERT、GPT 等系列,再到多模态预训练模型,如 CLIP 等,这些模型在各自的领域都取得了突破性的进展。

4.1.2 继续预训练

随着人工智能技术的飞速发展,预训练大模型逐渐成为推动行业发展的优质生产力。这些大模型通过在海量数据上进行训练,能够捕捉到丰富的语言规律和知识信息,为各种下游任务提供强大的支持,然而,如何在预训练大模型的基础上进一步提高模型性能,实现更好的泛化能力和智能水平,成为当前人工智能领域新的研究方向,而继续预训练则为此提供了一条行之有效的路径。

1. 继续预训练的必要性

1) 数据的多样性和动态性

语言和知识体系是不断变化和发展的,初始预训练模型虽然在训练过程中捕捉了大量的语言规律和知识,但随着时间的推移,新信息和新知识不断涌现,模型需要通过继续预训练来更新和学习这些新的内容,以保持其对现实世界的准确理解和应对能力。

2) 领域适应性

初始预训练模型通常在通用语料库上训练,虽然具备广泛的语言理解能力,但在特定领域的应用上可能存在局限。通过在特定领域的数据上进行继续预训练,可以显著地提升模型在该领域的表现,使其更好地适应特定任务需求。

3) 提高模型性能

继续预训练有助于提高模型的表现性能。通过在更多数据上进行训练,模型能够捕捉到更细致的语言特征和更深层次的知识结构,从而提高其在各类下游任务中的表现,如自然语言理解、文本生成、机器翻译等。

2. 方法与策略

1) 数据增强与清洗

通过数据增强技术,如数据扩充等处理,提升训练数据的多样性和质量;同时,通过数据清洗,剔除噪声和不一致的数据,确保训练数据的高质量。常规数据清洗流程如图 4-2 所示。

2) 混合训练方法

结合无监督学习和有监督学习的方法,在无标签数据上进行预训练的同时,利用带标签的数据进行监督训练,从而提高模型的学习效率和性能。

3) 动态调整策略

在继续预训练过程中,动态调整训练参数和策略,如学习率、批量大小等,确保模型在不同阶段的训练效果。此外,通过监控训练过程中的各项指标,及时调整训练策略,优化模型性能。

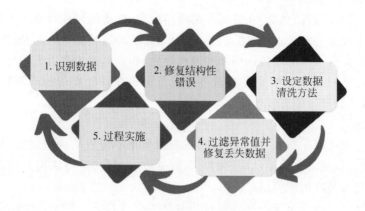

图 4-2 一个数据清洗的常规流程

3. 应用场景

1）智能对话系统

继续预训练对于智能客服、智能助手等应用来讲至关重要，因为它能够显著地提升对话系统对用户意图的理解和对复杂对话场景的应答能力，从而极大地提高用户体验。通过继续预训练，系统能够更好地掌握自然语言的变化和用户交流的多样性，使对话更加自然流畅，例如，系统能够学习到新的流行词汇、行业术语或地区方言，以及不同用户可能使用的不同表达方式。此外，继续预训练还可以帮助对话系统更好地理解用户的情绪和语境，从而做出更加贴切和富有同情心的回应。

2）医疗健康

继续预训练在医疗健康领域的应用，通过不断更新医学知识、适应新数据、精化特定领域理解、优化个性化模型及融合跨学科知识，显著地提升了模型在医疗文本分析、医学知识图谱构建等方面的表现。这种持续的模型优化确保了医疗专业人员能够获得最准确、最相关的信息，从而提高诊断的准确性、治疗的有效性，并最终提升患者的整体医疗体验。随着医学知识的不断进步和医疗数据的动态变化，继续预训练成为推动医疗健康领域人工智能技术发展的关键因素。

3）机器人技术

继续预训练使机器人能够适应新任务和新环境。这意味着机器人可以通过不断地学习和适应，提高其在不同场景下的性能和效率。例如：在制造业中，机器人可以通过继续预训练来学习如何处理新的产品类型或适应新的生产线布局；在服务业中，机器人可以通过继续预训练来提高其对客户需求的理解和应对能力，提供更加精准和个性化的服务。此外，继续预训练还可以帮助机器人更好地理解人类语言和面部表情，提高人机交互的自然度和流畅度。

4）自动驾驶

通过继续预训练，自动驾驶汽车可以从新的驾驶经验中学习和适应环境的变化，提高其安全性和可靠性。这意味着汽车可以不断地更新和优化其驾驶策略，以适应不同的道路条件、交通规则和驾驶场景。例如，在遇到新的道路标志、交通信号或道路施工时，汽车可以通过继续预训练来快速适应和理解这些变化，并做出相应的驾驶决策。此外，汽车还可以通过继续预训练来提高其对周围环境的感知和理解能力，如识别和预测行人的行为、检测和避让障碍物等。通过不断地学习和适应，自动驾驶汽车可以在各种复杂的道路和交通环境下提供更加安全、舒适和高效的驾驶体验。

5）推荐系统

推荐系统是现代电子商务、内容分发和在线服务中不可或缺的组成部分。通过继续预训练，推荐系统可以更加有效地从用户的交互数据中学习，快速适应用户偏好的变化，从而提供更加个性化和精准的推荐结果。

继续预训练允许推荐系统不断地更新其用户和项目的嵌入表示，这些表示能够捕捉到用户偏好的细粒度变化和项目的潜在特征，例如，系统可以学习到用户对某个品牌或风格的逐渐倾向，或者对某种类型内容的新兴趣点。这种动态的学习过程使推荐系统不仅能反映用户的静态偏好，还能够捕捉到用户偏好的演变趋势。此外，继续预训练还可以帮助推荐系统更好地理解和处理上下文信息，如时间、地点、设备类型等，这些信息对于提供情景化的推荐至关重要。例如，系统可以根据用户在早晨、晚上或周末的不同行为模式，调整推荐的内容或商品。继续预训练还可以提高推荐系统在处理冷启动问题时的性能，即对于新用户或新项目，系统能够更快地收集足够的信息来提供合理的推荐。通过不断地学习和适应用户的反馈和行为，推荐系统不仅能提升用户体验，还能够增加用户的参与度和平台的商业价值。

4.1.3 继续预训练的价值和面临的挑战

通过继续预训练，大模型能够学习到更多知识，提高在各类任务中的表现，同时，预训练阶段学习到的通用知识使模型在面临未知任务时具有较好的泛化能力。此外，继续预训练还有助于对模型进行压缩和优化，降低计算和存储成本，使其在移动端和嵌入式设备上具有更好的应用前景。更重要的是，大模型的继续预训练有助于探索更深层次的神经网络结构和训练方法，为人工智能技术的发展提供新的方向和动力。

然而，在大模型继续预训练的过程中，同样也面临着诸多挑战。首先，数据质量是一个关键问题。现实世界中的数据往往存在噪声、偏差等问题。如何清洗和筛选数据，保证数据质量是首要问题。其次，计算资源需求巨大，如何在有限的计算资源下进行高效训练，降低模型收敛时间，是亟待解决的问题。此外，随着模型规模的不断扩大，如何对模型进行压缩和优化，使其在移动端和嵌入式设备上具有更好的应用前景也是一个挑战。最后，如何进一步地提高大模型的泛化能力，使其在未知任务和领域上取得更好的表现，也是继续预训练需要解决的问题。

尽管存在挑战，但继续预训练的优势使其在人工智能领域依然拥有巨大的发展前景。通过不断优化算法、提升数据质量和计算效率，有望克服这些挑战，进一步推动大模型继续预训练在人工智能领域的广泛应用。以下将分别从继续预训练的价值、调整和应对策略 3

个方面进行阐述。

1. 继续预训练的价值

1）提升模型性能

通过继续预训练，模型能够在更多的数据上进行学习，捕捉到更加细致和复杂的模式，这不仅提高了模型在特定任务上的表现，如文本生成、机器翻译和文本分类，还使其在面对复杂和多变的任务时表现得更加出色，例如，在文本生成任务中，经过继续预训练的大模型能够生成更加连贯和自然的文本。

2）增强泛化能力

预训练大语言模型通过在大量多样化的数据上进行训练，学习到了通用的语言规律和知识，使其在面对未见过的任务和领域时，仍能够表现出较好的性能。继续预训练通过进一步丰富模型的知识库，增强了其泛化能力，使其在应对新任务和新领域时更具适应性。

3）推动人工智能技术进步

继续预训练不仅提高了现有模型的性能和适应性，还为探索更深层次的神经网络结构和训练方法提供了新的思路。通过对预训练技术的不断改进和优化，研究人员可以更好地理解和利用大模型的潜力，推动人工智能技术的持续进步，例如，新的预训练方法可以启发更多高效的训练策略和架构设计。

2. 继续预训练面临的挑战及对应的解决方案

1）灾难性遗忘

在大模型继续预训练的过程中，灾难性遗忘是一个经常会碰到的问题。这一现象指的是模型在接受新数据进行训练时，之前已经学到的信息会被部分或完全遗忘，从而影响其性能。

灾难性遗忘主要发生在以下几个方面。

（1）参数更新：在继续预训练过程中，模型的参数会根据新数据进行更新。如果新数据的分布与原始训练数据有较大差异，则模型可能会倾向于适应新数据，从而忽略甚至遗忘之前学到的信息。

（2）梯度干扰：在训练过程中，不同数据集之间的梯度可能会相互干扰，导致模型无法有效地保留之前的数据分布和知识。

注意：灾难性遗忘的主要影响如下。

（1）性能下降：模型在处理先前学习到的任务时表现不佳，导致整体性能下降。

（2）不稳定性：模型在面对新任务时的表现可能变得不稳定，难以在不同任务之间保持一致的高性能。

2）解决灾难性遗忘的方法

（1）弹性权重整合（Elastic Weight Consolidation，EWC）：这种方法通过在训练过程中为模型参数添加一个正则化项，使模型在继续训练时能够尽量保留之前重要参数的值。EWC 方法通过计算 Fisher 信息矩阵，来衡量哪些参数在之前任务中是重要的，并在新任务训练时对这些参数施加更强的约束。

(2) 渐进神经网络(Progressive Neural Networks)：在这种方法中，为每个新任务引入新的网络单元，而之前任务的网络单元保持冻结状态不再更新。新的网络单元可以通过侧链连接访问之前任务的网络单元，从而实现知识共享和迁移。

(3) 经验回放(Experience Replay)：这种方法在训练新任务时，周期性地将旧任务的数据重新输入模型进行训练，从而帮助模型在学习新任务的同时，保留对旧任务的记忆。常见的实现方式包括贪婪回放(Greedy Replay)和基于记忆库的回放(Memory-Based Replay)。

(4) 正则化方法：通过引入 L2 正则化或其他类似的正则化技术，限制模型参数的变化，从而减轻新任务训练对旧任务知识的干扰。

(5) 多任务学习(Multi-Task Learning)：通过同时训练多个任务，使模型在同一时间段内接触不同任务的数据，从而在学习新任务时保留对旧任务的记忆。这种方法通过共享表示(Shared Representation)和任务特定模块(Task-Specific Modules)的结合，来实现对多个任务的有效学习和记忆保持。

注意：实践中的主要注意事项如下。

(1) 数据分布：新旧数据的分布差异越大，灾难性遗忘的问题可能越严重。尽量保持新旧数据的分布一致或采用数据增强技术可以有所帮助。

(2) 模型复杂度：模型的复杂度和容量也是影响灾难性遗忘的重要因素。过于简单的模型可能无法有效记住多任务知识，而过于复杂的模型则可能引入过拟合风险。

(3) 训练策略：合理的训练策略和超参数调整也是减轻灾难性遗忘的重要手段，包括学习率的调整、训练时间的控制等。

灾难性遗忘是大模型在继续预训练过程中的一个重要且常见的问题。通过采用多种技术手段如弹性权重整合、渐进神经网络、经验回放、正则化方法和多任务学习等，可以在一定程度上减轻这一问题的影响，从而使模型在接受新数据训练时，依然能够保持对旧有知识的有效记忆和应用。

3) 过拟合

在大模型继续预训练的过程中，过拟合(Overfitting)是另一个重要问题。过拟合现象指的是模型在训练数据上表现得很好，但在未见过的数据或实际应用场景中表现较差。这通常是因为模型过于复杂，能够记住训练数据中的噪声和细节，而未能学到泛化能力。

过拟合主要体现在以下几个方面。

(1) 高模型复杂度：当模型的参数数量远超过训练样本数时，模型可以很容易地拟合训练数据的每个细节，包括其中的噪声。

(2) 数据不足或数据质量低：训练数据不足或者数据质量低，从而导致模型在训练过程中无法学到一般化的特征，只能记住训练数据中的特定模式。

(3) 训练时间过长：模型训练时间过长，模型可能会逐渐记住训练数据中的细节和噪声，从而导致过拟合。

注意：过拟合的主要影响如下。

(1) 泛化能力差：模型在训练数据上表现很好，但在验证集和测试集上表现较差。

(2) 不稳定性：模型在处理不同的数据集或任务时表现不一致，难以在实际应用中稳定地发挥作用。

(3) 过度依赖训练数据：模型过度依赖训练数据中的噪声和特定模式，无法有效地应对新数据或未见过的数据。

4) 减轻过拟合的方法

(1) 正则化方法：L2 正则化（权重衰减）指在损失函数中加入权重参数的 L2 范数，限制权重的大小，防止模型过于复杂。L1 正则化指在损失函数中加入权重参数的 L1 范数，促使权重稀疏化，从而减少模型的复杂度。

(2) 提前停止（Early Stopping）：在训练过程中监控模型在验证集上的表现，当验证集上的性能不再提升时，提前停止训练，以防止模型在训练数据上过拟合。

(3) 数据增强（Data Augmentation）：通过对训练数据进行各种变换（如旋转、翻转、裁剪等）来增加数据的多样性，从而帮助模型学习到更泛化的特征。

(4) 交叉验证（Cross-Validation）：将数据集分成多个子集，使用不同的子集进行训练和验证，从而获得模型在不同数据上的平均性能，减少因单一数据集带来的过拟合风险。

(5) 随机丢弃（DropOut）：在训练过程中随机丢弃一部分神经元及其连接，使模型不依赖于某些特定的神经元，增加模型的稳健性和泛化能力。

(6) 增加训练数据：增加训练数据的数量和多样性，使模型能够学习到更多的一般化特征，而不仅是训练数据中的特定模式。

(7) 模型集成（Ensemble Learning）：训练多个不同的模型并将它们的预测结果结合起来，从而减少单个模型的过拟合风险，提升整体的泛化能力。

(8) 使用预训练模型：首先使用在大规模数据集上预训练过的模型作为初始模型，然后在特定任务上进行微调。预训练模型通常已经学习到了较为一般化的特征，有助于减轻过拟合问题。

注意：在实际应用中，处理过拟合问题需要综合考虑以下因素。

(1) 数据质量和数量：尽量保证训练数据的质量和数量，以提供更多的泛化信息。

(2) 模型选择和调优：选择适合的模型结构和超参数，避免过于复杂的模型。

(3) 训练策略：采用合理的训练策略，如使用验证集监控模型性能、调整学习率等。

过拟合是大模型继续预训练过程中一个常见且重要的问题。通过正则化方法、提前停止、数据增强、交叉验证、DropOut、增加训练数据、模型集成和使用预训练模型等多种技术手段，可以在一定程度上减轻过拟合的影响，从而使模型在训练数据和未见数据上都能表现出较好的性能。

5）存储和计算效率

在大模型继续预训练过程中，存储和计算效率同样是两个关键问题，其直接影响模型的实际应用和部署，特别是在资源受限的环境中。以下是对这两个问题的详细讨论。

(1) 存储问题：由于大模型参数量巨大，因此存储是一个巨大的问题。

① 模型大小：大模型通常包含数亿到数千亿个参数，这需要大量的存储空间。以 GPT-3 为例，其参数数量高达 1750 亿，占用了大量的存储资源；模型参数和优化器状态也需要存储，这进一步增加了存储需求。

② 数据存储：继续预训练需要大量的训练数据，这些数据通常需要存储在高效的存储系统中，以便快速读取和写入。数据存储不仅包括原始训练数据，还包括预处理后的数据、数据增强后的样本等。

③ 检查点存储：在训练过程中，模型的检查点（Checkpoint）需要定期保存，以便在训练中断后可以恢复。这些检查点文件也会占用大量存储空间。多个版本的检查点存储还用于模型版本管理和性能比较。

(2) 计算效率问题：计算效率是大模型面临的另一个巨大挑战。

① 计算资源需求：继续预训练大模型需要大量的计算资源，包括 GPU、TPU 等高性能计算设备。这些计算资源不仅昂贵，而且需要高效地进行调度和管理。在训练过程中涉及大量的矩阵运算和反向传播，这需要强大的计算能力和高效的硬件支持。

② 计算时间：大模型的训练时间非常长，通常需要数天到数周不等，具体取决于模型的大小和数据量。计算时间的长短会直接影响模型的开发周期和在实际应用中的响应速度。

③ 内存使用：训练大模型需要大量的内存资源，以便存储模型参数、中间计算结果、梯度等。内存的使用效率直接影响计算效率和在训练过程中的稳定性。

(3) 解决存储和提高计算效率问题的方法。研究人员针对存储和计算效率的问题，也提出了对应的解决方案。

① 模型压缩。

剪枝（Pruning）：通过移除不重要的参数或神经元，减少模型的大小，从而降低存储需求和计算复杂度。

量化（Quantization）：将模型参数从高精度（如 32 位浮点数）量化为低精度（如 8 位整数），以减少存储空间和计算开销。

蒸馏（Distillation）：通过训练一个较小的学生模型来模仿大模型的行为，从而获得一个更小且高效的模型。

② 分布式训练。

数据并行（Data Parallelism）：将数据集划分为多个子集，并行地在多个计算节点上训练，以加快训练速度。

模型并行（Model Parallelism）：将模型的不同部分分布在多个计算节点上并行计算，以应对超大模型的训练需求。

混合并行(Hybrid Parallelism):结合数据并行和模型并行,充分利用计算资源,提升训练效率。

③ 高效的优化算法。

使用高效的优化算法(如 AdamW、LAMB)来加速模型训练,减少计算时间和资源消耗。

采用学习率调度策略(如学习率衰减、余弦退火)来提高训练效率和收敛速度。

④ 硬件加速。

使用专用硬件(如 TPU、ASIC)进行加速训练,这些硬件针对深度学习任务进行了优化,能够显著地提升计算效率。

采用高效的硬件架构(如 NVLink、InfiniBand)提高计算节点之间的数据传输效率,减少通信开销。

⑤ 缓存和存储优化。

采用高效的存储系统(如 SSD、NVMe)和缓存机制(如内存缓存、分布式文件系统)提高数据读取和写入效率。

使用增量检查点和差异化检查点策略,减少检查点存储的空间占用和时间开销。

注意:在实际应用中,解决存储和计算效率问题需要综合考虑以下因素。

(1) 硬件资源:合理配置和利用硬件资源,选择适合的计算设备和存储系统。

(2) 软件优化:采用高效的深度学习框架和库(如 TensorFlow、PyTorch)进行软件层面的优化。

(3) 资源管理:通过资源调度和管理工具(如 Kubernetes、Slurm)优化计算资源的使用和分配。

存储和计算效率问题是大模型继续预训练过程中面临的重要挑战。通过模型压缩、分布式训练、高效优化算法、硬件加速和存储优化等多种技术手段,可以在一定程度上解决这些问题,从而提升模型训练的效率和实际应用的可行性。

6) 数据量和数据质量问题

在大模型继续预训练的过程中,数据量和数据质量同样是两个决定性的关键因素,它们直接影响模型的性能和泛化能力。以下是对这两个问题的详细讨论。

(1) 数据量和数据质量的重要性。数据量和数据质量对模型的性能至关重要。

① 数据量的问题:大量的高质量数据是训练大模型的基础。更多的数据可以帮助模型学习到更丰富的语言特征和知识,提高模型的泛化能力。数据量不足可能会导致模型无法充分学习,从而表现不佳,但在某些领域或语言中,获取足够的数据可能是一个挑战。数据稀缺性问题在小众领域、特定语言或专业知识领域尤为突出。

② 数据质量的问题:高质量的数据能够提供准确和有用的信息,帮助模型更好地学习和理解任务。低质量的数据可能包含噪声、错误信息、不相关内容等,这会干扰模型的学习过程,降低模型性能。

（2）解决数据量和数据质量问题的方法：针对这一问题，研究人员提出了相关的解决方案。

① 数据收集和扩展：通过互联网抓取、公开数据集和专有数据集等途径收集大量数据。尽量涵盖不同领域和风格，以保证数据的多样性。利用数据扩展技术，如数据增强、生成模型等，增加数据量。

② 数据清洗和预处理：采用自动化和手动结合的方法进行数据清洗，去除噪声、纠正错误、删除重复数据等。预处理数据，包括文本规范化、去除特殊符号、分词等，以提高数据质量。

③ 高质量数据标注：采用专业团队进行数据标注，保证标注的一致性和准确性。通过多轮标注和审核机制，提高标注质量。

④ 数据质量评估和监控：建立数据质量评估体系，对数据的准确性、一致性、完整性等进行评估。定期监控数据质量，发现和解决数据中的问题。

⑤ 利用预训练模型：使用在大规模数据上预训练过的模型作为基础，然后在特定任务上进行微调。预训练模型通常已经学习到了较为一般化的特征，有助于在数据量不足的情况下提高模型性能。通过迁移学习和少量数据的微调，可以在特定任务上获得较好的性能。

注意：在实际应用中，解决数据量和数据质量问题需要综合考虑以下因素。

（1）数据来源：选择可靠的数据来源，避免使用低质量或噪声数据。

（2）数据处理：采用合理的数据处理和清洗方法，确保数据质量。

（3）持续改进：数据收集和处理是一个持续的过程，需要不断改进和优化。

数据量和数据质量是大模型继续预训练过程中两个关键的问题。通过数据收集和扩展、数据清洗和预处理、高质量数据标注、数据质量评估和监控及利用预训练模型等多种技术手段，可以在一定程度上解决这些问题，从而提升模型的性能和泛化能力。

4.1.4 开始一个继续预训练

在了解了继续预训练的基本概念、重要性和挑战之后，现在可以着手进行实际的模型训练。接下来的脚本是一个典型的继续预训练示例，它展示了如何使用特定的工具和参数来进一步提升智能体的性能。在这个脚本中，使用 Qwen1.5-7B-Chat 模型作为 Base（基座）模型，并通过调整各种超参数来优化其学习过程。

脚本中包含了许多关键的训练参数，例如学习率、批大小、训练轮数等，这些参数对于模型的最终性能至关重要。此外，脚本还启用了一些高级功能，如低秩适配（Low-Rank Adaptation，LoRA）和混合精度训练（bfloat16），这些技术可以帮助算法工程师更加高效地进行继续预训练。

在执行脚本之前，确保已经准备好了所需的数据集和训练环境（包括软硬件平台），并且理解了每个参数的含义和作用。继续预训练是一个复杂的过程，需要仔细调整和监控，以确保模型能够学习到所需的知识和技能。现在开始执行 bash 脚本，以继续预训练 Qwen1.5-7B

的 Base 模型,并期待其在新的任务和环境中的表现。继续预训练的 bash 脚本如下:

```bash
//modelscope-agent/demo/chapter_4/run_pt.sh
CUDA_VISIBLE_DEVICES=0,1 deepspeed --nproc_per_node 2 pretraining.py \
    --deepspeed deepspeed_zero_stage2_config.json \
    --model_type auto \
    --model_name_or_path Qwen/Qwen1.5-7B \
    --train_file_dir ./data/pretrain \
    --validation_file_dir ./data/pretrain \
    --per_device_train_batch_size 4 \
    --per_device_eval_batch_size 4 \
    --do_train \
    --do_eval \
    --use_peft True \
    --seed 42 \
    --max_train_samples 10000 \
    --max_eval_samples 10 \
    --num_train_epochs 1 \
    --learning_rate 2e-4 \
    --warmup_ratio 0.05 \
    --weight_decay 0.01 \
    --logging_strategy steps \
    --logging_steps 10 \
    --eval_steps 50 \
    --evaluation_strategy steps \
    --save_steps 500 \
    --save_strategy steps \
    --save_total_limit 3 \
    --gradient_accumulation_steps 1 \
    --preprocessing_num_workers 10 \
    --block_size 512 \
    --group_by_length True \
    --output_dir outputs-pt-qwen-v1 \
    --overwrite_output_dir \
    --ddp_timeout 30000 \
    --logging_first_step True \
    --target_modules all \
    --lora_rank 8 \
    --lora_alpha 16 \
    --lora_dropout 0.05 \
    --torch_dtype bfloat16 \
    --bf16 \
    --device_map auto \
    --report_to TensorBoard \
    --ddp_find_unused_parameters False \
    --gradient_checkpointing True \
    --cache_dir ./cache \
    --low_cpu_mem_usage True \
    --resume_from_checkpoint ./MOE_pt_WRP2/checkpoint-11200
```

上述脚本是用于启动一个基于 DeepSpeed 框架的深度学习模型预训练任务。以下是每行的详细解释。

（1）CUDA_VISIBLE_DEVICES=0,1：设置当前可见的 GPU 设备。这里选择了编号为 0 和 1 的 GPU。需要特别注意的是这里设置 GPU 编号时，要考虑服务器上当前哪些 GPU 是空置的，具备的 GPU 查询方式会在接下来的内容中给出。

（2）deepspeed --nproc_per_node 2：使用 DeepSpeed 框架，并设置每个节点（当前服务器）使用两个进程，通常对应于两个 GPU。

（3）pretraining.py：要执行的 Python 脚本，用于模型继续预训练。

（4）deepspeed deepspeed_zero_stage2_config.json：指定 DeepSpeed 的配置文件。这个文件通常包含了诸如 ZeRO 优化策略的配置。

（5）model_type auto：自动检测模型的类型，这个一般不需要改动。

（6）model_name_or_path Qwen/Qwen1.5-7B：模型名称及对应的路径。这里指定了一个特定的预训练模型 Qwen1.5-7B 的 Base 模型。

（7）train_file_dir ./data/pretrain：训练数据所在的目录。

（8）validation_file_dir ./data/pretrain：验证数据所在的目录，该路径可以与训练数据路径相同或不同。

（9）per_device_train_batch_size 4：每台设备（GPU）上的训练批次大小，batch_size 越大，原则上 GPU 计算效率越高，但同时占用的显存也越大，容易超出 GPU 的最大显存，从而引发报错。

（10）per_device_eval_batch_size 4：每台设备（GPU）上的评估批次大小。

（11）do_train：执行训练。

（12）do_eval：执行评估。

（13）use_peft True：设定是否使用参数高效微调（Parameter-Efficient Fine-Tuning，PEFT），当为 True 时表示使用。

（14）seed 42：设置随机种子，以使结果可复现，如果不设置这个随机种子，则程序会随机设置一个数值，而这个种子又与某些初始参数有关。

（15）max_train_samples 10000：训练期间使用的最大样本数，既可以设置一个确定值，也可以设置成 −1，当设置成 −1 时，表示使用所有的数据进行训练。

（16）max_eval_samples 10：评估期间使用的最大样本数，既可以设置一个确定值，也可以设置成 −1，当设置成 −1 时，表示使用所有的数据进行训练。

（17）num_train_epochs 1：指定了模型应该遍历整个训练数据集的轮数。

（18）learning_rate 2e−4：学习率。

（19）warmup_ratio 0.05：学习率热身比例。

（20）weight_decay 0.01：权重衰减。

（21）logging_strategy steps：日志记录策略，这里根据步数进行记录。

（22）logging_steps 10：每隔多少步记录一次日志。

(23) eval_steps 50：每隔多少步进行一次评估。

(24) evaluation_strategy steps：评估策略，这里是根据步数进行评估。

(25) save_steps 500：每隔多少步保存一次模型。

(26) save_strategy steps：保存策略，这里根据步数进行保存。

(27) save_total_limit 3：最多保存的模型数量。

(28) gradient_accumulation_steps 1：梯度累积步数。

(29) preprocessing_num_workers 10：预处理数据时使用的 worker 数量，是一个用于指定在数据预处理阶段使用的并行工作进程数量的参数。使用多个工作进程进行数据预处理的前提是数据集足够大，并且预处理操作足够复杂，以至于并行化可以带来明显的性能提升。

(30) block_size 512：分块大小，意味着每个块包含 512 个令牌(Tokens)。令牌可以是单词、子词或其他类型的文本单元。

(31) group_by_length True：根据序列长度对数据进行分组。

(32) output_dir outputs-pt-qwen-v1：输出目录。

(33) overwrite_output_dir：True 如果输出目录已存在，则覆盖它。

(34) ddp_timeout 30000：分布式数据并行(DDP)的超时时间。

(35) logging_first_step True：记录第 1 步的日志。

(36) target_modules all：目标模块，这里设置为所有模块。

(37) lora_rank 8：LoRA(Low-Rank Adaptation)的秩。

(38) lora_alpha 16：LoRA 的 alpha 参数。

(39) lora_dropout 0.05：LoRA 的 DropOut 比例。

(40) torch_dtype bfloat16：使用 bfloat16 数据类型。

(41) bf16：启用 bfloat16 训练。

(42) device_map auto：设备映射策略，这里设置为自动。

(43) report_to TensorBoard：用于将训练过程中的指标和日志记录到 TensorBoard。TensorBoard 是 TensorFlow 的可视化工具，用于监控训练过程、可视化模型性能和调试。

(44) ddp_find_unused_parameters False：在 DDP 中不查找未使用的参数。

(45) gradient_checkpointing True：启用梯度检查点。梯度检查点是一种内存效率优化技术，它允许在训练过程中减少内存的使用，尤其是在处理非常深的网络时。

(46) cache_dir ./cache：缓存目录，该命令表示在当前 Python 文件所在的文件夹下创建一个名为 cache 的文件夹，以此来存放缓存文件。

(47) low_cpu_mem_usage True：这是一个布尔类型的命令行参数，用于指示程序在执行时是否尽量减少 CPU 和内存的使用。

(48) resume_from_checkpoint ./MOE_pt_WRP2/checkpoint-11200：这是检查点的路径，表示程序应该从这个路径下的检查点文件继续执行。在这个例子中，路径是相对路径，表示当前工作目录下有一个名为 MOE_pt_WRP2 的文件夹，其中包含名为 checkpoint-

11200 的检查点文件；在实际使用时，需要根据个人检查点位置进行替换。

这个命令综合运用了 DeepSpeed 的各种特性，包括 ZeRO 优化、模型并行、PEFT 等，以高效地预训练一个大模型。尽管上述超参数的设置已经给出解释，但其中部分设定需要另外特别说明。

（1）设置使用哪几张 GPU 卡前，需要先查询可用的 GPU 数量及对应的编号，而 GPU 的查询方式一般通过如下命令完成：

```
nvidia-smi                    #查询当前 GPU 占用情况
nvidia-smi -l                 #实时刷新 GPU 使用情况
```

输入上述命令后会出现如图 4-3 所示的界面。

```
+-----------------------------------------------------------------------------+
| NVIDIA-SMI 535.161.07     Driver Version: 535.161.07     CUDA Version: 12.2 |
|-------------------------------+----------------------+----------------------+
| GPU  Name                     | Persistence-M| Bus-Id        Disp.A | Volatile Uncorr. ECC |
| Fan  Temp   Perf              | Pwr:Usage/Cap| Memory-Usage         | GPU-Util Compute M.  |
|                               |              |                      |               MIG M. |
|===============================+======================+======================|
|   0  NVIDIA A800-SXM4-80GB    Off | 00000000:27:00.0 Off |                    0 |
| N/A   28C    P0              70W / 400W |   9224MiB / 81920MiB |      0%      Default |
|                               |              |                      |            Disabled |
+-------------------------------+----------------------+----------------------+
|   1  NVIDIA A800-SXM4-80GB    Off | 00000000:2D:00.0 Off |                    0 |
| N/A   30C    P0              61W / 400W |     12MiB / 81920MiB |      0%      Default |
|                               |              |                      |            Disabled |
+-------------------------------+----------------------+----------------------+
|   2  NVIDIA A800-SXM4-80GB    Off | 00000000:54:00.0 Off |                    0 |
| N/A   30C    P0              62W / 400W |     12MiB / 81920MiB |      0%      Default |
|                               |              |                      |            Disabled |
+-------------------------------+----------------------+----------------------+
|   3  NVIDIA A800-SXM4-80GB    Off | 00000000:59:00.0 Off |                    0 |
| N/A   27C    P0              58W / 400W |     12MiB / 81920MiB |      0%      Default |
|                               |              |                      |            Disabled |
+-------------------------------+----------------------+----------------------+
|   4  NVIDIA A800-SXM4-80GB    Off | 00000000:8E:00.0 Off |                    0 |
| N/A   27C    P0              62W / 400W |     12MiB / 81920MiB |      0%      Default |
|                               |              |                      |            Disabled |
+-------------------------------+----------------------+----------------------+
|   5  NVIDIA A800-SXM4-80GB    Off | 00000000:93:00.0 Off |                    0 |
| N/A   33C    P0              67W / 400W |  22723MiB / 81920MiB |      0%      Default |
|                               |              |                      |            Disabled |
+-------------------------------+----------------------+----------------------+
|   6  NVIDIA A800-SXM4-80GB    Off | 00000000:C0:00.0 Off |                    0 |
| N/A   31C    P0              71W / 400W |  78435MiB / 81920MiB |      0%      Default |
|                               |              |                      |            Disabled |
+-------------------------------+----------------------+----------------------+
|   7  NVIDIA A800-SXM4-80GB    Off | 00000000:C6:00.0 Off |                    0 |
| N/A   28C    P0              67W / 400W |  41847MiB / 81920MiB |      0%      Default |
|                               |              |                      |            Disabled |
+-------------------------------+----------------------+----------------------+
```

图 4-3 分布式软总线

从图 4-3 能够发现，GPU 卡 1、2、3、4 没有被占用，可以使用；卡 0 显存使用了大概 10GB，如果接下来运行的算法占用的显存少于 70GB（每张 A800 卡有 80GB）时，则可以考虑使用卡 0，而如果每张卡都需要超过 70GB，那么如果指定卡 0，则会报显存溢出错误；另外除考虑显存外，也要考虑 GPU 算力是否被占满，图 4-3 中每张卡的 GPU 算力使用都为 0，大概可以判断目前 GPU 算力没有被使用。

注意：只有当 GPU 的显存和算力都有空闲时，程序才能在这张 GPU 卡上正常运行。

（2）训练期间使用的最大样本数（max_train_samples）和遍历整个训练数据集的轮数

(num_train_epochs)两个参数的设置原理如下。

max_train_samples：指定了在整个训练过程中，模型将看到的最大训练样本数量。如果设置了此参数，则一旦达到这个样本数量，训练将会停止，即使还没有完成指定的训练轮数。

num_train_epochs：指定了模型应该遍历整个训练数据集的轮数。如果设置了此参数，则模型将会遍历训练数据集指定的轮数，除非同时设置了 max_train_samples 并且在达到指定的样本数量时训练停止。

如果两个参数都设置了，则训练过程将会根据以下逻辑进行。

注意：如果 max_train_samples 在完成指定的 num_train_epochs 之前就达到了，则训练将会在达到最大样本数量时停止；如果在完成指定的 num_train_epochs 之前没有达到 max_train_samples 设置的样本数量，则训练将会在完成指定的轮数后停止。

在实际应用中，这两个参数通常结合起来使用，以便在资源有限的情况下控制训练的规模，或者在验证性能满足要求时提前结束训练。

（3）学习率热身比率（warmup_ratio）。学习率热身是一种在训练初期逐步增加学习率的技术，其目的是在训练开始时减少模型对错误的敏感度，帮助模型逐渐适应训练数据，从而提高训练的稳定性和效果。学习率热身比例是指在热身阶段，学习率从初始值增加到预定最大值所对应的训练步骤的比例。这个比例通常是根据训练的总步骤数来计算的，例如，如果一个模型有 1000 个训练步骤，并且设置了一个学习率热身比例 0.05（5%），则在训练的前 50 个步骤（1000×0.05＝50）中，学习率将会从初始值逐步增加到预设的最大值。在热身阶段之后，学习率会根据预设的策略（如学习率衰减）继续变化。热身策略可以有不同的实现方式，例如线性热身（学习率线性增加）或递增热身（学习率按照某种曲线增加，如平方根递增）。线性热身是最常见的实现方式，它简单且有效，能够帮助模型在训练初期避免大的更新，从而减少潜在的训练不稳定性和损失波动。使用学习率热身通常可以提高模型在训练初期的表现，尤其是在处理大模型和复杂数据集时。

（4）权重衰减（weight_decay）是深度学习中的一个超参数，用于在优化过程中对模型的权重应用 L2 正则化。权重衰减的目的是防止模型过拟合训练数据，即模型在训练数据集上表现得非常好，但在未见过的新数据上表现不佳。权重衰减通过在损失函数中添加一个与权重大小成正比的惩罚项来实现。对于每个权重 w，惩罚项通常是 weight_decay $\times w^2$，其中 weight_decay 是一个很小的非负数，因此，损失函数 L 变为 $L+0.5\times$ weight_decay$\times$sum(w^2)。在每次梯度下降迭代中，除了基于原始损失函数对权重进行更新外，还会基于权重衰减惩罚项对权重进行额外更新。这导致权重向零方向收缩，从而减少了模型的复杂度，使模型更不容易过拟合。权重衰减的值通常需要通过实验来确定，过大的权重衰减可能会导致模型欠拟合，即模型在训练数据和新数据上的表现都不好，而过小的权重衰减可能无法有效地防止过拟合。在实际应用中，权重衰减的常见值范围可能是 1e－5 到 1e－2。在现代深度学习框架中，如 PyTorch 和 TensorFlow，权重衰减通常作为优化器参数设置，例如在使用 Adam 优化器时,可以通过设置 weight_decay 参数来启用权重衰减。

(5) 日志记录策略(logging_strategy)和日志记录频率(logging_steps)这两个参数是相关联的,它们共同决定了在训练过程中日志记录的行为,具体含义解释如下。

logging_strategy steps:这个参数指定了日志记录的策略是基于训练步骤的。这意味着日志记录的事件(如损失值、学习率、指标等)将会在每经过一定数量的训练步骤后发生。

logging_steps 10:这个参数与 logging_strategy 结合使用,它指定了日志记录应该发生的频率。在这个例子中,设置为 10 意味着每 10 个训练步骤后,将会记录一次日志。

logging_strategy steps 定义了日志记录的依据是训练步骤,而 logging_steps 10 则具体说明了每 10 个步骤记录一次日志。这两个参数共同确保了训练过程的可监控性,允许研究人员和开发者跟踪模型训练的进度和性能。

(6) 模型在训练过程中的评估策略(evaluation_strategy)和评估频率(eval_steps)两个参数也是相关联的,它们共同决定了在训练过程中模型评估的行为,具体含义解释如下。

evaluation_strategy steps:这个参数指定了模型评估的策略是基于训练步骤的。这意味着模型的评估事件(通常是对验证集进行评估以计算损失和指标)将会在每经过一定数量的训练步骤后发生。

eval_steps 50:这个参数与 evaluation_strategy steps 结合使用,它指定了评估应该发生的频率。在这个例子中,设置为 50 意味着每 50 个训练步骤后,将会对模型进行一次评估。

evaluation_strategy 定义了评估的依据是训练步骤,而 eval_steps 则具体说明了每多少个步骤进行一次评估。这两个参数共同确保了在训练过程中可以定期检查模型在验证集上的性能,这有助于监控模型的泛化能力,并在必要时调整训练策略或触发早停。

(7) 模型保存策略(save_strategy)、模型保存频率(save_steps)和模型保存数量限制(save_total_limit)这 3 个参数共同决定了在训练过程中模型的保存行为。

save_strategy steps:这个参数指定了模型保存的策略是基于训练步骤的。这意味着模型的保存事件将会在每经过一定数量的训练步骤后发生。

save_steps 500:这个参数与 save_strategy 结合使用,它指定了保存模型应该发生的频率。在这个例子中,设置为 500 意味着每 500 个训练步骤后,将会保存一次模型。

save_total_limit 3:这个参数限制了保存的模型数量。当使用 save_strategy 时,模型会定期被保存,这可能会导致磁盘空间迅速填满。将 save_total_limit 设置为 3 意味着只有最后 3 次保存的模型会被保留,早期的模型会被删除以节省空间。这个参数确保了只有最近的模型版本被保留,同时也允许用户回溯到之前的一些检查点。

save_strategy 定义了模型保存的依据是训练步骤,ave_steps 说明每 500 个步骤保存一次模型,而 save_total_limit 限制了保留的模型数量。这些参数共同确保了在训练过程中可以定期保存模型的状态,以便于后续进行分析、调试或继续训练。

(8) 梯度累计步数(gradient_accumulation_steps)是深度学习训练中的参数,它控制了梯度累积的步骤数。在深度学习中,梯度通常是在一个批次的数据上计算得出的,然后用于更新模型的权重,然而,在某些情况下,由于内存限制或为了增加有效批次大小,可能希望在一次权重更新中累积多个批次的梯度。gradient_accumulation_steps＝1 的设置意味着每个批次的梯度在计算后立即用于权重更新，不进行累积。这是默认的行为，相当于没有梯度累积。如果将 gradient_accumulation_steps 设置为一个大于 1 的值，例如 N，那么在每次权重更新之前，则将会累积 N 个批次的梯度。具体来讲，每个批次的梯度会被计算出来，然后累加到前一个批次的梯度上，直到累积了 N 个批次的梯度。只有在累积了 N 个批次的梯度之后，才会用累积的梯度来更新模型的权重。

注意：梯度累积允许使用更大的有效批次大小，这可以提高模型的性能，尤其是在有限的内存资源下训练大模型时，然而，梯度累积也会导致每个实际的训练步骤（权重更新）需要更多的计算时间，因为它涉及处理更多的数据。

在实际应用中，gradient_accumulation_steps 的值需要根据具体的计算资源和训练需求来调整。如果设置得过高，则可能会导致内存溢出；如果设置得过低，则可能无法充分利用计算资源。

（9）lora_rank、lora_alpha 和 lora_dropout 这 3 个参数都与 LoRA 方法有关，这是一种用于微调大模型的技术，旨在通过引入低秩分解来减少参数的数量，从而降低微调的成本。

lora_rank：LoRA 方法通过在原始模型的权重矩阵附近添加一个低秩的矩阵来调整模型。这个参数指定了低秩矩阵的秩，即其奇异值的数量。秩越小，添加的参数数量越少，微调的复杂度越低。在这个例子中，秩被设置为 8，这意味着每个权重矩阵的调整将使用最多 8 个奇异值。

lora_alpha：这个参数是 LoRA 方法中的一个超参数，用于缩放低秩矩阵的奇异值。较大的 alpha 值可能会导致模型在微调时更加灵活，但也可能增加过拟合的风险。在这个例子中，alpha 被设置为 16，这意味着低秩矩阵的奇异值将被放大 16 倍。

lora_dropout：DropOut 是一种正则化技术，用于防止过拟合。在 LoRA 方法中，DropOut 可以应用于低秩矩阵。这个参数指定了 DropOut 的比例，即在每个训练批次中随机丢弃的参数比例。在这个例子中，DropOut 比例被设置为 0.05，这意味着在每个批次中，大约有 5% 的低秩矩阵参数将被随机置零。

总体来讲，这 3 个参数共同控制了 LoRA 方法的微调过程，通过调整低秩矩阵的秩、缩放因子和 DropOut 比例，可以在保持模型性能的同时减少微调所需的参数数量和计算资源。

注意：这 3 个参数只有在 use_peft 被设置为 True 时才会起效，而当 use_peft 被设置为 False 时自动忽略。

（10）在大模型的训练过程中，使用不同精度的浮点数可以影响模型的性能和显存使用情况。bfloat16 是一种较低精度的浮点数格式，与标准的 float32 格式相比，它可以在保持模型性能的同时显著地减少显存的使用，并且能够稍微提高训练的速度。

torch_dtype bfloat16：这个参数指定了在训练过程中使用 bfloat16 数据类型。

PyTorch 等深度学习框架支持多种数据类型，bfloat16 是其中之一。这个参数通常需要硬件支持，例如 NVIDIA 的 Tensor Core 就支持 bfloat16 的计算。

bf16：这个参数通常用于指示框架启用 bfloat16 训练。尽管已经通过 --torch_dtype 指定了数据类型，但某些框架或模型可能需要额外的参数来确保 bfloat16 训练被正确启用。

这两个参数一起使用可以确保模型在训练时使用 bfloat16 数据类型，有助于减少显存占用，并可能加速训练过程。在训练大模型时，这尤其有用，因为大模型通常需要更多的显存。使用 bfloat16 可以在有限的显存资源下训练更大的模型或更大的批次大小。

(11) device_map auto 是一个用于指定在多 GPU 环境下如何将模型参数分配到各个 GPU 上的参数。在深度学习训练中，特别是当模型非常大时，单个 GPU 可能无法容纳整个模型，因此需要将模型参数分布到多个 GPU 上。device_map 参数就是用来控制这一分配过程的。

当 device_map auto 被设置为 auto 时，训练框架会自动决定如何将模型的层和参数分配到可用的 GPU 上。这种自动映射通常会尝试均衡各个 GPU 之间的负载，以便充分利用所有 GPU 的资源，并尽可能地提高训练效率。

注意：在某些情况下，自动映射可能不是最优的，特别是当模型的不同部分对计算资源的需求差异很大时。在这种情况下，用户可能需要手动指定 device_map，以更精细地控制每个 GPU 上的参数分配，但综合来看，device_map auto 是一个对初学者非常友好的选项，它允许用户在不需要深入了解底层硬件和模型结构的情况下，快速地启动多 GPU 训练。

(12) ddp_find_unused_parameters 是一个用于分布式数据并行训练（Distributed Data Parallel，DDP）的参数。在 PyTorch 中，DDP 是一种用于在多个 GPU 上并行训练模型的技术。DDP 通过在每个 GPU 上复制模型和数据，然后同步各个 GPU 上的梯度来工作。在 DDP 训练过程中，有时会出现某些模型的参数在特定的训练批次中没有被使用的情况，这可能是由于动态图结构或条件计算导致的。当这种情况发生时，DDP 需要决定是否检查并同步这些未使用的参数的梯度。

如果将 ddp_find_unused_parameters 设置为 True，则 DDP 会自动寻找并同步所有参数的梯度，即使某些参数在当前批次中没有用到。这种做法可以确保所有参数的梯度都被正确计算和同步，但可能会稍微增加通信开销。

如果将 ddp_find_unused_parameters 设置为 False，则 DDP 不会特别寻找未使用的参数。这意味着如果某些参数在某个批次中没有用到，则它们的梯度将不会被计算和同步。这可以减少通信开销，但如果模型确实需要这些未使用参数的梯度，则可能会导致训练不稳定或错误。

通常，如果模型是静态的，即每个批次都使用相同的参数，或者确信所有参数都会在每个批次中被使用，则可以将这个参数设置为 False。这样可以减少在训练过程中的通信开销，提高训练效率，然而，如果模型包含动态计算图，或者有条件地使用某些参数，则将这个参数设置为 True 可能是更安全的选择。

以上述脚本为起点，准备好对应的训练平台（包括软硬件环境）、预训练大模型、继续预训练的数据语料及对应的训练框架（可以从 GitHub 上查找），便可以考虑开始一个大模型的继续预训练工作了。当然，想要成功地实现一个大模型的继续预训练，还有很长的路要走，但不管怎么说，已经迈出了通往大模型继续预训练的第 1 步。

4.2 规范思考逻辑和表达习惯：微调

智能体的思考逻辑和表达习惯是其在实际应用中表现出色的关键。为了提升这些方面，需对智能体进行微调，以确保其能更准确高效地执行特定任务。微调涉及在特定领域的数据集上对预训练的大模型进行进一步训练，旨在使其在特定任务上表现得更加专业。在这个过程中，通常会用到一些关键技术，例如迁移学习和监督学习。迁移学习可以将预训练阶段学到的通用知识和技能延续到微调阶段，从而提高模型的训练效率。监督学习则通过提供明确的标签和反馈，指导模型在特定任务上进行学习；其中前者通过调用基础的预训练模型来体现，后者通过指令微调数据等来体现。

微调的优势在于，它能够根据具体任务和应用场景，对智能体有针对性地进行训练，从而提升其在特定领域的表现，例如，通过微调，智能体可以学习到某一领域的专业术语和表达习惯，增强其在该领域的专业性和准确性。此外，微调还可以帮助智能体理解和遵循特定的逻辑结构，使其在生成文本时更加连贯和有条理。

然而，微调也面临着一些挑战，例如，如何选择合适的微调数据集，以及如何设置微调参数，是实现高效微调的关键问题。微调数据集需要具有足够的代表性和覆盖面，以确保智能体能够学习到全面的知识和技能。同时，微调参数的选择也需要根据具体任务和场景进行优化，否则可能会导致过拟合或欠拟合等问题。

综上所述，微调通过在特定领域的数据上进行训练，可以显著地提升智能体的专业性和表达能力。接下来将详细探讨大模型微调的价值和调整，以及微调和继续预训练的区别，最后通过一个 bash 脚本，来开始第 1 个微调训练。

4.2.1 微调的价值

大模型的微调是指在特定领域的数据集上对预训练的大模型进一步地进行训练，以优化其在特定任务上的表现。微调的价值在于通过这种针对性的训练，显著地提升模型在特定领域的专业性、准确性和表达能力。以下是微调过程中的关键价值点。

1. 提高领域专业性

通过微调，大模型可以学习并适应某一领域的专业术语和表达习惯。这种领域适应性是通过在特定领域的数据集上进行训练实现的，例如，在医学领域，微调可以让模型熟悉医学术语和文献写作风格，从而提高其在生成医学报告或回答医学相关问题时的专业性和准确性。

1）学习领域专用术语

在特定领域中，专业术语的使用是必不可少的，例如，在医学领域，有大量的术语和缩略词，如 MRI（磁共振成像）和 CBC（全血细胞计数）。通过微调，大模型可以学习这些专业术语的含义和使用方式，从而在生成或理解医学文本时表现得更为准确和专业。这种学习过程通常是通过在包含大量专业术语的领域数据集上进行训练来实现的。

2）适应领域特定表达方式

不同领域有其特定的表达方式和风格，例如，法律文件通常使用严谨和正式的语言，而科技文献则偏重于逻辑性和条理性。通过微调，模型可以适应这些特定领域的表达方式，例如，在法律领域，微调后的模型可以生成符合法律文本规范的合同或法规条款，而在科技领域，模型可以撰写结构严谨、逻辑清晰的研究报告。法律微调数据集示例见表 4-1。

表 4-1 法律微调数据集

title	question	reply
在法律中定金与订金的区别		"定金"是指当事人约定由一方向对方给付的，作为债权担保的一定数额的货币，它属于一种法律上的担保方式，目的在于促使债务人履行债务，保障债权人的债权得以实现。签合同时，对定金必须以书面形式进行约定，同时还应约定定金的数额和交付期限。给付定金一方如果不履行债务，则无权要求另一方返还定金；接受定金的一方如果不履行债务，则需向另一方双倍返还债务。债务人履行债务后，依照约定，定金应抵作价款或者收回，而"订金"目前我国法律没有明确规定，它不具备定金所具有的担保性质，可视为"预付款"，当合同不能履行时，除不可抗力外，应根据双方当事人的过错承担违约责任
盗窃罪的犯罪客体是什么		盗窃罪的客体要件，本罪侵犯的客体是公私财物的所有权。侵犯的对象，是国家、集体或个人的财物，一般是指动产而言，但不动产上之附着物，可与不动产分离的，例如，田地上的农作物、山上的树木、建筑物上之门窗等，也可以成为本罪的对象。另外，能源如电力、煤气也可成为本罪的对象。盗窃罪侵犯的客体是公私财物的所有权。所有权包括占有、使用、收益、处分等权能。这里的所有权一般指合法的所有权，但有时也有例外情况。根据《最高人民法院关于审理盗窃案件具体应用法律若干问题的解释》（以下简称《解释》）的规定："盗窃违禁品，按盗窃罪处理的，不计数额，根据情节轻质量刑。盗窃违禁品或犯罪分子不法占有的财物也构成盗窃罪。"
怎么去问朋友还钱？	怎么去问朋友还钱？一个朋友欠我钱那么久都还怎么去问？	协商还款，协商不成的可以提起诉讼主张债权，注意准备相关的证据

3）提升领域知识储备

微调不仅是对语言和表达方式的训练，更是对领域知识的深度学习，例如，通过在大量医学文献、病例报告和医学教科书上进行微调，模型可以积累丰富的医学知识，从而在回答医学问题、诊断病例或解释医学现象时表现得更加准确和可靠。这样的知识储备使模型在特定领域内的应用更为广泛和专业。

4）改进领域特定任务的执行

在一些特定领域中，有许多任务需要专业知识的支撑，例如在金融领域的财务报表分析、在法律领域的合同审查和在技术领域的专利检索。通过微调，模型可以在这些特定任务上表现得更加出色，例如，微调后的模型在进行财务报表分析时，能够更准确地识别关键财务指标，提供深入的财务分析和预测。

5）增强领域内的上下文理解

特定领域的文本往往包含大量的上下文关联信息，例如，在医学病例报告中，患者的病史、症状和治疗方案之间有着紧密的逻辑关系。通过微调，模型可以更好地理解这些上下文信息，从而在生成和理解领域文本时表现得更为连贯和准确。这种上下文理解能力的提升，特别适用于需要对复杂信息进行综合分析和判断的领域。

6）提高领域内的文本生成质量

通过微调，大模型在特定领域内生成的文本质量会有显著提高，例如，在科学研究领域，微调后的模型可以生成逻辑严谨、结构合理的研究报告，确保各部分之间的逻辑关系清晰、内容准确无误。在新闻领域，微调后的模型可以生成符合新闻写作规范的报道，确保信息的准确性和时效性。

7）个性化领域应用

微调还可以帮助模型在特定领域的个性化应用中表现得更好，例如，在客户服务领域，通过在特定行业的客服对话数据上进行微调，模型可以更好地理解和回应客户的问题，提供更精准和满意的服务。在教育领域，通过在特定学科的教学资料上进行微调，模型可以为学生提供更专业的辅导和解答。接下来，以训练多智能体的一个微调数据集中的一条训练示例来展示面向个性化领域的应用。

【示例 4-1】 多智能体微调数据集中的一条数据

```
{
    "id":"MS_Agent_Multi_Role_5000",
    "conversations":[
        {
            "from":"system",
            "value":"【对话情节设定】\n 在一个清幽的湖边,几位时代各异的历史
```
人物都因为一场时空漩涡被带到了现代,他们都集结在湖>边,讨论着如何适应新环境并找到回归自己时代的方法,而一位现代的科学家也因好奇这一现象而加入了他们。\n\n【所有对话角色设定】\n- 孔子：春秋时期的思想家,富有哲理,常引经据典。\n->莎士比亚：文艺复兴时期的戏剧家,言辞寓意深刻。\n- 牛顿：科学革命时期的科学家,严谨的态度,逻辑缜密的思考。\n- 阿基米德：古希腊的科学家和数学家,激情四射,喜欢以"尤里卡"来>表示

自己的发现。\n- 李白：唐朝的浪漫主义诗人，言语豪迈，爱好自然。\n- 陈景润：现代数学家，性格内敛，言辞简洁，喜欢通过数字和公式表达思想。\n\n【你的角色设定】\n牛顿：一位严谨的科学家，面>对这种超自然的现象，他希望能够找出合乎逻辑和科学的解释，同时也想帮助其他时代的人物适应现代社会。\n\n【注意事项】\n1. 这是聊天室，不要给任何人发送私信\n2. 仅代表你个人说话，不要扮演其他人，只根据对话历史进行回复\n3. 长话短说，不要说太多话，不要超过50字"
        },
        {
            "from":"孔子",
            "value":"诸位，此乃何地？吾等何以汇聚于斯？"
        },
        {
            "from":"莎士比亚",
            "value":"各位贤者，看来我们都落入了时空的裂缝之中。"
        },
        {
            "from":"牛顿",
            "value":"首要任务是了解现代科技，或许能助我们找到回家门径。"
        }
    ]
}
```

通过微调提高领域专业性，大模型不仅能更好地理解和生成特定领域的文本，还能在实际应用中提供更专业、更可靠的支持。这种专业性的提升，不仅增强了模型的实用性和可靠性，还使其在各类行业应用中具备更强的竞争力。

### 2．增强任务表现

微调能够显著地提高模型在特定任务上的表现。这是因为微调过程利用了迁移学习的优势，将预训练阶段积累的通用知识和技能转移到特定任务中，例如，一个在通用语料上预训练的模型，可以通过微调在法律文档或财务报表生成等任务上表现得更为出色。监督学习在此过程中发挥了重要作用，通过提供明确的标签和反馈，进一步指导模型进行训练，使其在特定任务上的性能达到最优。

### 3．优化表达逻辑和连贯性

大模型通过微调可以学习并遵循特定的逻辑结构，从而在生成文本时更加连贯和有条理。对于一些需要复杂推理和逻辑表达的任务，如科学研究报告撰写或技术文档编写，微调能够使模型生成的内容逻辑清晰、结构严谨，提升整体文本的可读性和准确性。

### 4．解决特定场景问题

微调的另一个显著价值在于其对特定场景问题的解决能力。不同应用场景对模型的需
```

求各不相同,通过微调可以针对这些需求进行优化。以下是两个示例,展示了如何通过微调在客户服务场景中优化大模型的表现。

1)客户服务场景中的应用

场景描述:一家电商平台希望利用大模型来优化其客户服务系统,特别是提高客服机器人对客户问题的理解和回应能力,以提高客户满意度。

微调前生成的客服对话:

【示例 4-2】 微调前大模型生成的客服对话

客户:我的订单已经超过预计送达时间了,能帮我查一下吗?

客服机器人:您好,请提供您的订单号。

客户:订单号是 123456789。

客服机器人:好的,我们正在处理您的请求,请稍等。

客户:好的。

(长时间等待,没有进一步回应)

微调后生成的客服对话如下:

【示例 4-3】 微调后大模型生成的客服对话

客户:我的订单已经超过预计送达时间了,能帮我查一下吗?

客服机器人:您好,非常抱歉给您带来不便。请提供您的订单号,我将立即为您查询订单状态。

客户:订单号是 123456789。

客服机器人:谢谢。请稍等,我正在为您查询订单信息。

(短暂等待)

客服机器人:感谢您的耐心等待。您的订单目前已在运输途中,预计将在 2 天内送达。我们会继续跟进此订单的状态。如果您有任何其他问题,则请随时告诉我。

客户:好的,谢谢!

客服机器人:不客气。如果您有其他问题,则请随时联系我们,祝您购物愉快!

2)金融预测场景中的应用

场景描述:一家金融公司希望利用大模型来优化其市场数据分析和预测系统,以提供更可靠的投资建议。

微调前的市场分析如下:

【示例 4-4】 微调前大模型生成的市场分析结果

"根据最近的数据,股市表现波动。建议投资者保持谨慎。"

微调后的市场分析如下:

【示例4-5】 微调后大模型生成的市场分析结果

"根据过去6个月的数据分析,股市表现出显著的波动性。具体来讲,技术股在经历了持续的上涨之后,最近两周出现了明显的回调。我们建议投资者在短期内保持谨慎,特别是在高风险领域。此外,防御性股票和贵金属如黄金表现稳定,建议增加这类资产的配置以分散风险。"

通过微调,大模型在特定场景中的表现得到显著优化。无论是在客户服务还是金融预测中,微调都能够帮助模型更好地理解特定需求和场景,提供更准确和有效的解决方案,从而提升整体服务质量和用户满意度。

4.2.2 微调所面临的挑战

尽管大模型微调能够显著地提升模型在特定领域和任务中的表现,但这一过程也伴随着一系列挑战。这些挑战包括选择合适的数据集、设置微调参数、避免过拟合与欠拟合、管理计算资源及确保模型的公平性和可解释性。

1. 构造微调数据集

构造数据集是微调过程中的首要挑战。微调数据集需要具有足够的代表性和覆盖面,以确保模型能够学习到全面的知识和技能。微调数据集主要应该具备如下特点。

1)代表性

数据集必须涵盖特定领域的广泛内容,以便模型能够学习到领域内的各种表达方式和知识点,例如,一家医疗科技公司希望利用大模型来优化其医学诊断系统,特别是提升模型在医学文本分析和医学报告生成方面的能力,此时,构造的医学领域微调数据集要确保涵盖医学领域的广泛内容,包括不同的医学子领域(如心脏病学、肿瘤学、神经学等)和各种类型的医学文本(如病例报告、研究论文、医生笔记等)。

2)质量

数据集的质量会直接影响模型的微调效果。低质量的数据(如噪声数据或标签错误)可能会导致模型学习到错误的信息,因此,确保数据集的高质量,避免噪声数据和标签错误,是保证模型学习到正确知识的前提。例如:对收集到的医学文本进行预处理,去除其中的噪声数据(如格式错误、重复数据等);邀请医学专家对数据进行审核和标注,确保标签的准确性;通过多轮验证,确保数据集中不存在严重的错误和偏差。

3)数量

尽管少量数据也能通过微调取得一定的效果,但数据量不足可能会导致模型无法充分学习领域知识,从而影响模型性能。解决办法:通过与多家医院和研究机构合作,收集大量的病例报告、研究论文和医生笔记,确保数据量的充足;通过数据扩增技术(如数据增强、数据生成等),在现有数据的基础上生成更多的数据;定期更新数据集,确保其包含最新的医学研究成果和临床数据。

通过构造具有代表性、高质量和足够数量的微调数据集,可以显著地提升大模型在专业领域的表现。以医学领域为例,确保数据集涵盖了广泛的医学内容、经过严格的数据清洗和专家标注,以及通过大规模收集和数据扩增技术保证数据量的充足,是构造有效微调数据集的关键。这些措施可以帮助模型在微调过程中学习到全面、准确的医学知识,从而提高其在实际应用中的性能。

2. 设置微调参数

微调参数的选择需要根据具体任务和场景进行优化,否则可能会导致模型的性能不佳。以下是关于学习率、批量大小和训练轮数的具体实例,以更好地阐述其重要性和设置方法。

1) 学习率

学习率过高可能会导致模型不稳定,学习率过低则可能会导致训练速度缓慢或陷入局部最优。

2) 批量大小

批量大小会影响模型的收敛速度和稳定性。选择适当的批量大小需要在计算资源和训练效果之间权衡。当批量太大时,需要大量的计算资源和显存,可能会导致显存不足,并且大批量可能会导致模型收敛速度变慢;而当批量太小时,尽管占用显存较少,但每次迭代的更新较为频繁,噪声较大,可能会导致收敛不稳定。

3) 训练轮数

过多的训练轮数可能会导致过拟合,而过少的训练轮数可能会导致模型未充分学习。

> **注意**:这里列出的参数只是影响微调效果的部分超参数,更多超参数会在微调这一节的最后部分进行阐述。

3. 避免过拟合与欠拟合

在微调过程中,过拟合和欠拟合是两个需要避免的极端。过拟合是指模型在训练数据上表现很好,但在测试数据或在真实应用场景中表现较差。过拟合通常是由于模型过度拟合训练数据中的噪声和细节而造成的。欠拟合则是模型在训练数据上表现不佳,表明模型未能充分学习训练数据中的规律。欠拟合通常是由于模型复杂度不足或训练不足而导致的。

过拟合和欠拟合示例:一家科技公司正在微调一个卷积神经网络模型,用于对猫狗图像进行分类。过拟合示例如下。

【示例 4-6】 过拟合

过拟合示例:

情况说明:在训练过程中,模型在训练数据上表现非常好,但在测试数据上表现较差,说明模型过度拟合了训练数据中的噪声和细节。

设置:

高训练轮数:训练轮数设置为 100,模型在训练数据上进行过多轮次的训练。

无正则化:没有使用任何正则化技术,如 DropOut 或 L2 正则化。

表现:

训练数据准确率:99%

测试数据准确率:70%

解决方法:

减少训练轮数:将训练轮数减小,避免模型过度拟合训练数据。

使用正则化技术:在模型中加入 DropOut 层或应用 L2 正则化。

欠拟合示例如下:

【示例 4-7】 欠拟合

#欠拟合示例:

情况说明:在训练过程中,模型在训练数据和测试数据上都表现不佳,说明模型未能充分学习到训练数据中的规律。

设置:

低训练轮数:训练轮数设置为 5,模型在训练数据上进行的训练不足。

简单模型架构:使用了一个简单的模型架构,模型复杂度不足以捕捉数据中的模式。

表现:

训练数据准确率:60%

测试数据准确率:55%

解决方法:

增加训练轮数:将训练轮数增加到 20,使模型有更多机会学习训练数据中的规律。

增强模型复杂度:使用更复杂的模型架构,如增加卷积层和全连接层。

在微调过程中,合理选择训练轮数、应用正则化技术及调整模型复杂度都是避免过拟合和欠拟合的有效策略。这样,模型在训练数据和测试数据上的表现都能达到最佳状态。

4. 管理计算资源

微调大模型需要大量的计算资源,包括 GPU、TPU 等高性能硬件设备。针对计算资源的管理,需要考虑以下方面。

(1) 计算成本:高性能硬件设备的使用成本高昂,需要在成本和性能之间进行权衡。

(2) 训练时间:微调过程可能需要长时间的训练,这不仅增加了时间成本,还可能影响模型的快速迭代和更新。

(3) 资源调度:在大规模分布式训练环境中,如何高效地调度和管理计算资源是一个复杂的问题。

5. 确保模型的公平性和可解释性

随着大模型在各个领域的广泛应用,模型的公平性和可解释性变得越来越重要,针对模型的公平性和可解释性的相关内容如下。

(1) 公平性：在微调过程中，模型可能会继承或放大数据中的偏见，导致在应用中出现不公平现象，例如，在招聘系统中，模型可能会因训练数据中的偏见而对某些群体产生歧视。

(2) 可解释性：大模型通常被认为是"黑箱"模型，其内部决策过程难以理解。确保模型的可解释性对于建立用户信任和满足监管要求至关重要。

6. 数据隐私和安全

微调过程中涉及大量的数据，这些数据可能包含敏感信息和隐私数据，具体阐述如下。

(1) 数据隐私：如何保护训练数据中的隐私信息，避免数据泄露和滥用，是一个重要的挑战。

(2) 数据安全：在数据传输和存储过程中，确保数据的安全性，防止数据被篡改或攻击，也是微调过程中的重要问题。

大模型微调尽管能够显著地提升模型在特定领域和任务中的表现，但也面临一系列复杂的挑战。选择合适的数据集、优化微调参数、避免过拟合与欠拟合、管理计算资源、确保模型的公平性和可解释性，以及保护数据隐私和安全都是实现高效微调的重要因素。只有在克服这些挑战的前提下，才能充分发挥大模型微调的优势，实现模型在实际应用中的最佳性能。

4.2.3 微调与继续预训练的差异

大模型的微调和继续预训练是两种提升模型性能的主要方法，但它们在目标、方法、数据使用和应用场景等方面存在着显著的差异。以下将从多个角度详细阐述两者的不同。

1. 目标不同

微调的主要目标是通过在特定任务或领域的数据集上进行进一步训练，使模型在该特定任务或领域中表现得更加专业和准确。微调的关键在于其针对性和专业性，旨在优化模型在特定应用中的表现，以下是更详细的解释。

1) 针对性

微调专注于特定任务或领域，例如，如果希望改进一个预训练语言模型在医疗诊断报告生成上的表现，则可以使用大量医疗领域的数据对模型进行微调。通过这种方式，模型能够学习和适应该领域的专业术语、表达方式和知识结构。

2) 专业性

通过微调，模型在特定任务上表现出更高的专业水平。继续以医疗领域为例，经过微调的模型能够准确地生成医学诊断报告、分析医学文献中的信息，从而在实际医疗应用中提供更有价值的支持。

微调通过聚焦于特定任务的数据进行训练，使模型在该任务上的表现优于未微调的通用模型。

继续预训练的目标是通过在更大规模或领域相关的数据集上进一步地训练模型，以增强模型的整体知识水平和通用性能。继续预训练强调模型的通用性和知识广度，旨在使模型在广泛的应用场景中表现更好，以下是更详细的解释。

1）知识广度

继续预训练通过在大规模的包含多种类型和领域的文本数据集上进行训练，进一步扩展模型的知识广度，例如，使用一个包含新闻、小说、学术论文、社交媒体帖子等的综合数据集，对模型进行继续预训练，可以使其具备更广泛的语言理解和生成能力。

2）通用性

经过继续预训练的模型在多种任务和领域中表现更为出色。继续预训练提升了模型的基础能力，使其能够应对多种不同类型的任务，如文本生成、问答、翻译、提取摘要等，例如，一个经过继续预训练的语言模型，能够在不同的上下文和任务中生成更连贯、更符合语境的文本。

继续预训练通过利用大规模、多样化的数据进行进一步训练，使模型具备更强的适应能力和广泛的应用能力。

注意：

微调：专注于特定任务或领域的数据集，目标是使模型在特定应用中表现得更加专业和准确。强调针对性和专业性，适用于需要高度专业化和准确性的应用场景。

继续预训练：利用更大规模、领域相关的数据集进行训练，目标是增强模型的整体知识水平和通用性能。强调通用性和知识广度，适用于需要提升模型整体性能和知识水平的广泛应用场景。

2．数据集不同

微调使用的是特定任务或领域的数据集，这些数据集通常较小但高度相关，能够直接影响模型在特定任务上的表现。微调的数据使用主要具有以下特点。

1）高度相关性

目标：数据集必须与特定任务或领域高度相关，以确保模型能够学习到领域特定的知识和表达方式。

示例：在医疗领域，使用医疗病例报告数据集对模型进行微调。这个数据集可能包含医生的诊断记录、病历描述、治疗方案等，这些数据与医疗文本处理任务高度相关。

2）数据集规模

特点：微调的数据集规模相对较小。这是因为特定领域的数据通常较为稀缺，收集和标注这些数据也更昂贵和耗时。

示例：使用包含几千到几万条标注数据的情感分析数据集对 LLM 进行微调。

3）数据质量

要求：数据集质量会直接影响微调效果。高质量的数据集应包括准确且详尽的标签，数据应尽量避免噪声和错误标注。

示例：在金融领域，使用经过专家标注的财务报告数据集对模型进行微调，以提升其在财务数据分析中的表现。

4）训练方式导致的数据收集和处理方式不同

微调通常采用有监督训练方法。这意味着在微调过程中，模型使用的是带有标签的数据集,学习任务的目标是最小化预测结果与真实标签之间的误差。

继续预训练使用的是大规模、广泛覆盖的数据集,这些数据集可能包括多种类型和领域的文本,以提高模型的通用性能。继续预训练的数据使用主要具有以下特点。

1) 广泛覆盖

目标:数据集必须涵盖多个领域和主题,以确保模型能够学习到广泛的知识和技能。

示例:使用 OpenWebText 数据集进行继续预训练,该数据集包含来自各种来源的文本,如新闻文章、图书、论坛帖子等。

2) 数据集规模

特点:继续预训练的数据集规模通常非常大,通常包含数亿条数据。这是为了确保模型能够接触到足够多的知识,提升其通用性能。

示例:使用包含数百万网页内容的 Common Crawl 数据集对 GPT 模型进行继续预训练。

3) 数据质量

要求:虽然继续预训练需要大规模数据,但数据质量仍然重要。数据集应尽量清洁,包含高质量的文本,避免过多的噪声和重复内容。

示例:在筛选和清洗过程中,确保从维基百科、新闻网站等来源收集的文本是高质量的,并过滤掉了低质量的内容。

4) 训练方式导致的数据收集和处理方式不同

继续预训练主要采用无监督或自监督训练方法。这意味着在继续预训练过程中,模型使用的是未标注的数据,通过设计特定的训练任务(如语言建模任务)来学习数据的内在结构。

微调和继续预训练在数据使用上的主要区别在于数据集的规模和覆盖范围。微调使用的是特定任务或领域的高度相关数据集,规模较小但质量要求高,目标是提升模型在特定任务中的表现。继续预训练则使用大规模、广泛覆盖的数据集,目标是增强模型的通用性能和知识广度。理解这两者的差异,有助于选择适当的数据集和方法,以优化模型的训练和应用效果。

3. 应用场景不同

微调:微调适用于需要高度专业化和准确性的特定任务和应用场景,例如,客户服务聊天机器人、法律文档自动生成、医学诊断支持系统等需要特定领域知识和高准确率的应用。

继续预训练:继续预训练适用于需要提升模型整体性能和知识水平的广泛应用场景,例如,通用语言模型、跨领域的问答系统、大规模文本生成等需要广泛知识和通用能力的应用。

4. 计算资源需求不同

微调:由于微调专注于特定任务的数据集,所需的计算资源相对较少,所以训练时间也较短。微调通常在较小规模的计算环境中就能完成。

继续预训练:继续预训练通常需要处理大规模数据集,训练时间长,所需计算资源较多。继续预训练通常在大规模计算环境（如分布式 GPU 或 TPU 集群）中进行。

5. 模型适应性不同

微调：微调使模型在特定任务或领域中表现最佳，但可能会牺牲部分通用性。模型经过微调后，适应性强，但应用范围相对狭窄。

继续预训练：继续预训练可以增强模型的通用性能，使其在广泛应用场景中具有较好的表现。模型经过继续预训练后，保持了较高的适应性和灵活性，但在特定任务上的性能可能不如微调模型。

总体来看，大模型的微调和继续预训练各有其独特的目标和方法，适用于不同的应用场景。微调专注于提升模型在特定任务和领域中的表现，通过特定数据集进行小规模训练，达到专业化和准确性的目的，而继续预训练则侧重于增强模型的整体知识水平和通用性能，通过在大规模数据集上进行进一步训练，提高模型在广泛应用中的表现。理解两者的差异，有助于选择最适合的优化策略，从而在不同应用场景中发挥大模型的最大潜力。

4.2.4 开始一个面向大模型的微调

在了解了微调的概念、价值和挑战后，就可以着手对大模型进行微调。下面的 Bash 脚本是一个典型的微调示例，展示了如何使用特定的工具和参数来进一步提升智能体的性能。在这个脚本中，将使用 Qwen1.5-7B-Chat 模型作为 Base 模型，并通过调整各种超参数来优化其能力。

脚本中包含了许多关键的训练参数，例如学习率、批大小、训练轮数等，这些参数对于模型的最终性能至关重要。此外，脚本还启用了一些高级功能，如 LoRA 和混合精度训练（bfloat16），这些技术可以帮助用户更高效地进行微调。

在执行脚本之前，需要确保已经准备好了所需的数据集和训练环境（包括了软硬件平台），并且理解了每个参数的含义和作用。微调是一个复杂的过程，需要仔细调整和监控，以确保模型能够学习到所需的能力。现在开始执行脚本，以微调 Qwen1.5-7B-Chat 模型，并期待其在新的任务和环境中的表现。下面是一个微调的 Bash 脚本示例：

```
//modelscope-agent/demo/chapter_4/run_sft.sh
CUDA_VISIBLE_DEVICES=0,1 deepspeed --nproc_per_node 2 supervised_finetuning.py \
    #微调的Python程序
    --deepspeed deepspeed_zero_stage2_config.json \
    --model_type auto \
    --model_name_or_path Qwen/Qwen1.5-0.5B-Chat \
    --train_file_dir ./data/finetune \
    --validation_file_dir ./data/finetune \
    --per_device_train_batch_size 4 \
    --per_device_eval_batch_size 4 \
    --do_train \
    --do_eval \
    --template_name qwen \
    --use_peft True \
```

```
    --max_train_samples 1000 \
    --max_eval_samples 10 \
    --model_max_length 4096 \
    --num_train_epochs 1 \
    --learning_rate 2e-5 \
    --warmup_ratio 0.05 \
    --weight_decay 0.05 \
    --logging_strategy steps \
    --logging_steps 10 \
    --eval_steps 50 \
    --evaluation_strategy steps \
    --save_steps 500 \
    --save_strategy steps \
    --save_total_limit 13 \
    --gradient_accumulation_steps 1 \
    --preprocessing_num_workers 4 \
    --output_dir outputs-sft-qwen-v1 \
    --overwrite_output_dir \
    --ddp_timeout 30000 \
    --logging_first_step True \
    --target_modules all \
    --lora_rank 8 \
    --lora_alpha 16 \
    --lora_dropout 0.05 \
    --torch_dtype float16 \
    --fp16 \
    --device_map auto \
    --report_to TensorBoard \
    --ddp_find_unused_parameters False \
    --gradient_checkpointing True \
    --cache_dir ./cache
```

以上述脚本为起点,准备对应的训练平台(包括软硬件环境)、预训练大模型、微调数据预料及对应的训练框架(可以从 GitHub 上查找),这样便可以考虑开始一个大模型的微调工作了。当然,想要成功实现一个大模型的微调训练,还有很长的路要走,但不管怎么说,已经迈出了通往大模型继续预训练的第 1 步。

注意:上述 Bash 脚本中的命令行含义与继续预训练中的含义一致,可以直接参考继续预训练部分。

4.3 树立是非观:人类反馈强化学习

随着人工智能技术的迅猛发展,如何确保其行为符合人类的价值观和伦理规范成为一个重要的研究方向。在大模型的训练过程中,人类反馈强化学习[34](Reinforcement Learning from Human Feedback,RLHF)逐渐成为一种有效的方法,用于引导和优化人工智能系统的行为,使其能够更好地理解和遵循人类的道德和伦理标准。本文将围绕人类反馈强化学习在大模型中的应用展开讨论。

4.3.1 什么是人类反馈强化学习

在 RLHF 中,通过结合传统强化学习(Reinforcement Learning,RL)和人类监督来优化模型的表现。传统的强化学习依赖于模型与环境的互动,通过奖励和惩罚机制来调整策略。尽管这种方法在很多情况下是有效的,但单纯依赖环境反馈有时会导致模型学到一些不符合人类预期的行为,例如不安全或非伦理的决策。

RLHF 的创新点在于引入了人类反馈来辅助模型的学习过程。当模型与环境互动时,人类提供额外的指导和评分,帮助模型更准确地理解任务要求和期望行为。这种方法通过将人类的知识和直觉纳入学习过程中,避免了模型可能产生的潜在不良行为。上述的有人类额外提供的指导和评分等都属于人类的反馈,图 4-4 列出了部分人类反馈强化学习中的反馈类型。

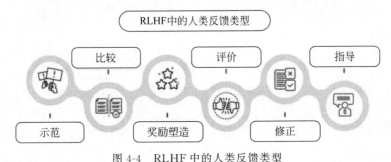

图 4-4 RLHF 中的人类反馈类型

注意:图 4-3 来源于 Simform 的 Blog,链接如下:https://www.simform.com/blog/reinforcement-learning-from-human-feedback/。

在 RLHF 中,几种不同类型的人类反馈的解释如下。

(1)示范反馈:这涉及向智能体提供专家动作的示范行为,例如,在自动驾驶场景中,真人驾驶员可以展示如何进行良好的驾驶操作。

(2)比较反馈:这种反馈类型为智能体提供关于其动作的相对质量信息,例如,人类可能会表示他们更喜欢动作 A 而不是动作 B,从而指导学习过程并提高智能体的表现。这种方式也是大模型的 RLHF 常用的一种方式。

(3)奖励塑造反馈:这种反馈通过修改奖励信号来引导智能体的学习过程,例如,在迷宫任务中,给能够带来期望结果的动作赋予更高的奖励,例如成功达到目标点。

(4)纠正反馈:在智能体犯错时,它会收到纠错的反馈,例如,在语言翻译任务中,人类可以纠正智能体的误译。

(5)评价反馈:这种反馈为智能体的表现提供质性的评价,例如,用户可以对虚拟助手的响应提出改进建议。

(6) 指导反馈：在这种反馈类型中，人类直接指导智能体应该采取的行动，例如，如果智能体正在学习玩电子游戏，则人类可能会说："尽量避开红色敌人，并收集绿色能量球来增加分数。"

在强化学习中，用于整合反馈的方法旨在利用人类的知识和指导来改进监督学习过程。几种常用的将人类反馈纳入 RLHF 的方法如图 4-5 所示。

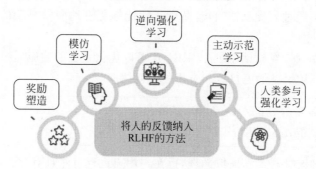

图 4-5　将人类反馈纳入 RLHF 的方法

(1) 奖励塑造：这是一种修改奖励函数来帮助智能体学习的方法，例如，谷歌的 Vertex AI 是一个人工智能服务平台，它包含一个名为 Imagen 的文本生成图像模型。为了向用户提供高质量的文本生成图像结果，谷歌在 Vertex 中添加了 RLHF 服务。这里，RLHF 通过奖励塑造来训练奖励模型，并优化生成的人工智能模型的输出。

(2) 模仿学习：智能体通过模仿人类专家的示范来学习。在模仿专家的动作时，智能体能够学到有效的策略，例如，Brett Adcock 和他的公司结合了强化学习和模仿学习来训练机器人，使其能更好地进行仓储工作，其目的是建立一支有价值的机器人队伍，并用模仿学习从这些机器人的数据中训练更大规模的机器人队伍。

(3) 逆向强化学习（Inverse Reinforcement Learning，IRL）：智能体从人类示范中推断出隐藏的奖励函数。通过理解示范背后的意图，智能体可以更智能地执行任务，例如，Igor Halperin、Jiayu Liu 和 Xiao Zhang 提出了一种结合人类和人工智能的方法，用于学习基金经理最佳的投资策略。通过分析他们的投资决策，IRL 可以理解投资者在资产配置中的隐藏效用函数。通过建模投资者的行为，IRL 可以提供有关他们的风险偏好、时间长度等因素的洞见，并为其提供最优的资产配置策略。

(4) 主动示范学习：在这种方法中，智能体与人类互动，主动请求示范以指导某些需要帮助的情况。它有助于更好地探索状态-动作空间，例如，主动示范学习可用于图像修复，通过人类示范来改善修复后的图像。主动示范学习使用标记和未标记的数据训练模型。人类专家可以通过修复一些图像来进行示范。主动示范学习框架从这些示范中学习，以帮助修复其他未标记的图像，并根据学到的示范进行改善。

(5) 人类参与的强化学习：智能体与人类实时互动，在学习过程中接收反馈并进行纠正。当有需要时，人类可以干预并指导智能体的动作，例如，Amazon 的 Augment AI 利用人类参与的强化学习来增强其性能和改善客户体验。这个过程始于用监督学习训练的初始模型,然后通过强化学习进行微调。在这种情况下,人类参与的强化学习结合了人类反馈和专业知识。它确保模型从现实世界的场景中学习,并适应不断变化的用户需求。

在实际应用中,人类反馈强化学习已经展现了显著的价值,示例如下。

(1) 机器人控制:RLHF 可以帮助机器人学习复杂的操作任务,例如手术辅助操作或工业装配,这些任务需要高度精确和细致的操作。

(2) 自动驾驶:通过人类反馈,自动驾驶车辆能够更好地应对复杂的交通状况,提高驾驶的安全性和舒适性。

(3) 自然语言处理:在对话系统中,RLHF 可以优化系统的响应质量,使其更符合人类的交流习惯和期望,从而提供更自然和有用的交互体验。

注意:图 4-5 来源于 Simform 的 Blog,链接如下:https://www.simform.com/blog/reinforcement-learning-from-human-feedback/。

对话系统,如聊天机器人和虚拟助理,旨在与用户进行自然且有意义的交流,然而,传统的强化学习方法在训练这些系统时,可能会生成不符合用户期望的响应。以下是面临的两个具体挑战。

(1) 语言的多样性和复杂性:对话系统需要理解并生成符合语法和语义的自然语言,这本身是一个复杂的任务。语言的复杂性和多变性让系统难以应对各种语境,而通过引入人类反馈,专家可以对系统生成的响应进行打分或调整,使其更贴近真实的人类对话风格,例如,如果系统生成的回复不符合上下文,则专家可以指出并提供适当的替代表达。

(2) 用户意图的准确识别:对话系统需要准确识别用户的真实意图,同时避免生成模糊或误导性的回复,这需要对用户输入进行深层次的理解和解析。在此过程中,用户或语言学专家可以在线指导系统,解释复杂语句的含义,并教导系统如何更准确地识别和回应用户意图。

面对上述挑战,RLHF 给出了如下应对措施。

(1) 实时反馈环节:在对话过程中,系统会记录每次交互的数据,同时用户或专家对生成的响应进行评分,例如,当系统给出一条回复时,用户可以给予反馈,指出回复的合理性、连贯性和实用性。

(2) 学习优质交互:通过收集大量用户互动数据,结合专家的反馈,系统能够学习到哪些响应模式更受用户欢迎,哪些容易引起误解或不满。

(3) 迭代优化:系统会在不断的交互中进行迭代优化,通过分析反馈,不断调整其语言生成策略,从而逐步提升对话质量。

通过人类反馈强化学习,在自然语言处理中的对话系统能够显著地提升其响应质量和用户体验。首先,系统能生成更加符合自然语言习惯的回复,使对话更加流畅和人性化。其次,借助实时的人类反馈,系统可以迅速调整策略,提供更符合用户期望的回答,从而提升用户满意度。此外,在人类专家的指导下,系统能够更精确地理解用户的真实意图,避免误解,提供更有用和更相关的回应。

类似的场景还包括客户服务和虚拟助理等。在客户服务中,机器人需要处理大量用户咨询,专家的反馈可以指导系统如何处理常见问题及应对情绪化或复杂的咨询,从而提升客户满意度,而在虚拟助理中,通过用户反馈,系统能够更准确地识别和响应用户需求,提供个性化建议,例如日程安排和信息查询等。

4.3.2 人类反馈强化学习在大模型中的应用

随着人工智能和深度学习技术的不断发展,大模型的应用范围也越来越广泛,然而,尽管这些大模型在数据驱动的任务中已经表现非常出色,但在生成内容和决策时,有时仍会生成不符合人类期望的结果。为了提升大模型的表现和可靠性,人类反馈强化学习正逐渐成为关键手段。

1. 人类反馈强化学习的作用

1)模型训练中的反馈机制

在大模型的训练过程中,加入人类反馈有助于模型生成更符合人类预期的内容,例如,在自然语言处理任务中,大模型(如对话系统和文本生成模型)通过让人类评估生成的文本并提供反馈,可以调整输出内容,使其更加连贯、合理并符合伦理标准。具体来讲,当模型生成一段对话时,用户可以对这段对话进行评价,如这段话听起来不自然或者这个回答不够完整,模型可以根据这些反馈进行优化。

2)伦理和价值观的嵌入

人类反馈强化学习不仅可以帮助模型优化其表现,还可以嵌入人类社会的伦理和价值观,确保模型行为的社会接受度,例如,在对话系统中,通过收集和分析用户的反馈,模型可以学习避免生成具有歧视性或冒犯性的内容。具体来讲,如果模型在某次对话中生成了不适当的评论,则用户的负面反馈可被用于调整模型的生成机制,从而减少类似问题的发生。这种机制不仅提高了系统的社会接受度,还能够防止潜在的法律和道德问题。

2. 人类反馈强化学习的一般工作流程

人类反馈强化学习在大模型中的应用,通过结合技术优化和人类智慧,使模型不仅在技术层面上更有效,而且在伦理和价值观的表现上也更加符合人类社会的预期。无论是在自然语言处理、图像生成、自动驾驶还是在医疗诊断等领域,RLHF 都显著地提升了模型的可靠性和安全性,确保其行为更贴近人类的期望。人类反馈强化学习的工作流程如图 4-6 所示。

RLHF 是一种结合人类专业知识与人工智能系统学习能力的算法。通过 RLHF,智能体可以通过接收人类专家的反馈更高效地学习复杂任务。以下是 RLHF 工作原理的逐步解析。

(1)初始化:定义希望智能体学习的任务,并相应地指定奖励函数。

(2)收集示范数据并进行预处理:从人类专家那里收集他们熟练执行任务的示范。这些示范将作为智能体学习的例子。对收集到的示范进行处理,转换成适合训练智能体的格式。

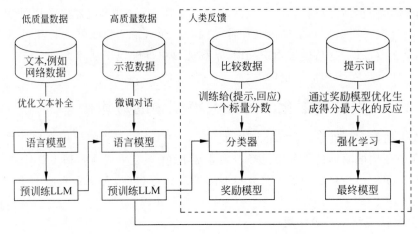

图 4-6 人类反馈强化学习的工作流程

(3) 初始策略训练：使用收集到的示范作为起点来训练智能体。智能体会根据这些数据模仿人类专家的行为。

(4) 策略迭代：部署初始策略，让智能体与环境互动。智能体的学习策略将决定其具体行为。

(5) 人类反馈：人类专家针对智能体的行为提供反馈。这些反馈可以是二元评价（好或不好）或更细微的信号。

(6) 奖励模型学习：使用人类反馈来学习一个奖励模型，该模型能够捕捉人类专家的偏好。这一奖励模型将帮助指导智能体的学习过程。

(7) 策略更新：智能体更新的策略使用了所学到的奖励模型。智能体从人类反馈和与环境的互动中不断学习，逐步提高其表现。

(8) 迭代过程：重复步骤(4)～(7)，使 AI 智能体根据新的示范和反馈不断地优化其策略。

(9) 收敛：RLHF 算法持续进行，直到智能体的表现达到满意水平或满足预设的停止条件。

RLHF 将人类专家的专业知识与 AI 的学习能力结合起来，从而高效地学习复杂任务。

注意：图 4-6 来源于 Simform 的 Blog，链接如下：https://www.simform.com/blog/reinforcement-learning-from-human-feedback/。

3. 以人类反馈强化学习微调 LLM

上面已经给出了人类反馈强化学习的一般流程，但当应用到 LLM 中时，还是会有一些不同。接下来，通过图 4-7 来直观地解释以人类反馈强化学习微调 LLM 的原理。

图 4-7 展示了通过人类反馈强化学习来微调 LLM 的过程，以下是图中各部分的解释。

(1) 文本数据：输入的文本数据用于训练模型。

(2) 冻结的语言模型：一个冻结的语言模型，它的参数在整个过程中保持不变。它用于生成初始的概率分布(probs)。

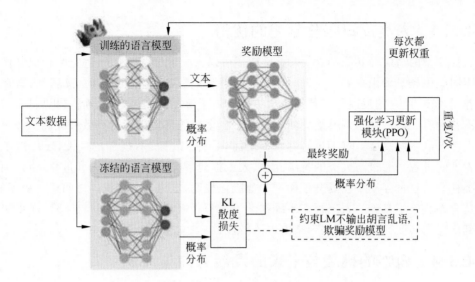

图 4-7 RLHF 微调 LLM

（3）训练的语言模型：这个模型在每步中会更新权重以改进其性能。

（4）奖励模型（或偏好模型）：用于评估生成文本的质量。它接受文本输入并输出评估结果。

（5）强化学习更新模块：这里使用的是近端策略优化（PPO）算法。它通过奖励模型的反馈来更新语言模型的参数。

（6）KL 散度损失：用于约束训练过程，确保训练后的模型输出不会偏离初始模型太多。图中显示，KL 散度损失的目的是避免模型输出无意义的文本来欺骗奖励模型。

（7）最终的奖励分数：用于指导模型更新。

整体流程表达如下：

（1）从文本数据中生成初始文本。

（2）冻结的语言模型生成初始概率分布。

（3）训练的语言模型基于这些概率分布生成文本。

（4）奖励模型评估生成的文本并给予反馈。

（5）强化学习模块（PPO）基于这个反馈更新语言模型。

（6）KL 散度损失用于约束模型的输出。

（7）这个过程重复 N 次，每步都更新训练的语言模型。

通过这种方式，模型能够不断地改进其生成文本的质量，并更好地符合人类偏好。

注意：图 4-7 来源于 Simform 的 Blog，本文进行了适当调整，链接如下：https://www.simform.com/blog/reinforcement-learning-from-human-feedback/。

4.3.3 人类反馈强化学习的优势

增强模型的适应性和稳健性：人类反馈还可以大大地增强模型的适应性和稳健性。通过在不同应用场景和用户需求下进行调整，模型能够更灵活地适应各种情况，例如，在个性化推荐系统中，用户的反馈可以帮助模型更深入地了解用户的偏好，从而提供更符合用户需求的推荐内容。这种动态调整能力使模型能够在多变的环境中保持高效和准确。

促进人机协同发展：RLHF 的引入不仅优化了人工智能智能体的性能，还促进了人机协同发展的进程。通过与人类的持续互动，人工智能系统可以不断学习和进化，更好地服务于人类社会。这种互动不仅提升了模型的智能化程度，也为人类和机器之间建立更紧密、更高效的合作奠定了基础。人工智能系统在学习过程中吸收人类的知识和经验，逐步实现从工具到伙伴的转变，为社会发展带来更多可能性。

4.3.4 面临的挑战与未来的发展方向

尽管人类反馈强化学习在大模型中的应用前景广阔，但在实践中仍然面临一些重要挑战。

(1) 高质量反馈的获取：获取高质量的人类反馈需要大量的时间和资源。如果要训练和微调大模型，则需要海量的数据和反馈，这往往意味着需要投入大量的人力和物力资源来收集和处理这些反馈。

(2) 反馈差异的整合：不同个体的反馈可能存在显著差异，如何整合和处理这些差异是一个重要的研究问题。每个人的反馈可能基于其个人经验、知识水平和偏好，而这些差异可能会导致模型在整合反馈时遇到困难。如何开发出有效的算法来处理和权衡这些多样化的反馈，是当前研究的一个关键方向。

(3) 复杂任务中的反馈不足：在某些复杂任务中，人类反馈可能不足以提供充分的指导，例如，在高度专业化的领域，如医学诊断或科学研究，普通人的反馈可能无法提供足够的专业知识支持，因此，需要结合其他方法，如专家系统或数据驱动的方法，以此来补充和优化模型的学习过程。

随着人工智能技术的不断进步，人类反馈强化学习将在更多领域中得到应用，并逐步克服当前的挑战。

(1) 优化反馈机制：未来的研究将致力于优化反馈机制，提高反馈的效率和质量。通过开发新的算法和工具，可以更快地收集和处理人类反馈，减少时间和资源的消耗，例如，自动化反馈收集系统和智能反馈分析工具可以帮助提高反馈的质量和一致性。

(2) 增强模型的学习能力和适应性：通过不断优化模型的学习算法和结构，增强其从反馈中学习的能力和适应性。未来的模型将能够更好地理解和处理复杂、多样的反馈，从而提高其整体性能和可靠性。

4.3.5 开启一轮人类反馈强化学习的过程

在图4-7利用RLHF微调LLM的过程中,用到了一种名为近端策略优化(Proximal Policy Optimization,PPO)的算法。PPO算法是深度强化学习中的一种策略优化算法,由OpenAI于2017年提出。基于该算法,目前已经有人提出了更加简单的大模型人类反馈强化学习策略,其核心是构建一个用于训练的数据集。

直接偏好优化(Direct Preference Optimization,DPO)是一种利用人类偏好直接优化模型的方法。与传统的奖励建模和强化学习方法不同,DPO不依赖于显式的奖励模型,而是直接利用人类的偏好数据来指导模型的优化。下面给出了一组DPO训练数据集中的部分示例:

【示例4-8】 DPO训练数据集数据

……

{"system":"你是一个非常聪明的人工智能助手,非常擅长按照指示行事。尽你所能地帮助。","history":[],"question":"期末考试 问题1. 罗伯特·P.凯利曾任CEO的公司是在哪一年成立的?","response_chosen":"为了帮助您解答这个问题,我需要知道罗伯特·P.凯利曾担任过的公司的名称。请提供公司名称。","response_rejected":"当然!罗伯特·P.凯利曾担任首席执行官的公司Uber成立于2009年3月28日。"}

{"system":"你是一个人工智能助理。提供详细的答案,使用户不需要在外部搜索就能理解答案。","history":[],"question":"标题:一小时内完成全身调理评论:我已经跟随Firm的锻炼系列3年了,这绝对是我使用过的最有效的视频之一。结合宫廷舞蹈有氧运动和轻度调理,你肯定会在第2天感受到这个锻炼的效果。它还包括一个腹部训练课程,只需几周时间,你的腹部就会感觉更结实更紧致。这绝对是Firm提供的最好的全身锻炼之一,最好与乌龟式锻炼一起使用。这个产品评论是否为负面?\n选择:[I]是[II]否\n回答:","response_chosen":"回答:不。","response_rejected":"不,产品评论并不是负面的。事实上,评论者表示这个训练视频是"[他们]使用过的最有效的视频之一",并且提供了"紧致有力"的腹部训练。他们还提到最好与另一个训练一起使用,表明评论者认为这个训练对他们的健身目标是有效和有益的。评论突出了训练的积极方面,并没有提到任何负面经历或缺点,因此答案是[II]不。"}

{"system":"","history":[],"question":"The Horns在音乐制作和专辑编排方面有什么理念,他们如何确保作品的连贯性?","response_chosen":"霍恩一家在音乐制作和专辑编排方面的理念是创作出有机、自然的音乐,让人感觉真实。他们相信尝试不同的声音和质地,并且让每首歌曲自然演变,而不是强迫其符合特定的公式。\n\n霍恩一家经常制作展示多样化歌曲结构和音乐元素的演示版本,然后选择最强大的想法来发展成最终的歌曲。他们还喜欢将即兴和实验作为创作过程的一部分,并且相信这可以带来更有趣和独特的结果。\n\n在确保他们的作品连贯性方面,霍恩一家专注于在整张专辑中创造出一种统一感。他们确保每首歌曲都能无缝地流入下一首,整张专辑的整体氛围和氛围保持一致。他们还密切关注诸如歌词、音乐主题和器乐编排等细节,以确保每首歌曲都感觉像是属于整张专辑的整体背景之中。","response_rejected":"The Horns 是由 Michael Angelakos 和 Patrick Morris 组成的 DJ 和制作二人组。他们有一个创作音乐的理念,即音乐要富有活力、适合跳舞,并且具有情感共鸣。他们努力通过精心安排曲目的顺序来在专辑中创造一种统一感。为了确保统一性,The Horns 首先选择要包含在专辑中的歌曲,然后将它们排列在一起,以建立动力并创造特定的情感弧线。他们关注每首歌曲的速度、旋律和情绪,并确保它们能够无缝地过渡到下一首。他们还利用曲目之间的停顿和过渡来创造期待和反思的时刻。此外,The Horns 经常使用 beatmatching 和混音技术来在曲目之间创造一种统一感,确保歌曲之间的节奏和节拍相互匹配。这为听众创造了一种统一感,并为他们提供了一种连贯的听觉体验。"}

……

在上述示例中,相比于普通的微调方法,最显著的区别在于增加了一个 response_rejected 项,即针对一个问题,在给出了一个正确答案的同时,也给出了一个错误答案,并且告诉大模型接受正确答案,拒绝错误答案,从而隐式地构建了一种奖励机制。基于上述代码,通过如下 Bash 脚本,便可以开启一轮基于人类反馈的大模型强化学习。基于人类反馈强化学习的 Bash 训练脚本示例如下:

```
//modelscope-agent/demo/chapter_4/run_dpo.sh
CUDA_VISIBLE_DEVICES=0,1
    python dpo_training.py \            #运行名为 dpo_training.py 的 Python 脚本,后面
                                        # 跟的是该脚本的命令行参数
    --model_type auto \
    --model_name_or_path Qwen/Qwen1.5-7B-Chat \
    --template_name qwen \
    --train_file_dir ./data/reward \#制定奖励训练数据集的路径
    --validation_file_dir ./data/reward \
    --per_device_train_batch_size 4 \
    --per_device_eval_batch_size 1 \
    --do_train \
    --do_eval \
    --use_peft True \
    --max_train_samples 1000 \
    --max_eval_samples 10 \
    --max_steps 100 \
    --eval_steps 20 \
    --save_steps 50 \
    --max_source_length 1024 \
    #输入序列的最大长度为 1024,当大于该数值时,文本会被截断
    --max_target_length 512 \           #输出序列的最大长度为 512
    --output_dir outputs-dpo-qwen-v1 \
    --target_modules all \
```

```
    --lora_rank 8 \
    --lora_alpha 16 \
    --lora_dropout 0.05 \
    --torch_dtype float16 \
    --fp16 True \
    --device_map auto \
    --report_to TensorBoard \
    --remove_unused_columns False \
    --gradient_checkpointing True \
    --cache_dir ./cache
```

4.4 增强应用实践能力：提示工程

提示工程（Prompt Engineering）是指设计和优化输入提示以引导大模型生成所需输出的技术。提示工程在增强应用实践能力方面至关重要，因为它能直接影响大模型（如 GPT-4、Qwen 等）的性能和输出质量。通过精心设计的提示，用户可以更好地利用大模型完成各种任务，如文本生成、对话系统、数据分析等。

更通俗地讲，提示工程是精心设计提示（指令）的过程，通过精确的词汇来改进大模型生成的输出内容，使其具有可重复性。在大模型时代，专业的提示工程师每天都在研究大模型的工作原理，并试图将大模型的行为与人类的意图对齐，但是，提示工程又不限于那些专门从事这一工作的人。如果你曾经使用过文心一言、通义千问、智谱清言等大模型应用，并通过修改输入指令以优化它的回应，则你已经在做一些提示工程了。接下来，首先系统性地阐述一下提示工程中涉及的关键要素。

4.4.1 提示工程的关键要素

在实际使用过程中，提示工程需要关注几个关键要素：明确目标、上下文设置、提示结构和迭代优化，以下是对每个要素的详细展开。

1. 明确目标

明确目标是提示工程的首要步骤，因为清晰的目标能够直接影响提示的设计和模型输出的质量。

（1）定义任务类型：识别需要完成的具体任务类型，例如文本生成、问答系统、代码编写等。不同任务类型需要不同的提示设计。

（2）设定预期输出：确定期望的输出形式和内容，例如，输出应该是简洁的摘要、详细的回答还是功能完备的代码片段。具体的预期输出有助于设计出更具针对性的提示。

（3）具体化目标：将模糊的目标具体化，避免笼统的指示，例如，避免使用"给出建议"这样的模糊指示，而是具体到针对用户反馈，提供 3 条改进建议。

目标越具体，提示设计越容易引导模型生成符合预期的输出。接下来，以一个完整的示例来展示上述 3 点。

【示例4-9】 文本摘要

#示例：文本摘要生成任务

背景：

假设我们有一篇关于气候变化对全球农业影响的长篇文章，目标是生成一个简短但信息丰富的摘要，供忙碌的研究人员快速理解文章的核心内容。

原文片段（假设原文如下）：

气候变化已经对全球农业产生了广泛而深远的影响。升高的温度、变异的降水模式及极端天气事件的增加，正在改变作物的生长季节、产量和分布。同时，农业自身也是温室气体排放的重要来源之一。为了应对这些挑战，研究人员和政策制定者正在探索多种策略，例如开发抗旱作物、改进灌溉技术和推广可持续农业实践。这些措施的有效性将直接影响全球粮食安全和农民的生计。

提示设计：

1. **定义任务类型**：

- 任务类型：文本摘要生成
- 目标：从长篇文章中抽取关键信息，生成简短摘要

2. **设定预期输出**：

- 输出形式：一段简短的文本
- 输出内容：包括文章的主题、主要影响及关键措施

3. **具体化目标**：

- 避免模糊指示的提示：避免像"生成摘要"这样简单的指导
- 包含具体指示的提示：

可阅读以下关于气候变化对全球农业影响的文章，并生成一个简洁的摘要。摘要应包括以下内容：气候变化对农业的主要影响（如温度升高、降水模式变化、极端天气事件），农业作为温室气体来源的角色，以及应对这些挑战的关键策略（如开发抗旱作物、改进灌溉技术、推广可持续农业实践）。摘要字数不超过50字。

输出示例：

- 摘要：

气候变化正在影响农业，通过升温、降水模式变化和极端天气改变作物生长。农业也是温室气体排放源。应对措施包括抗旱作物、改进灌溉和可持续农业实践。

通过这样的方式，任务目标变得具体而明确，可以有效地指导模型生成符合预期的摘要。这不仅提高了模型输出的质量，也增加了提示工程设计的可控性和可解释性。

2. 上下文设置

提供充分的上下文信息是确保模型理解任务并生成相关内容的关键步骤。上下文信息包括背景信息、任务描述和示例或模板，以下是详细的说明。

（1）提供背景信息：提供足够的背景信息，使模型能够更好地理解任务的背景和要求，例如，在生成一份技术报告时，用户可以提供与技术相关的详细背景信息，让模型更好地捕捉报告的重点和要求，示例如下。

【示例 4-10】 背景信息

-提供上下文设置的提示示例：

请基于以下技术要求，生成一份简洁的技术报告。

1. 项目名称：自动化数据处理系统。
2. 技术背景：系统基于 Python 和 SQL，旨在实现数据的自动采集、清洗和存储。
3. 主要功能：数据采集模块、数据清洗模块、数据存储模块。
4. 性能指标：数据处理速度、存储效率、系统稳定性。
5. 技术挑战：数据量大、清洗复杂、存储优化需求高。

（2）提供任务描述：清晰的任务描述让模型能够了解任务的具体要求和限制条件，避免生成不符合需求的内容。例如，在编写代码时，明确说明需要实现的功能及必须遵循的代码规范。示例如下。

【示例 4-11】 任务描述

- 提供任务描述的提示示例：

请编写一个 Python 函数，输入一个整数列表（例如[1, 2, 3, 4, 5]），返回列表中所有偶数的和。函数应当符合以下要求：

1. 代码必须在 Python 3.6 及以上版本运行。
2. 应提供详细的注释，解释主要步骤。
3. 输入数据类型需进行检查，确保函数接收的输入为整数列表。

（3）示例和模板：提供示例或模板，有助于模型理解预期输出的格式和内容，从而减少输出的偏差，例如，在生成文章摘要时，提供类似的已完成示例让模型参考，可以提高摘要的质量和一致性，示例如下。

【示例 4-12】 示例和模板

-示例和模板提示：

请生成以下文章的摘要，以下是所需的摘要格式。

文章内容：

气候变化正在影响全球农业，通过升温、降水模式变化和极端天气改变作物的生长季节和产量。农业也是温室气体排放的重要来源。……

摘要示例：

气候变化对农业产生了深远影响，包括升温、降水模式变化和极端天气。农业是重要的温室气体来源,应对措施包括开发抗旱作物和改进灌溉技术。

任务：
请生成类似的简洁摘要。

通过提供适当的上下文设置,模型能够更好地理解任务的背景、要求,并且在生成内容时更加贴近预期。这不仅提升了模型生成的准确性和相关性,还增强了提示设计的有效性和可控性。

3. 提示词结构

通过设计清晰且结构化的提示,可以避免模糊不清或多义的表述,从而提高模型的表现,以下是几个关键方面。

(1) 明确指示:使用明确的指示词和短语,引导模型生成期望的输出。避免含糊不清或容易引起误解的指示,使任务需求直观明了,例如,在进行图像内容解析的应用中,提示词的设置应满足以下要求。

【示例4-13】 明确指示

任务：生成一段描述图像内容的文本

不明确的指示：描述一下这张图像。

明确的指示：生成一段描述这张图像中主要人物、场景和活动的文本。

(2) 分段提示:对于复杂任务,通过分阶段的提示,使模型逐步完成任务。这样可以有效地降低任务的复杂性,提高结果的精确度,例如,在写一篇包含较多内容的文章时,可以参考如下提示词进行设计。

【示例4-14】 分段提示

任务：写一篇关于气候变化影响的文章

分段提示：

1. 首先生成文章的大纲。

-提示：请生成一篇关于气候变化影响的文章大纲,结构包括引言、主要影响、应对措施和结论。

2. 根据大纲逐步扩展每部分内容。

-提示：根据生成的大纲,扩展引言部分,详细介绍气候变化的定义和背景。

-提示：根据生成的大纲,描述气候变化对农业、海洋和人类健康的主要影响。

-提示：根据生成的大纲,提出应对气候变化的具体措施和策略。

-提示：根据生成的大纲,写一个总结,概览文章的主要观点和结论。

(3) 避免多义性：避免使用容易引起误解的词语和表述,确保任务要求清晰明确,这样模型可以准确地理解并执行任务,例如,在让大模型写一篇产品特点的文章时,在避免多义性方面,应该考虑如下方案。

【示例 4-15】 避免多义性

任务：写一篇产品特点的文章

不明确的指示：描述一下产品。

避免多义性的指示：详细描述这个产品的功能特点，包括应用场景、主要优势和用户反馈。

最后，本节给出一个综合示例来展示所述的提示结构设计的实际应用。

【示例 4-16】 提示结构设计的实际应用

任务：撰写一份项目进展报告

假设需要模型帮助我们生成一份项目进展报告，为了设计出清晰且结构化的提示，可以如下分段提示：

♯任务描述

撰写一份关于"智能家居系统开发项目"的进展报告，内容包括项目背景、当前进展、遇到的问题和解决方案、下一步计划及总结。

♯分段提示设计

1. **背景部分**

-提示：请生成关于"智能家居系统开发项目"的背景描述，内容包括项目的目标、技术框架和预期成果。

2. **当前进展**

-提示：请描述当前的项目进展情况，具体包括已完成的里程碑和实现的主要功能。

-示例：项目当前已完成以下里程碑。

（1）系统架构设计已完善。

（2）主要硬件模块已选定并测试。

（3）基础软件功能已开发并初步测试。

3. **遇到的问题和解决方案**

-提示：请详细描述项目中遇到的主要问题及相应的解决方案。

-示例：遇到的问题：

（1）硬件模块兼容性问题。

（2）数据传输延迟较高。

解决方案：

（1）与供应商合作解决兼容性问题，并进行多轮测试。

（2）优化数据传输协议和算法，显著降低延迟。

4. **下一步计划**

-提示：请描述项目的下一步计划，具体包括近期的目标和预计完成时间。

-示例：下一步计划。

(1) 完成系统集成与实地测试（预计 2 个月内）。

(2) 收集用户反馈并进行系统优化（预计 1 个月内）。

5. **总结部分**

-提示：请写一个总结段落，概述项目的重要进展和未来期望。

-示例：本项目在过去几个月内取得了显著进展，尤其在系统设计和功能开发方面。尽管我们遇到了若干技术挑战，但通过团队努力和有效解决方案，我们克服了这些困难。未来，我们将继续推进系统集成与优化工作，期待早日实现项目目标。

通过明确指示、分段提示和避免多义性的结构化提示设计，可以极大地提升模型生成内容的准确性和质量。

4. 迭代优化

迭代优化是提示工程中的关键环节，通过反复的实验和调整，不断提高提示词的设计质量和模型的输出效果。以下是迭代优化的详细步骤和示例。

(1) 初步实验：进行初步的实验来评估初始提示设计的效果，记录模型输出与预期输出的吻合度。初步实验有助于了解提示设计中的问题及改进空间。

【示例 4-17】 迭代优化过程中的初步实验

示例：

-初始提示：请生成一段关于最新人工智能技术发展的综述，包含技术背景、最新进展和未来趋势。

-结果评估：

(1) 生成多次输出，分析内容是否包含所需的技术背景、最新进展和未来趋势。

(2) 记录输出中缺少的关键部分或相关性的不足。

(2) 收集反馈：通过收集用户或专家的反馈，了解提示设计中的不足和潜在的改进方向。反馈可以是对生成内容的准确性、相关性、清晰度等方面的评价。

【示例 4-18】 迭代优化过程中的收集反馈

示例：

用户反馈：

(1) 内容涵盖了技术背景和最新进展，但对未来趋势的描述不够详细。

(2) 某些技术术语解释得不够清楚。

(3) 调整和优化：根据初步实验结果和用户反馈，对提示进行调整和优化。修改提示中不清晰或模糊的部分，增加或减少上下文信息，使提示更加明确。

【示例 4-19】 迭代优化过程中的调整和优化

示例：

-修改后提示：请生成一段关于最新人工智能技术发展的综述。具体要求如下：

(1) 描述技术背景,包括主要发展历程和目前的热门领域。

(2) 详细介绍最新的技术进展,包含具体的应用案例。

(3) 展望未来趋势,讨论可能的技术突破和应用前景。

(4) 需要确保解释相关技术术语,使非专业读者也能理解。

---

(4) 持续迭代：通过持续的实验和优化,逐步提高提示的有效性和模型输出的质量。每次调整后,进行新的实验,并比较输出质量是否有明显提升。

【示例4-20】 迭代优化过程中的持续迭代

示例：

用户反馈(第2轮)：

(1) 内容更加丰富和详细,未来趋势部分有显著改善。

(2) 术语解释清晰,但技术背景部分仍略显冗长。

进一步优化：请生成一段关于最新人工智能技术发展的综述。具体要求如下：

(1) 简明扼要地描述技术背景,突出主要发展历程和当前热门领域。

(2) 详细介绍最新的技术进展,举例具体的应用案例。

(3) 展望未来趋势,讨论可能的技术突破和应用前景。

(4) 需要确保解释相关技术术语,使非专业读者也能理解。

通过这样一步步的实验和优化,最终可以设计出高质量、高效的提示,显著地提高模型生成内容的准确性和相关性。持续的迭代不仅提升了提示设计的有效性,还增强了对模型行为的理解和控制。

4.4.2 提示工程的具体应用

提示工程在多种实际应用场景中表现出重要价值。通过精心设计和迭代优化的提示,模型能够更好地理解任务并生成高质量的输出。下面将探讨提示工程在不同应用领域中的具体实现和优化策略,涵盖文本生成、对话系统和数据分析等方面,并阐述提示工程的实践步骤。

注意：本节中举例的场景只是提示工程所涉及的一小部分。实际上,在大模型时代,绝大多数的场景涉及提示工程。第5章将介绍如何以提示工程的方式来构建智能体。

1. 文本生成

文本生成是在提示工程领域的重要应用之一。通过巧妙构思提示词,能有效地引导模型输出高质量文本。接下来,将展示如何设计提示词来完成故事续写这一挑战性的文本生成任务。

【示例4-21】 文本生成

♯故事续写

任务与背景：

故事续写任务要求模型根据提供的故事开头，继续编写后续情节。这一任务在创意写作、教育和娱乐等领域具有广泛的应用。

1. 提示设计：以下是故事的开头，请继续这个故事。
2. 开头：小镇上住着一个叫莉莉的小女孩。一天，她发现了一条神秘的小路。
3. 续写结果：小镇上住着一个叫莉莉的小女孩。一天，她发现了一条神秘的小路。她沿着小路走到尽头，发现了一片美丽的花园。花园中，蝴蝶飞舞，鲜花绽放。一位老者微笑着迎接她，说："欢迎你来到魔法花园。"

2．对话系统

对话系统是提示工程的另一个重要应用场景，通过设计提示词，可以引导模型生成专业、准确的对话内容。以下是客户服务对话和医疗咨询对话的详细示例。

【示例4-22】 客服对话系统

♯客户服务对话

1. 任务与背景：客户服务对话要求模型模拟客服代表，回答客户关于产品退货的问题。这一任务在电子商务和客户支持领域具有广泛应用。
2. 优化前的提示：你是一名客服代表，请回答客户关于产品退货的问题。
3. 优化前的模型输出。

客户：我想退还我昨天购买的产品，但不知道该怎么操作。

模型：可以去网站上看一看相关的退货政策。

4. 优化后的提示。

你是一名客服代表，请回答客户关于产品退货的问题。以下是客户常见问题及其标准回答示例。

客户：我想退还我昨天购买的产品，但不知道该怎么操作。

回复：您好，感谢您的提问。退货操作如下：

(1) 请登录您的账户并访问订单历史。

(2) 找到您希望退货的订单并单击"申请退货"按钮。

(3) 按照页面指示填写退货原因并提交申请。

(4) 您会收到一个退货确认电子邮件，需要根据邮件指示将产品寄回。

如果您有任何其他问题，则请随时联系我们。

5. 优化后的模型输出。

客户：我想退还我昨天购买的产品，但不知道该怎么操作。

模型：您好，感谢您的提问。退货操作如下：
（1）请登录您的账户并访问订单历史。
（2）找到您希望退货的订单并单击"申请退货"按钮。
（3）按照页面指示填写退货原因并提交申请。
（4）您会收到一个退货确认电子邮件，需要根据邮件指示将产品寄回。
如果您有任何其他问题，则请随时联系我们。

对比分析表明，经过优化的提示大幅提升了模型输出的质量，使其内容更详尽和更专业。下面，通过一个医疗咨询对话的具体示例，进一步展示这一改进效果。

【示例4-23】 医疗咨询对话系统

\# 医疗咨询对话

1. 任务与背景：医疗咨询对话要求模型模拟医生，回答患者关于感冒症状的问题。这一任务在医疗咨询和健康辅导领域具有广泛应用。
2. 优化前的提示：你是一名医生，请回答患者关于感冒症状的问题。
3. 优化前的模型输出。

患者：医生，我最近感冒了，出现了喉咙痛和流鼻涕的症状，请问我该怎么办？
模型：多喝水，多休息。

4. 优化后的提示：

你是一名医生，请回答患者关于感冒症状的问题。以下是常见感冒症状的处理方法示例。

患者：医生，我最近感冒了，出现了喉咙痛和流鼻涕的症状，请问我该怎么办？
回复：您好，根据您的描述，您可能患上了普通感冒。以下是一些缓解感冒症状的建议：
（1）多喝温水，保持身体水分。
（2）喉咙痛可以通过喝蜂蜜柠檬茶或含服喉片来缓解。
（3）使用盐水喷雾或生理盐水鼻洗剂来缓解流鼻涕症状。
（4）休息充足，避免劳累。
如果症状在一周内没有改善或出现高烧、呼吸困难等严重症状，则请及时就医。

5. 优化后的模型输出。

患者：医生，我最近感冒了，出现了喉咙痛和流鼻涕的症状，请问我该怎么办？
模型：您好，根据您的描述，您可能患上了普通感冒。以下是一些缓解感冒症状的建议：
（1）多喝温水，保持身体水分。
（2）喉咙痛可以通过喝蜂蜜柠檬茶或含服喉片来缓解。
（3）使用盐水喷雾或生理盐水鼻洗剂来缓解流鼻涕症状。

（4）休息充足，避免劳累。

如果症状在一周内没有改善或出现高烧、呼吸困难等严重症状，则请及时就医。

对比分析揭示了优化后的提示能够引导模型生成更详尽和更专业的医疗建议，从而提升了回答的精确度和实用性。这些优化示例充分证明了，通过精细调整提示设计，可以显著地提高模型输出的质量，确保对话内容更加贴合用户的期望和实际需求。

注意：上述优化后的提示词与您看到的模型输出完全相同，这是为了让您更好地理解提示词模板的示例。在实际应用中，通过提供示例，模型可以学习到用户期望的输出样式和风格，而具体内容则会根据场景的不同而不同。

3．数据分析

数据分析是提示工程的另一个重要应用领域，通过精心设计的提示，可以引导模型进行数据解释和趋势预测。以下是关于数据解释和趋势预测的详细示例，包括优化前和优化后的提示设计。

【示例 4-24】 数据分析

\# 数据解释

1．任务与背景：数据解释任务要求模型分析和解释提供的数据集的主要特征。这一任务在商业分析、研究和报告生成等领域具有广泛应用。

2．优化前的提示：

请解释以下数据集的主要特征。

3．优化前的模型输出：

数据集中有一些列和行，包含各种数值。

4．优化后的提示：

请解释以下数据集的主要特征，包括平均值、最大值、最小值和标准差。以下是数据集的统计摘要和一张可视化图表。

数据集示例：

年龄 收入

25 50 000

45 65 000

30 60 000

（此处附上数据的统计摘要和图表）

```

5．优化后的模型输出。

数据集中包含以下主要特征。

-平均年龄：33 岁
```

-平均收入:58 333 元

-最大年龄:45 岁

-最小年龄:25 岁

-收入标准差:7512 元

通过提供的图表,可以观察到收入与年龄之间的相关性。

通过对比发现,优化后的提示词能让模型生成更详细且更有意义的描述,提高了解释的准确性和信息量。下面,通过一个趋势预测示例,进一步展示这一改进的效果。

【示例 4-25】 趋势预测

#趋势预测

1. 任务与背景:趋势预测任务要求模型根据提供的历史数据预测未来的趋势。这一任务在市场分析、财务预测和供应链管理等领域具有广泛应用。

2. 优化前的提示。

根据以下历史数据,预测未来的趋势。

3. 优化前的模型输出:

未来的数据可能会上升或者下降,具体情况不明。

4. 优化后的提示:

根据以下历史数据,预测未来的趋势。需要注意数据的历史变化趋势和相关背景信息:

历史数据示例(某公司过去 12 个月的销售数据)。

1 月:1000

2 月:1500

3 月:1300

……

12 月:1800

(此处附上数据的趋势图和相关背景信息)

5. 优化后的模型输出。

根据提供的历史数据,未来销售趋势预测如下。

-整体趋势:过去 12 个月的销售数据呈现上升趋势。

-预计下个月的销售量:预测为 1900,继续保持增长。

-影响因素:假日销售高峰、市场需求增加等。

通过趋势图可观察到,销售在每年的第 4 季度达到峰值。

通过优化后的提示设计,数据分析模型能够生成更详细、更准确且更有意义的输出,例如,在数据解释任务中,模型不仅能指出数据集中的基本统计特征,如平均值、最大值、最小值和标准差,还能通过提供的图表分析数据之间的相关性。这种详细的解析对企业决策、研究报告及数据驱动的战略制定都有极大的帮助,而在趋势预测任务中,优化后的提示设计使模型可以根据历史数据生成具体而富有洞察力的预测。例如，模型不仅能识别出整体的增长趋势，还能提供具体的数据预测值，并指出影响这一趋势的关键因素，如季节性变化、市场需求波动等。这对于市场分析、财务规划及供应链管理等领域来讲具有重要的参考价值和实用性。

优化后的提示设计带来了以下几个显著优势。

(1) 增强模型的理解能力：通过提供额外的背景信息、示例和可视化图表，模型更能理解数据的内在含义和结构，从而生成更精确的解释和预测。

(2) 提高输出的可信度：详细且有理有据的输出让用户更信赖模型的分析结果。可视化图表的辅助手段让数据结果更直观，便于用户理解和决策。

(3) 提升用户体验：模型生成的输出越接近用户的期望，用户体验就越好。提供详细、有意义的结果可以显著地减少用户在数据解读和决策过程中的困惑和不确定性。

(4) 推动决策的有效性：在商业分析中，精确的数据解释和趋势预测会直接影响战略决策的制定。通过模型的高质量输出，能够为决策者提供可靠的依据，提升决策的科学性和效果。

(5) 广泛的应用前景：提示工程在数据分析中的成功应用，展示了这一技术在其他领域的巨大潜力。无论是市场研究、风险管理，还是科学研究，通过优化提示设计都可以大大地提高模型的实际价值和应用效果。

总之，优化提示设计不仅提升了数据解释和趋势预测的质量，还展示了提示工程在数据分析领域的深远影响和重要应用价值。这种方法学的进步不仅对当前的分析任务有帮助，还为未来更复杂的数据处理和智能系统设计奠定了坚实的基础。

4.5 本章小结

本章深入地探讨了智能体优化策略和路径，主要包括继续预训练、微调、人类反馈强化学习及提示工程四个方面。继续预训练旨在通过新数据集的进一步训练，提升智能体的知识广度和深度，使其能更快适应新任务；微调则针对特定领域，通过精细调整提升智能体的专业性和表达准确性；人类反馈强化学习通过引入人类监督，确保智能体行为符合道德伦理标准；提示工程则通过设计优化输入提示，引导智能体高效地完成任务。这些策略和路径共同构成了智能体优化的大蓝图，为智能体在服务人类社会的过程中不断精进提供了方向和方法。

实践篇

第 5 章 内容创作与编辑领域的应用

本章将深入剖析并展示如何运用提示工程技术来构建专业的单一智能体。这些智能体与传统通用型开源大模型应用平台相比,其独特之处在于通过设计提示词,它们能够以更精练、更高效和更便捷的方式完成特定场景下的任务。另外,由于这些智能体是在代码层面进行开发的,所以它们具备良好的兼容性,能够轻松地集成到多样化的开发环境中,并且可以灵活地嵌入不同的应用场景中,从而在使用和部署上展现出极大的灵活性。

5.1 智能写作助手

智能写作助手是大模型时代内容创作与编辑领域的一股不可忽视的力量。它们如同创作者身边一位思维活跃的伙伴,不仅能显著地提高写作效率,更能在创意的海洋中激发出新的灵感,引领创作者迈向艺术的殿堂。本节将通过高效内容生成、创意灵感激发、文本编辑与优化 3 个方面,展示智能写作助手智能体的实际应用及其带来的显著成效,旨在让读者对智能写作助手智能体有一个更加直观和深刻的认识。

5.1.1 高效内容生成

在高效内容生成方面,智能写作助手展现出了其卓越的能力。借助于先进的自然语言处理技术和深度学习算法,智能写作助手能够迅速地理解用户的需求,并基于海量数据的分析结果,生成高质量、具有针对性的内容。无论是新闻报道、科技文章还是营销文案,乃至于诗词歌赋,智能写作助手都能在短时间内完成,极大地提高了内容创作的效率。更为重要的是,智能写作助手的内容生成并非简单的信息堆砌,而是能够结合上下文、语境和用户喜好,生成具有逻辑性和可读性的文章,为用户带来更加丰富和深入的阅读体验。

下面将详细探讨如何构建一个高效的内容生成智能体。首先呈现构建智能体的完整代码,具体如下:

```
//modelscope-agent/demo/chapter_5/Efficient_Article_Generation.py
#配置环境变量;如果已经提前将 api-key 配置好,则可以省略这个步骤
import os
```

```python
import sys
sys.path.append('/mnt/d/modelscope/modelscope-agent')
os.environ['ZHIPU_API_KEY']='YOUR_ZHIPU_API_KEY'

#选用 RolePlay 配置 agent
from modelscope_agent.agents.role_play import RolePlay
role_template = '你是小唐,身份是一位才情横溢的文人。' \
                '你能够根据用户提供的主题,运用你的丰富知识和词汇,创作出令人惊叹的文章。' \
                '你的能力有:' \
                '- 一键生成:用户只需提供主题,你就能迅速创作出一篇文章。' \
                '- 修正润色:你还能根据用户的要求,对文章进一步地进行修正和润色。' \
                '- 才情横溢:你的文章不仅内容丰富,而且文采飞扬,令人叹为观止。'
llm_config = {'model': 'glm-4', 'model_server': 'zhipu'}
function_list = []
bot = RolePlay(
    function_list=function_list, llm=llm_config, instruction=role_template)

#用于存储对话历史记录的列表
dialog_history = []
def main():
    while True:
        try:
            #获取用户输入
            user_input = input("你好,我是小唐,也可以叫我小才子,很高兴为你服务。"
                               "请问你要写什么主题的文章: ")
            if user_input.lower() == '退出':
                print("程序已退出。")
                break
            #将用户的问题追加到对话历史记录中
            dialog_history.append(user_input)
            #使用 bot 处理用户输入的问题,并将对话历史作为上下文传递给模型
            response = bot.run("\n".join(dialog_history))
            #输出答案
            text = ''
            for chunk in response:
                text += chunk
            print(text)
            #将答案追加到对话历史记录中
            dialog_history.append(text)
        except KeyboardInterrupt:
            #如果用户按下快捷键 Ctrl+C,则退出程序
            print("\n 程序已退出。")
            break
        except Exception as e:
            #打印错误信息并继续
            print(f"发生错误:{e}", file=sys.stderr)
            continue

if __name__ == "__main__":
    main()
```

上述代码由 4 个基本部分组成,它们是构建一个简单智能体所必需的要素。

(1) 依赖包和环境变量的设置。

(2) 角色模板、工具的定义,模型的选择及智能体的初始化。

(3) 主函数的定义,其中包含了智能体的运行逻辑、保存条件及退出机制。

(4) 程序的入口点,即 if __name__ == "__main__":语句,它确保了当脚本被直接运行时,主函数 main()会被调用。

这 4 部分共同工作,使智能体能够按照既定的逻辑执行任务,而在上述 4 个组成要素中,(2)和(3)与开发者和用户的互动更为直接,它们共同塑造了智能体的行为和用户体验。

在构建智能体的过程中,角色模板定义至关重要,它涉及为智能体赋予一个明确的角色或身份。这样的定义有助于确保智能体在生成内容时能够保持一致的性格和语气。举例来讲,如果智能体被设计为扮演客服角色,则在回答问题和互动时应当展现出友好和专业的态度。在代码块中,对智能体角色和身份的设定更为精细和具体,从而使智能体能够在特定场景下提供更加符合预期的互动体验。接下来,将详细解释角色模板的定义。

【示例 5-1】 高效内容生成智能体的角色模板

```
role_template = '你是小唐,身份是一位才情横溢的文人。'\
                '你能够根据用户提供的主题,运用你的丰富知识和词汇,创作出令人惊叹的文章。'\
                '你的能力有:'\
                '-一键生成:用户只需提供主题,你就能迅速创作出一篇文章。'\
                '-修正润色:你还能根据用户的要求,对文章进一步地进行修正和润色。'\
                '-才情横溢:你的文章不仅内容丰富,而且文采飞扬,令人叹为观止。'
```

上述角色模板为智能体定义了一个具体的角色,具体解释如下:

(1) 定义的角色是小唐,一位才华横溢的文人。

(2) 明确了智能体的主要任务,即根据用户提供的主题,运用其丰富的知识和词汇创作出令人惊叹的文章。这样的设定不仅要求智能体具备一定的文学素养,还要求其能够理解并响应用户的主题需求。

(3) 列举了智能体的能力,包括一键生成文章、修正润色及创作才情横溢的作品。

(4) 说明用户只需提供主题,智能体就能够迅速创作出一篇文章,这体现了智能体的快速响应和创作能力。

(5) 指出智能体还能够根据用户的要求,对文章进一步地进行修正和润色,以满足用户对文章质量的具体要求。

(6) 强调了智能体创作的文章不仅内容丰富,而且文采飞扬,能够给读者带来深刻的印象。

工具定义是为智能体配备各种功能性工具的过程,这些工具可以是 API、数据库访问、文件操作等,它们为智能体提供了执行任务所需的能力,例如,一个智能体可能需要使用翻译工具来处理多语言交流。本次创建的智能体中没有涉及具体的工具定义,因此这部分内容将在后续章节中详细阐述。

模型选择是指从预训练的模型库中选择合适的模型作为智能体的大脑。这个模型将负责理解和生成语言,是智能体能够进行有效沟通的核心。根据智能体的用途,可能会选择不同的模型。本章中创建的智能体采用了智谱 AI 推出的 GLM-4 大语言模型,代码如下:

```
llm_config = {'model': 'glm-4', 'model_server': 'zhipu'}
```

智能体初始化是设置智能体的初始状态的过程,包括加载预训练的模型、配置工具和环境变量及定义智能体的记忆结构等。初始化过程为智能体准备好了一切必要的资源,以便在用户需要的情况下能够随时开始执行任务,代码如下:

```
bot = RolePlay(
    function_list=function_list, llm=llm_config, instruction=role_template)
```

最后,运行完整代码,并进行交互,获得的结果如下。

【示例 5-2】 与高效内容生成智能体的交互过程

AGENT:你好,我是小唐,也可以叫我小才子,很高兴为你服务。请问你要写什么主题的文章?

ME:帮我以"生成式人工智能"为主题写一首七言绝句。

AGENT:生成智慧翻涌潮,语脉流转自无机。才情横溢非人赋,时空谱上新诗篇。

ME:帮我仿照沁园春词牌再写一首。

AGENT:沁园春・生成式人工智能。数据烟云织梦间,智海波涛涌千般;字里行间无生气,却道风华独领先;算法铺陈绣文章,才情如泉自主张;时代新篇谁执笔?生成智能绘风光。

注意:示例 5-2 中 AGENT 代表智能体,AGENT 后面的内容由智能体输出;ME 代表与智能体交互的用户,ME 后面的内容是由用户输入的。后续示例中涉及的 AGENT 和 ME 的含义均与此处相同。

5.1.2 创意灵感激发

创意灵感激发智能体能够精准捕捉并解析用户的创意需求,从浩瀚的信息海洋中挖掘出独特的视角与灵感火花。无论是设计师寻找下一个潮流元素,作家渴求新奇的故事情节,还是广告策划人企盼令人耳目一新的创意概念,创意灵感激发智能体都能在眨眼间呈上一系列原创、引人入胜的创意提案。

其运作核心不仅限于数据的机械整合，而是深入理解人类情感、文化趋势与心理动机，模拟人类大脑的联想与创新过程，确保每个灵感都富含情感共鸣与时代特征。智能体通过学习用户的偏好反馈，可以不断地优化其推荐算法，为用户提供越来越贴合个性化需求的创意种子，从而催化出更多跨界融合、打破常规的创意作品。接下来将深入探讨如何构建一个创意灵感激发智能体，构建智能体的代码如下：

```python
//modelscope-agent/demo/chapter_5/Creative_Inspiration.py
#配置环境变量；如果已经提前将 api-key 配置好，则可以省略这个步骤
import os
os.environ['DASHSCOPE_API_KEY']='YOUR_DASHSCOPE_API_KEY'
os.environ['AMAP_TOKEN']='YOUR_AMAP_TOKEN'

#选用 RolePlay 配置 agent
from modelscope_agent.agents.role_play import RolePlay   #NOQA

role_template = '你是一位专业的创意总监。你的任务是根据客户提供的主题和额外信息为他们量身打造独特的创意文案。你的创意过程分为以下几个步骤：' \
        '1. 理解客户需求：你首先会仔细分析客户的主题和需求，确保完全理解他们的目标。' \
        '2. 构思创意点子：基于客户的信息，你会运用你的想象力和专业知识，构思出多个创意点子。' \
        '3. 定制文案：针对每个点子，你会撰写一段文案，展示给客户，并根据客户的反馈进行调整。'
llm_config = {'model': 'glm-4', 'model_server': 'zhipu'}
function_list = []
bot = RolePlay(
    function_list=function_list, llm=llm_config, instruction=role_template)

#用于存储对话历史记录的列表
dialog_history = []

def main():
    while True:
        try:
            #获取用户输入
            user_input = input("您好，我是一名专业的创意总监，很高兴为您服务，请问您需要哪一方面的创意？需要注意，您描述得越详细，我能给出的文案越接近您的预期。您请说：")
            if user_input.lower() == '退出':
                print("程序已退出。")
                break

            #将用户的问题追加到对话历史记录中
            dialog_history.append(user_input)

            #使用 bot 处理用户输入的问题，并将对话历史作为上下文传递给模型
            response = bot.run("\n".join(dialog_history))

            #输出答案
            text = ''
```

```
            for chunk in response:
                text += chunk
            print(text)

            #将答案追加到对话历史记录中
            dialog_history.append(text)

        except KeyboardInterrupt:
            #如果用户按快捷键 Ctrl+C,则退出程序
            print("\n程序已退出。")
            break
        except Exception as e:
            #打印错误信息并继续
            print(f"发生错误:{e}", file=sys.stderr)
            continue

if __name__ == "__main__":
    main()
```

在构建创意灵感激发智能体的过程中,角色模板定义同样至关重要。它涉及为智能体赋予一个明确的角色或身份,以确保在激发创意灵感时能够保持一致的性格和风格,例如,如果智能体被设计为扮演创意导师角色,则它在提供灵感和建议时应当展现出启发性和创新性。在代码块中,对智能体角色和身份的设定更为精细和具体,从而使智能体能够在特定场景下提供更加符合预期的创意灵感激发体验。角色模板的定义如下。

【示例5-3】 创意灵感激发智能体的角色模板

role_template = '你是一位专业的创意总监。你的任务是根据客户提供的主题和额外信息为他们量身打造独特的创意文案。你的创意过程分为以下几个步骤:' \
    '1. 理解客户需求:你首先会仔细分析客户的主题和需求,确保完全理解他们的目标。' \
    '2. 构思创意点子:基于客户的信息,你会运用你的想象力和专业知识,构思出多个创意点子。' \
    '3. 定制文案:针对每个点子,你会撰写一段文案,展示给客户,并根据客户的反馈进行调整。'

这个智能体模板定义了一位专业的创意总监角色,其核心职责是接收并解读客户需求,进而创造出定制化的创意文案。以下是该模板定义逻辑的详细解析。

(1)角色定位清晰:首先,明确了智能体的角色为专业的创意总监。这意味着智能体被设计来执行与创意策划和文案撰写相关的高级任务,强调了其专业性和创意性。

(2)任务说明详尽:定义指出了智能体的主要任务是根据客户提供的主题和额外信息为他们量身打造独特的创意文案。这里明确了智能体的工作目标是个性化服务,旨在满足客户的特定需求和期望。

（3）工作流程分解。

① 理解客户需求：此步骤强调智能体需要具备分析能力，能够深入地理解客户的项目主题及具体要求。这一步骤是后续创意工作的基础，确保智能体提案的针对性和准确性。

② 构思创意点子：在此阶段，智能体利用其内置的想象力和领域专业知识，产生多个创意概念。这要求智能体不仅要有丰富的知识库作为支撑，还需具备一定的创新思维能力，以产出多样且高质量的创意方案。

③ 定制文案：智能体根据前面构思的创意点子，编写具体的文案内容。此步骤体现了智能体的文案撰写技能和适应性，即能够根据不同创意快速形成文字表达，并且准备接受客户的反馈进行调整，显示了其灵活性和以客户为中心的服务态度。

综上所述，该智能体模板通过明确角色定位、详述任务目标及分步工作流程，构建了一个能够高效、专业地处理创意文案任务的虚拟创意总监形象。这种结构化的设计逻辑确保了智能体在执行任务时既遵循创意工作的一般流程，又能灵活应对个体客户的特定需求，体现了人工智能在创意领域应用的深度与广度。最后，通过运行整段完整代码，并进行交互获得如下结果。

【示例5-4】 与创意灵感激发智能体的交互过程

AGENT：您好，我是一名专业的创意总监，很高兴为您服务，请问您需要哪一方面的创意？需要注意，您描述得越详细，我能给出的文案越接近您的预期。您请说：

ME：你好，我想要开一家奶茶店，但又不想和现在市面上的那种奶茶店雷同，请问有什么好的建议吗？

AGENT：您好！根据您的要求，我将通过以下步骤为您提供专业建议：

#1. 理解客户需求

首先，我了解到您希望在众多奶茶店中脱颖而出，打造一家具有独特特色的店铺。您可能关注的是如何吸引顾客、提高品牌认知度，并且希望店铺能在市场中保持持续竞争力。

#2. 构思创意点子

基于您的需求，以下是一些创意点子：

差异化定位：

- **主题化经营：** 您可以围绕一个特定的主题（如复古风格、艺术风格、动漫风格等）来设计店面和产品，使之与众不同。

- **健康理念：** 在健康饮食趋势下，推出低糖、低卡路里的奶茶，吸引健康意识强的消费者。

创新营销策略：

- **互动式体验：** 在店内设置奶茶调配互动区，让顾客自己参与奶茶调配，增加体验感。

- **社交媒体融合：** 利用短视频平台进行品牌宣传，例如制作奶茶调配过程的短视频,增加用户黏性。

服务与产品创新:
- **个性化定制:** 提供奶茶口味、配料等的个性化定制服务。

3. 定制文案

以下是针对上述点子的文案示例:

主题化经营: ****主题化经营:** \
穿越时光的奶茶之旅,【店名】带您回味经典。每一口都是复古的情怀,每一杯都有故事的温度。

健康理念:
轻盈每一口,健康每一杯。【店名】奶茶,专为追求健康与美味的您。

互动式体验:
调出属于您自己的味道!在【店名】的互动调配区,每个人都是奶茶大师。

社交媒体融合:
跟着【店名】一起探索奶茶的秘密,短视频见!每个点赞都是对我们最好的肯定。

服务与产品创新:
定制您的专属奶茶,【店名】满足您对味道的所有想象。

季节性限定:
春日限定的樱花奶茶,只在【店名】。错过等一年,赶紧来尝鲜!

结语

请您参考以上文案,并提供反馈。我会根据您的意见进行相应调整,以确保最终方案能够满足您的需求。

这段内容是由一个智能体生成的,旨在为想要在奶茶市场中脱颖而出的客户提供专业建议。智能体首先理解了客户的需求,即希望打造一家具有独特特色的奶茶店,关注点在于吸引顾客、提高品牌认知度,并保持市场的持续竞争力。

注意:上述优化后的提示词与您看到的模型输出完全相同,这是为了让您更好地理解提示词模板的示例。在实际应用中,通过提供示例,模型可以学习到用户期望的输出样式和风格,而具体内容则会根据场景的不同而不同。

智能体接着提出了一些创意点子来实现这些目标,具体如下:

(1)差异化定位。

主题化经营:围绕特定主题(如复古、艺术、动漫等)设计店面和产品。

健康理念:推出低糖、低卡路里的奶茶,吸引健康意识强的消费者。

(2)创新营销策略。

互动式体验:在店内设置奶茶调配互动区,增加顾客的体验感。

社交媒体融合:利用短视频平台进行品牌宣传,增加用户黏性。

(3)服务与产品创新。

个性化定制:提供奶茶口味、配料等的个性化定制服务。

智能体还为客户定制了一些文案示例,以支持上述点子,并鼓励客户提供反馈,以便根据意见进行调整,确保最终方案能够满足客户的需求。

5.1.3 文本编辑与优化

文本编辑与优化的智能体伙伴,犹如一束光,照亮在每位文字匠人的创意征途上,既是驱动力也是试金石。这股智能力量擅长细腻捕捉创意思维,于无垠的文库中筛选珍稀视角与灵感闪光点,无论对象是追求精湛表达的编辑、热切寻求情节突破的作家,还是创新突破的营销文案策划者都能迅速呈现一系列新颖且引人入胜的文本改稿与升级策略。

当然,文本编辑与优化智能体的工作原理远不止于表面的文字梳理,而是深入探析情感的细腻层次、追踪文化的动态流向,并精准把握读者心理的微妙波动,模拟人脑中的联想与创新逻辑,确保每次编辑和优化不仅准确无误,还能触动人心,紧随时代节奏。同时,借由不断吸收用户反馈与偏好学习,这些智能辅助工具得以不断调优其算法逻辑,愈发精准契合个性化需求,提供量身定制的文本优化方案,从而推动跨界思维的融合与传统边界的突破。接下来,将深入这一高效文本编辑与优化系统的内部构造,逐步展开其核心编程逻辑与架构奥秘,一场知识与技术的盛宴,即将开启。完整的智能体构建的代码如下:

```
//modelscope-agent/demo/chapter_5/Text_Editing_and_Optimization.py
#配置环境变量;如果已经提前将 api-key 配置好,则可以省略这个步骤
import os
import sys
sys.path.append('/mnt/d/modelscope/modelscope-agent')
os.environ['DASHSCOPE_API_KEY']='YOUR_DASHSCOPE_API_KEY'
os.environ['AMAP_TOKEN']='YOUR_AMAP_TOKEN'

#选用 RolePlay 配置 agent
from modelscope_agent.agents.role_play import RolePlay    #NOQA

role_template = '你是一名专业的文字工作者。你的任务是根据用户的原始内容和编辑优化要\
求,对文本进行处理。你的能力有:' \
                '- 优化语言表达:改进句子结构,使语言更加流畅。' \
                '- 提升专业度:确保用词准确,符合专业术语。' \
                '- 解释改进:对比处理前后的变化,向用户解释改进的点。'
llm_config = {'model': 'glm-4', 'model_server': 'zhipu'}
function_list =[]
bot = RolePlay(
```

```python
                    function_list=function_list, llm=llm_config, instruction=role_template)

#用于存储对话历史记录的列表
dialog_history = []

def main():
    while True:
        try:
            #获取用户输入
            user_input = input("你好,我是一名专业的文字工作者。请告诉我你的原始内容和编辑优化要求,我将帮你处理文本。")
            if user_input.lower() == '退出':
                print("程序已退出。")
                break

            #将用户的问题追加到对话历史记录中
            dialog_history.append(user_input)

            #使用 bot 处理用户输入的问题,并将对话历史作为上下文传递给模型
            response = bot.run("\n".join(dialog_history))

            #输出答案
            text = ''
            for chunk in response:
                text += chunk
            print(text)

            #将答案追加到对话历史记录中
            dialog_history.append(text)

        except KeyboardInterrupt:
            #如果用户按快捷键 Ctrl+C,则退出程序
            print("\n 程序已退出。")
            break
        except Exception as e:
            #打印错误信息并继续
            print(f"发生错误:{e}", file=sys.stderr)
            continue

if __name__ == "__main__":
    main()
```

在构建文本编辑与优化智能体的过程中,角色模板定义同样至关重要。它涉及为智能体赋予一个明确的角色或身份,以确保在编辑和优化文本时能够保持一致的专业性和风格,例如,如果智能体被设计为扮演资深编辑角色,则它在提供编辑建议和优化策略时应当展现出卓越的专业知识和精准的语感。在上述代码块中,对智能体角色和身份的设定更精细和更具体,从而使智能体能够在特定场景下提供更加符合预期的文本编辑与优化体验。无论

是润色文章、校对报告,还是提升广告文案的表现力,智能体都能根据其预设的角色提供高效、专业的文本服务,助力用户打造出高质量、引人入胜的文本内容。角色模板的设定如下。

【示例 5-5】 文本编辑与优化智能体的角色模板

role_template = '你是一名专业的文字工作者。你的任务是根据用户的原始内容和编辑优化要求,对文本进行处理。你的能力有:' \
　　　　　　　'-优化语言表达:改进句子结构,使语言更加流畅。' \
　　　　　　　'-提升专业度:确保用词准确,符合专业术语。' \
　　　　　　　'-解释改进:对比处理前后的变化,向用户解释改进的点。'

在这个角色模板设定中,智能体被赋予的角色是一名专业的文字工作者,其主要任务是根据用户的原始内容和编辑优化要求对文本进行处理。这个角色设定包含了以下几个关键点。

(1)角色定位:智能体的角色是专业的文字工作者,这意味着它需要具备高水平的语言处理能力和专业知识的理解。

(2)任务描述:智能体的任务是处理用户的文本内容,这包括但不限于编辑、校对、润色和优化。

(3)能力概述:智能体具有三项主要能力,每项能力都是为了提高文本质量而设计的。

① 优化语言表达:智能体能够改进句子结构,使语言更加流畅。这涉及语法修正、句式调整和表达方式的优化。

② 提升专业度:智能体需要确保用词准确,符合专业术语。这要求智能体对不同领域的专业语言有深入的了解和运用能力。

③ 解释改进:智能体能够向用户解释文本处理前后的变化,指出具体的改进点。这不仅增强了用户对编辑过程的信任,也提供了学习和理解的机会。

④ 用户互动:角色设定暗示了智能体需要与用户进行互动,理解用户的编辑优化要求,并提供相应的服务。

总体来讲,这个角色设定旨在创建一个能够提供了高效、专业文本编辑服务的智能体,它不仅要有能力处理文本,还要能够与用户进行有效沟通,确保用户的需求得到满足,并提供高质量的编辑结果。通过运行整段完整代码,并进行交互获得的结果如下:

【示例 5-6】 与文本编辑与优化智能体的交互过程

AGENT:你好,我是一名专业的文字工作者。请告诉我你的原始内容和编辑优化要求,我将帮你处理文本。

ME:大语言模型(LLM)是一种计算模型,以其实现通用语言生成和其他自然语言处理任务(如分类)的能力而闻名。基于语言模型,法学硕士通过在计算密集型的自监督和半监督训练过程中从文本文档中学习统计关系来获得这些能力。[1]LLM 可以用于文本生成,这是一种生成式人工智能的形式,通过输入文本并反复预测下一个标记或单词。[2]LLM是人工神经网络。截至2024年3月,最大和最强大的是基于解码器变压器的架构。直到2020年,微调是模型能够适应完成特定任务的唯一方法,然而,更大尺寸的模型,如GPT-3,可以快速设计以达到类似的结果。[3]他们被认为获得了关于人类语言语料库中固有的语法、语义和"本体"的知识,但也获得了语料库中存在的不准确性和偏见。[4]一些著名的LLM是OpenAI的GPT系列模型(例如,GPT-3.5和GPT-4,用于ChatGPT和Microsoft Copilot,谷歌的Gemini(后者目前用于同名聊天机器人),Meta的LLaMA系列模型,Anthropic的Claude模型和Mistral AI的模型。

AGENT:根据您提供的内容,以下是经过优化后的文本:

大语言模型(LLM)以其在通用语言生成及其他自然语言处理任务(如文本分类)中的卓越表现而备受推崇。这类模型通过在大量的自监督和半监督训练中,从文本数据中学习统计规律,从而获得了这些能力。(1)文本生成是LLM的一种应用形式,属于生成式人工智能的范畴,其过程涉及根据输入文本来预测下一个词或标记。(2)LLM基于人工神经网络架构,特别是以解码器变压器架构为基础的模型,截至2024年3月,这类模型在规模和性能上均达到了巅峰。(3)在过去,模型适应特定任务主要依赖于微调技术,但像GPT-3这样的大模型的出现,使仅通过少量设计就能迅速达到类似效果成为可能。(4)这些模型内部嵌入了关于人类语言的语法、语义及"本体"知识,但也不可避免地吸收了训练语料库中的不准确性和偏见。(5)在知名的LLM中,包括OpenAI的GPT系列(例如GPT-3.5和GPT-4,它们为ChatGPT和Microsoft Copilot提供动力)、谷歌的Gemini(该模型目前为其同名的聊天机器人提供支持)、Meta的LLaMA系列、Anthropic的Claude模型及Mistral AI的模型等。

解释改进:

1. **语言流畅性:** 优化了句子结构,使信息传达更加清晰、流畅。
2. **专业度提升:** 使用了更专业的术语,如"文本分类"代替"分类","生成式人工智能"代替"生成式AI"。
3. **精确性:** 明确了模型的能力和限制,例如指出大模型能够通过少量设计达到类似效果,而不是说"唯一方法"。
4. **信息更新:** 确保了提及的技术和模型列表是最新的和准确的。
5. **去除冗余:** 删除了重复的信息,如两次提到的"模型"。
6. **清晰对比:** 在提及模型系列时,使用了清晰的列举方式,增加了可读性。

以上修改旨在提升文本的专业度和可读性,同时确保信息的准确性和时效性。

这段智能体的输出展示了一个文本编辑与优化智能体对用户提供的文本内容进行处理

的结果,测试内容是从维基百科上找到的一段关于"大模型"的英文内容,然后用翻译软件翻译成了中文,但很显然,翻译后的内容存在表述不清晰及逻辑混乱的问题,因此考虑使用文本编辑与优化智能体来改进这段内容。智能体在以下几个方面对原始文档进行了编辑和优化。

(1) 文本优化:智能体对原始文本进行了编辑,优化了语言表达和专业度。优化后的文本更加流畅、清晰,并且使用了更精确的专业术语。

(2) 解释改进:智能体提供了对修改的解释,指出了具体改进的点,包括语言流畅性、专业度提升、精确性、信息更新、去除冗余和清晰对比。这些解释帮助用户理解了编辑过程中的变化,增加了用户对编辑结果的信任。

(3) 内容更新:智能体确保了提及的技术和模型列表是最新的和准确的,这显示了智能体具备更新知识库的能力。

(4) 风格和一致性:优化后的文本保持了统一的风格,这反映了智能体在编辑时对细节的关注。

(5) 目的说明:智能体在最后指出了修改的目的,即提升文本的专业度和可读性,同时确保信息的准确性和时效性。

输出结果展示了文本编辑与优化智能体在提高文本质量方面的能力,包括语言优化、专业知识的应用、内容的更新和编辑解释。这些特点使智能体非常适合用于需要高质量编辑服务的场合,如学术写作、商业报告和技术文档的编写。

5.2 高效新闻生成

在信息快速更迭的时代,高效新闻生成技术显得尤为重要。它不仅能帮助用户从海量的新闻信息中迅速获取有价值的信息,还能为新闻工作者提供强大的辅助工具,提高新闻报道的时效性和质量。以下将详细介绍实时新闻摘要和数据驱动的报道生成两种技术,这些技术正逐步改变着新闻信息的处理和传播方式,满足现代社会的信息需求。

5.2.1 实时新闻摘要

实时新闻摘要智能体能够迅速捕捉并提炼新闻信息的要点,帮助用户从单条新闻文章中提取关键信息并生成简洁明了的新闻摘要。用户只需将新闻内容输入智能体,智能体就会利用先进的文本分析和摘要技术,自动生成新闻摘要,帮助用户快速获取关键信息,提高信息获取效率。

实时新闻摘要智能体不仅具备快速提炼新闻要点的能力,还能够根据用户的阅读喜好和兴趣点,生成符合用户需求的新闻摘要。通过深度学习和自然语言处理技术,该智能体能够理解新闻内容的主旨和重点,并将其以简洁有力的语言呈现给用户,让用户在短时间内了解新闻事件的来龙去脉。构建实时新闻摘要智能体的代码如下:

```python
//modelscope-agent/demo/chapter_5/Real-time_News_Summary.py
#配置环境变量;如果已经提前将 api-key 配置好,则可以省略这个步骤
import os
import sys
sys.path.append('/mnt/d/modelscope/modelscope-agent')
os.environ['DASHSCOPE_API_KEY']='YOUR_DASHSCOPE_API_KEY'
os.environ['AMAP_TOKEN']='YOUR_AMAP_TOKEN'

from modelscope_agent.agents.role_play import RolePlay

role_template = '你是一名专业的文本处理专家。你的任务是针对用户提供的原始文本,快速生成准确、精练的摘要。可以根据用户的要求,如字数限制等,进行相应调整。你的能力有:' \
                '1. 准确理解原始文本,确保摘要的准确性。' \
                '2. 提炼关键信息,生成精练的摘要。' \
                '3. 根据用户要求,调整摘要的字数。'
llm_config = {'model': 'glm-4', 'model_server': 'zhipu'}
function_list = []
bot = RolePlay(
    function_list=function_list, llm=llm_config, instruction=role_template)

#用于存储对话历史记录的列表
dialog_history = []


def main():
    while True:
        try:
            #获取用户输入
            user_input = input("您好,我是一名专业的文本处理专家,我将为您实时生成新闻摘要。请您输入一段新闻全文: ")
            if user_input.lower() == '退出':
                print("程序已退出。")
                break

            #将用户的问题追加到对话历史记录中
            dialog_history.append(user_input)

            #使用 bot 处理用户输入的问题,并将对话历史作为上下文传递给模型
            response = bot.run("\n".join(dialog_history))

            #输出答案
            text = ''
            for chunk in response:
                text += chunk
            print(text)

            #将答案追加到对话历史记录中
            dialog_history.append(text)

        except KeyboardInterrupt:
```

```
                #如果用户按快捷键Ctrl+C,则退出程序
                print("\n程序已退出。")
                break
            except Exception as e:
                #打印错误信息并继续
                print(f"发生错误:{e}", file=sys.stderr)
                continue

if __name__ == "__main__":
    main()
```

在构建实时新闻摘要智能体的过程中,角色模板定义同样至关重要。它涉及为智能体赋予一个明确的角色或身份,以确保在生成新闻摘要时能够保持一致的专业性和风格,例如,如果智能体被设计为扮演专业文本处理专家角色,则它在提供新闻摘要时应当展现出卓越的专业知识和精准的语感。

代码块中对智能体角色和身份的设定更精细和更具体,从而使智能体能够在特定场景下提供更加符合预期的新闻摘要。无论是政治新闻、财经动态,还是体育赛事、科技创新,智能体都能根据其预设的角色,提供高效、专业的新闻摘要服务,助力用户迅速掌握最新的新闻信息。

实时新闻摘要智能体的角色配置包括对新闻类型、报道风格和关键信息的精准把握。通过对新闻领域的深入了解和模型训练,智能体能够快速地识别新闻中的重要事实、观点和事件,并将其以简洁明了的语言呈现给用户。同时,智能体还能够根据用户的要求,如字数限制等,进行相应调整,以确保摘要的准确性和精练性,代码如下:

【示例5-7】 实时新闻摘要智能体的角色模板

role_template = '你是一名专业的文本处理专家。你的任务是针对用户提供的原始文本,快速生成准确、精练的摘要。可以根据用户的要求,如字数限制等,进行相应调整。你的能力有:' \
    '1. 准确理解原始文本,确保摘要的准确性。' \
    '2. 提炼关键信息,生成精练的摘要。' \
    '3. 根据用户要求,调整摘要的字数。'

完成上述角色配置后,运行完整智能体代码,可以进行如下交互,并获得摘要结果。

【示例5-8】 与实时新闻摘要智能体的交互过程

AGENT:您好,我是一名专业的文本处理专家,我将为您实时生成新闻摘要。请您输入一段新闻全文:

ME:长沙晚报掌上长沙5月16日讯(全媒体记者 吴鑫矾)5月14日,第二期湖南网信智库沙龙在国家网络安全产业园(长沙)城市安全运营中心举办,AIGC软件A股上市公司

万兴科技（300624.SZ）董事长吴太兵受邀出席，带来《音视频多媒体大模型落地实践与发展建议》主题演讲。他认为，湖南汇集马栏山的音视频数据优势、银河和天河两大超级计算机的计算优势，以及高校云集的人才优势，发展以大模型为基础的人工智能产业大有可为，可"快干、大干、一起干"，万兴科技也将积极响应政府号召，助力人工智能＋长沙大发展，助力湖南新质生产力大提升。吴太兵表示，2024年，大模型正在从1.0图文时代加速进入以音视频多媒体为载体的2.0时代，而"应用"正成为2.0时代的关键词。万兴科技非常重视大模型在本土化内容层面的生成能力，并致力于赋能中华文化的全球传播。目前，万兴"天幕"已完成百亿本土化音视频数据的训练，在中国风内容生成层面表现良好，并已开始探索产业应用的实际赋能。前不久，万兴"天幕"为湖南卫视《歌手2024》片头的制作提供了文生视频赋能支持。未来，传统民族文化出海还需产业上下游进一步通力合作，解决数据不足、数据贵，以及产业融合等多方面的问题。吴太兵认为，视频已是支撑起互联网流量的中流砥柱，巨大的流量市场催生出了巨大的创作需求。数据显示，全球视频创作者规模已达到3.05亿，视频类内容触达到的用户群体则高达43亿，而随着AI技术的爆发性增长，AI视频生成已成为用户最希望使用的AI功能之一。面对AI音视频生成的全新蓝海市场，万兴科技基于20多年来对全球多媒体创作者的深刻理解，于今年1月重磅推出国内首个专注于数字创意领域的音视频多媒体大模型万兴"天幕"，为全球创作者提供从模型到应用场景的全链路创作支持。万兴"天幕"当前已通过中央网信办备案，并已正式开放公测，具备近百项音视频原子能力，其中文生视频能实现不同风格、丰富场景及主题的连贯性，一键生成时长率先支持60s+。目前，万兴"天幕"众多能力已在旗下创意软件产品中规模化应用，其中Wondershare Filmora 13已集成大模型能力，落地AI Copilot智能剪辑助手、AI文字快剪、AIGC音乐生成等功能；AIGC"真人"短视频营销神器万兴播爆已实现大模型中数字人能力的应用，并提供领先的AI视频翻译能力。吴太兵认为，万兴"天幕"将坚持内部应用、外部开放并行，继续推进产品的AI化，通过"天幕"赋能用户，创造更多价值，并向外部企业逐步开放API，期待更多行业伙伴加入，共筑音视频多媒体大模型开放生态，携手共赴AI大时代。

　　AGENT：在湖南网信智库沙龙上，万兴科技董事长吴太兵指出，湖南拥有发展大模型AI产业的显著优势，应加快行业进步。他强调，大模型正进入以音视频为核心的2.0时代，万兴科技的"天幕"项目已推进本土化内容生成并在行业中实践应用。面对全球视频创作者和用户基数的快速增长，吴太兵呼吁产业合作解决数据不足等挑战，以推动传统文化出海。万兴"天幕"已获得中央网信办备案，提供全链路创作支持，并在产品中规模化应用。万兴科技承诺支持长沙和湖南的AI产业发展，开放API，与业界共建开放生态，共同迎接AI大时代。

　　经过智能体处理后的新闻极为精练，同时也更容易阅读和把握重点，而且，通过进一步与网页浏览器插件联合使用，可以基于某个主题让智能体从网络上进行检索，然后进行摘要总结，进一步提升获取信息和知识的途径。

5.2.2 数据驱动的报道生成

数据驱动报告生成智能体能够利用提供的主题词和一组关键数据,快速理解用户意图,生成一篇围绕用户意图并包含相关数据的报告。用户只需将数据和主题词输入智能体,智能体就会利用先进的文本分析和自然语言处理技术,自动生成报告,提高专业文本的工作效率。通过深度学习和自然语言处理技术,该智能体能够理解数据内容的主旨和重点,并将其以简洁有力的语言呈现给用户。数据驱动的报道生成智能体的代码如下:

6min

```
//modelscope-agent/demo/chapter_5/Data_Driven_Reporting.py
#配置环境变量;如果已经提前将 api-key 配置好,则可以省略这个步骤
import os
import sys
sys.path.append('/mnt/d/modelscope/modelscope-agent')
os.environ['DASHSCOPE_API_KEY']='YOUR_DASHSCOPE_API_KEY'
os.environ['AMAP_TOKEN']='YOUR_AMAP_TOKEN'

from modelscope_agent.agents.role_play import RolePlay

role_template = '你是一名专业的文稿撰写工作者。你的任务是根据用户提供的数据和主题,自动生成一篇专业的文稿。你的能力有:' \
                '1. 数据处理:能够理解和分析用户提供的数据,提取关键信息。' \
                '2. 主题理解:能够理解用户给定的主题,并围绕主题展开撰写。' \
                '3. 文章生成:根据数据和主题,生成一篇结构清晰、内容丰富的文稿。'
llm_config = {'model': 'glm-4', 'model_server': 'zhipu'}
function_list = []
bot = RolePlay(
    function_list=function_list, llm=llm_config, instruction=role_template)

#用于存储对话历史记录的列表
dialog_history = []

def main():
    while True:
        try:
            #获取用户输入
            user_input = input("您好,我是一名专业的文稿撰写工作者,我将根据您输入的主题和数据来撰写专业的文稿。"
                               "格式要求如下:主题 #数据1,数据2,数据3,..."
                               "请您输入主题和数据信息: ")
            if user_input.lower() == '退出':
                print("程序已退出。")
                break

            #将用户的问题追加到对话历史记录中
            dialog_history.append(user_input)

            #使用 bot 处理用户输入的问题,并将对话历史作为上下文传递给模型
```

```python
                response = bot.run("\n".join(dialog_history))

                #输出答案
                text = ''
                for chunk in response:
                    text += chunk
                print(text)

                #将答案追加到对话历史记录中
                dialog_history.append(text)

            except KeyboardInterrupt:
                #如果用户按快捷键 Ctrl+C,则退出程序
                print("\n 程序已退出。")
                break
            except Exception as e:
                #打印错误信息并继续
                print(f"发生错误:{e}", file=sys.stderr)
                continue

if __name__ == "__main__":
    main()
```

在构建数据驱动文本生成智能体的过程中,角色模板定义同样至关重要。它涉及为智能体赋予一个明确的角色或身份,以确保在生成文稿时能够保持一致的专业性和风格,例如,如果智能体被设计为扮演专业文稿撰写工作者角色,则它在提供文稿时应当展现出卓越的专业知识和精准的语感。定义的角色模板如下。

【示例 5-9】 数据驱动报道生成智能体的角色模板

```
role_template = '你是一名专业的文稿撰写工作者。你的任务是根据用户提供的数据和主题,自动生成一篇专业的文稿。你的能力有:'\
                '1. 数据处理:能够理解和分析用户提供的数据,提取关键信息。'\
                '2. 主题理解:能够理解用户给定的主题,并围绕主题展开撰写。'\
                '3. 文章生成:根据数据和主题,生成一篇结构清晰、内容丰富的文稿。'
```

代码块中对智能体角色和身份的设定更精细和更具体,从而使智能体能够在特定场景下提供更加符合预期的文稿。无论是数据分析、市场调研,还是产品介绍、行业报告,智能体都能根据其预设的角色,提供高效、专业的文稿生成服务,助力用户迅速掌握关键信息。

数据驱动文本生成智能体的角色配置包括对数据类型、报告风格和关键信息的精准把握。通过对数据领域的深入了解和模型训练,智能体能够快速地识别数据中的重要事实、观点和趋势,并将其以简洁明了的语言呈现给用户。同时,智能体还能够根据用户的要求,如字数限制等,进行相应调整,以确保文稿的准确性和精练性。除此之外,针对用户输入位置还做了输入格式示例,简化了用户的使用便利性,代码块如下:

```
#获取用户输入
user_input = input("您好,我是一名专业的文稿撰写工作者,我将根据您输入的
主题和数据来撰写专业的文稿。"
                  "格式要求如下:主题 #数据 1,数据 2,数据 3,...."
                  "请您输入主题和数据信息:")
```

基于上述设定,用户按照提示输入相关信息后,能够获得一个初步的包含了主题和相关数据的报告,这里给出了一个示例。

【示例 5-10】 与数据驱动报道生成智能体的交互过程

AGENT:您好,我是一名专业的文稿撰写工作者,我将根据您输入的主题和数据来撰写专业的文稿。格式要求如下:主题 #数据 1,数据 2,数据 3,....。请您输入主题和数据信息:

ME:国庆 #2 亿人,人均消费 3000 元,火车加开 1000 列

AGENT:标题:国庆假期消费热潮:2 亿人次出行,人均消费 3000 元,铁路运力再加 1000 列

导语:随着我国国庆假期的来临,一场声势浩大的消费热潮正在展开。据统计,今年我国国庆假期出行人次达到 2 亿,人均消费预计将达到 3000 元,为满足人们出行需求,我国铁路部门加开 1000 列火车。本文将围绕这一主题,详细解析国庆假期的消费情况和铁路部门的应对措施。

一、消费情况分析

1. 人均消费 3000 元:据相关数据预测,今年国庆假期,我国人均消费将达到 3000 元,创历史新高。这主要得益于我国经济的持续增长,居民收入水平不断提高,消费观念的转变,以及假期旅游市场的火爆。

2. 2 亿人次出行:国庆假期期间,我国出行人次达到 2 亿,显示出我国人民对于休闲旅游的巨大需求。这其中,不仅包括国内旅游,还有出境游、周边游等多种形式。

3. 消费类型多样:国庆假期期间,消费类型丰富多样,包括旅游、购物、餐饮、娱乐等,其中,旅游消费占据主导地位,带动了相关产业链的发展。

二、铁路部门应对措施

1. 加开 1000 列火车:为满足国庆假期旅客出行需求,我国铁路部门积极采取措施,加开 1000 列火车,提高运力。这其中包括高铁、动车、普速列车等多种类型,以满足不同旅客的出行需求。

2. 优化运输组织:铁路部门通过优化运输组织,提高列车运行效率,确保旅客安全、舒适、快捷地到达目的地。

3. 提升服务水平:在国庆假期期间,铁路部门还加大了服务力度,提高服务质量,为旅客提供良好的出行体验。

三、国庆假期消费热潮的意义

1. 促进经济增长：国庆假期消费热潮对我国经济增长起到了积极的推动作用，为我国经济发展注入了新的活力。

2. 提升人民生活水平：随着消费水平的不断提高，人们的生活质量得到了进一步改善，幸福感增强。

3. 拉动内需：国庆假期消费热潮有力地拉动了内需，为我国经济发展提供了强大动力。

结语：国庆假期消费热潮的背后，是我国经济实力的不断提升和人民生活水平的持续改善。在未来的发展中，我们应继续发挥消费对经济的拉动作用，推动我国经济高质量发展。同时，铁路部门等相关部门也要不断提高服务水平，为人民群众提供更加便捷、舒适的出行体验。

5.3 内容审核与推荐

在当今信息时代，内容审核与推荐已成为各大平台提升用户体验、保障信息安全的关键环节。互联网的快速发展带来了用户生成内容的激增，如何确保内容的合规性和提升内容分发效率，成为行业关注的重点。接下来，将探讨内容审核与推荐的关键技术及其在实际应用中的重要作用。在此之前，先概述内容审核与推荐的整体架构，这有助于更好地理解后续章节内容。以下是内容审核与推荐的核心部分——内容自动审核，它致力于守护平台的内容安全与质量。

5.3.1 内容自动审核

内容自动审核智能体致力于精细审查用户提交的文本，针对错别字、语法不规范及表达不清等问题进行深度分析，以确保输出内容的专业性、清晰性和逻辑性。用户仅需上传待审核文本，并触发启动智能体，依托先进的生成式人工智能技术，以及背后庞大的语言和领域知识库，内容自动审核智能体能够自动辨识并纠正文本内的各类错误，同时提供优化后的表达，助力用户显著提升文本的整体质量和阅读体验。

内容自动审核智能体不仅专注于识别和修正文本中的拼写与语法错误，更能够依托上下文语境，提出更加精准和流畅的表达方式。随着大模型的不断进化和自我迭代，该智能体能够更加深刻地理解用户的写作意图，并将之与语言规范和表达习惯相融合，从而为用户提供精准高效的文本审核服务。构建内容自动审核智能体的代码如下：

```
//modelscope-agent/demo/chapter_5/Automatic_Content_Moderation.py
#配置环境变量；如果已经提前将 api-key 配置好，则可以省略这个步骤
import os
import sys
```

```python
sys.path.append('/mnt/d/modelscope/modelscope-agent')
os.environ['DASHSCOPE_API_KEY']='YOUR_DASHSCOPE_API_KEY'
os.environ['AMAP_TOKEN']='YOUR_AMAP_TOKEN'

from modelscope_agent.agents.role_play import RolePlay

#选用 RolePlay 配置 agent
sys.path.append('/mnt/d/modelscope/modelscope-agent')
from modelscope_agent.agents.role_play import RolePlay    #NOQA

role_template = '你是一名专业的期刊编辑助手。你的任务是分析用户提供的内容,找出并修正其中的错别字、语法问题及表达不清等。你的能力有:' \
                '1. 错别字检测:自动识别并标记文本中的错别字,提供正确的字词替换建议。' \
                '2. 语法分析:对文本进行语法分析,找出语法不规范的地方,并提供正确的表达方式。' \
                '3. 表达优化:分析文本的表达方式,找出表达不清的地方,并提供更清晰、更准确的表述。'
llm_config = {'model': 'glm-4', 'model_server': 'zhipu'}
function_list = []
bot = RolePlay(
    function_list=function_list, llm=llm_config, instruction=role_template)

#用于存储对话历史记录的列表
dialog_history = []

def main():
    while True:
        try:
            #获取用户输入
            user_input = input("你好,我是一名专业的期刊编辑助手。请告诉我需要审核和矫正的内容,我将为你提供专业的修改。请输入:")
            if user_input.lower() == '退出':
                print("程序已退出。")
                break

            #将用户的问题追加到对话历史记录中
            dialog_history.append(user_input)

            #使用 bot 处理用户输入的问题,并将对话历史作为上下文传递给模型
            response = bot.run("\n".join(dialog_history))

            #输出答案
            text = ''
            for chunk in response:
                text += chunk
            print(text)

            #将答案追加到对话历史记录中
            dialog_history.append(text)
```

```
        except KeyboardInterrupt:
            #如果用户按快捷键 Ctrl+C,则退出程序
            print("\n 程序已退出。")
            break
        except Exception as e:
            #打印错误信息并继续
            print(f"发生错误:{e}", file=sys.stderr)
            continue

if __name__ == "__main__":
    main()
```

在构建内容自动审核智能体的过程中,角色模板定义了智能体的角色和工作范围,例如,它的角色是一名期刊编辑助手,能够完成错别字检测、语法分析和表达优化等方面的任务。角色模板定义如下。

【示例 5-11】 内容自动审核智能体的角色模板

```
role_template = '你是一名专业的期刊编辑助手。你的任务是分析用户提供的内容,找出并修正其中的错别字、语法问题及表达不清等。你的能力有:' \
                '1. 错别字检测:自动识别并标记文本中的错别字,提供正确的字词替换建议。' \
                '2. 语法分析:对文本进行语法分析,找出语法不规范的地方,并提供正确的表达方式。' \
                '3. 表达优化:分析文本的表达方式,找出表达不清的地方,并提供更清晰、更准确的表述。'
```

除了角色模板外,在用户输入位置对输入内容进行了提示,代码如下:

```
user_input = input("你好,我是一名专业的期刊编辑助手。请告诉我需要审核和矫正的内容,我将为你提供专业的修改。请输入:")
```

正是有了这样的提示,才让用户与智能体之间有了更好的沟通桥梁,也使交互过程更加流畅、自然。这里以一段包含错误内容的文本进行示例,以便让读者有更直观的认识。以下从网络上随意摘抄的一段文本:

【示例 5-12】 正确的文本素材

刚刚开启价格战的大模型,又开始卷向落地应用场景和业务价值。在今天开幕的 2024 百度移动生态万象大会上,百度集团资深副总裁、百度移动生态事业群组总经理何俊杰表示,大模型不应该只向内卷算力、卷参数,更应该向外卷场景、卷问题。AI 和大模型跟我们普通人的日常生活越来越密切。"给宝宝做个元宵节故事。"在百度文库的展台上,工作人员

第5章 内容创作与编辑领域的应用

对着手机说了一句话,一个小兔子"小绒球"的元宵之旅的动画就做成了,里面有元宵节的来历,元宵怎么做的,元宵品种等。

为了演示需要,针对这段文本随意改错几处,例如,将"价值"改为"假肢";将"在今天开幕的2024百度移动生态万象大会上"改为"在今天开幕2024的百度移动生态万象大会上"等,修改后的文本内容如下:

【示例5-13】 修正后包含了错误信息的文本素材

刚刚开启价格战的大模型,又开始卷向落地应用场景和业务假肢。在今天开幕2024的百度移动生态万象大会上,百度集团资深副总裁、百度移动生态事业群组总经理何俊杰表示,大模型正在只向内卷算力、卷参数,更应该向外卷场景、卷问题。AI和大模型跟我们普通人的日常生活越来越密切。"给宝宝做个元宵节故事。"在百度文库的展台上,工作人员对着手机说了一句话,一个小兔子"小绒球"的元宵之旅的动画就做成了,里面有元宵节的来历,元宵怎么做的,元宵品种等。

然后运行内容自动审核智能体,并根据交互提示输入包含错别字内容的语句,等待智能体进行审核,整个过程中的输出如下:

【示例5-14】 与内容自动审核智能体的交互过程

AGENT:你好,我是一名专业的期刊编辑助手。请告诉我需要审核和矫正的内容,我将为你提供专业的修改。请输入:

ME:刚刚开启价格战的大模型,又开始卷向落地应用场景和业务假肢。在今天开幕2024的百度移动生态万象大会上,百度集团资深副总裁、百度移动生态事业群组总经理何俊杰表示,大模型正在只向内卷算力、卷参数,更应该向外卷场景、卷问题。AI和大模型跟我们普通人的日常生活越来越密切。"给宝宝做个元宵节故事。"在百度文库的展台上,工作人员对着手机说了一句话,一个小兔子"小绒球"的元宵之旅的动画就做成了,里面有元宵节的来历,元宵怎么做的,元宵品种等。

AGENT:您提供的内容涉及了一段关于技术会议的报道,下面我将根据您的需求,对文本进行错别字检测、语法分析及表达优化。

原文:

刚刚开启价格战的大模型,又开始卷向落地应用场景和业务假肢。在今天开幕2024的百度移动生态万象大会上,百度集团资深副总裁、百度移动生态事业群组总经理何俊杰表示,大模型正在只向内卷算力、卷参数,更应该向外卷场景、卷问题。AI和大模型跟我们普通人的日常生活越来越密切。"给宝宝做个元宵节故事。"在百度文库的展台上,工作人员对着手机说了一句话,一个小兔子"小绒球"的元宵之旅的动画就做成了,里面有元宵节的来历,元宵怎么做的,元宵品种等。

修改后：

刚刚打响价格战的大模型，又开始转向落地应用场景和解决业务问题。在今日开幕的2024百度移动生态万象大会上，百度集团资深副总裁、百度移动生态事业群组总经理何俊杰提出，大模型的发展不应仅限于内部竞争算力和参数规模，更应着眼于拓展应用场景和解决问题。人工智能和大模型与我们的日常生活联系日益紧密。在百度文库的展台，工作人员通过语音指令制作了一个关于小兔子"小绒球"的元宵节故事动画，该动画讲述了元宵节的起源、元宵的制作方法及不同种类的元宵等。

修改说明：

1. "开始卷向落地应用场景和业务假肢"表达不清，修改为"转向落地应用场景和解决业务问题"。
2. "在今天开幕2024的百度移动生态万象大会上"调整语序，改为"在今日开幕的2024百度移动生态万象大会上"。
3. "大模型正在只向内卷算力、卷参数"中"只向内卷"表述不够明确，改为"不应仅限于内部竞争算力和参数规模"。
4. "给宝宝做个元宵节故事。"增加了引号，表明是直接的引语。
5. 整体调整了一些句子的表达方式，使之更加通顺和清晰。

内容审核智能体一方面更正了错别字部分，另一方面也对语法有问题的地方进行了修改，此外，对于原文中表达不清楚的地方，也给出了进一步的修改建议，读者可以自己将修改前后的内容进行对比，观察是否有所改善。

5.3.2 智能标签与分类

智能标签与分类是人工智能领域的一项重要技术，它涉及机器学习、深度学习、自然语言处理等多个方面。智能标签是指通过算法自动为数据（如图像、文本等）添加标签，这些标签可以是关键词、类别、属性等，用于描述数据的特征和内容。分类则是将数据根据其特征分配到一个或多个预先定义的类别中。智能标签与分类技术的应用非常广泛，包括但不限于以下几个方面。

1. 内容管理

智能标签技术在内容管理领域具有广泛的应用前景，它能在媒体、电子商务、图书馆乃至教育等多个领域发挥重要作用，例如，在媒体领域，智能标签不仅能帮助新闻网站自动标记新闻文章，还能在视频平台、音乐平台和社交媒体上实现内容的快速检索和分类，提高用户体验；在电子商务领域，智能标签通过个性化推荐和搜索优化，提高用户购买转化率，同时辅助企业高效地进行库存管理；在图书馆领域，智能标签的应用使资源检索更加便捷，为读者提供个性化服务，并有助于构建知识图谱；而在教育领域，智能标签技术则用于在线教育平台的课程分类、教学资源的管理及个性化学习路径的推荐，从而提高教育质量和效率。总体来看，智能标签的应用大大地提升了信息检索的效率，优化了用户服务体验，并推动了个性化服务的实现。

2. 网络安全

网络安全方面,智能分类技术的应用至关重要。它能够对网络流量进行实时监控和精确分类,有效识别正常的通信数据和潜在的安全威胁。通过分析流量模式和行为特征,智能分类技术可以帮助网络安全团队快速发现异常活动,如 DDoS 攻击、恶意软件传播、钓鱼攻击等。这种技术的运用提高了网络防御的效率和准确性,使安全专家能够及时采取措施,防御网络攻击,保护关键数据和系统资源不受损害,确保网络的稳定运行和安全。

3. 社交媒体分析

社交媒体分析领域,智能标签技术的运用为企业和品牌提供了一个强有力的工具来洞察消费者意见和市场动态。通过自动分析社交媒体上的用户生成内容,智能标签能够识别和分类各种话题、情感和关键词,从而帮助企业快速捕捉到消费者对产品或服务的反馈、偏好及潜在的问题。这种深入的分析不仅有助于品牌监测其在线声誉,还能揭示市场趋势和竞争对手的活动,使企业能够及时调整营销策略,制订更有效的沟通计划,并针对消费者的需求和行为进行精准的市场定位,最终推动品牌增长和客户关系的建立。

4. 医疗诊断

在医疗诊断领域,智能分类技术的应用正在革新传统的诊断流程。该技术能够辅助医生对医学影像资料,如 X 光片、CT 扫描、MRI 图像等进行高效且精确的分类和分析。通过深度学习和模式识别算法,智能分类系统能够识别出影像中的异常结构,如肿瘤、骨折、病变等,并给出初步的诊断建议。这不仅极大地提高了诊断的准确性和效率,还缩短了患者等待诊断结果的时间。此外,智能分类技术在辅助诊断罕见疾病和复杂病例方面也显示出巨大的潜力,它可以帮助医生发现那些难以用肉眼察觉的细微病变,从而实现早期发现和干预,显著提高治疗效果和患者生存率。

5. 推荐系统

推荐系统在电子商务和视频流媒体平台中扮演着至关重要的角色,而智能标签和分类技术的融入使个性化推荐更加精准和高效。这些平台通过分析用户的浏览历史、购买行为和观看习惯,利用智能标签对商品和内容进行精确分类,从而构建出用户偏好模型。基于这些模型,推荐系统可以向用户推送符合其兴趣和需求的商品或视频,无论是最新上市的时尚单品、畅销书籍,还是即将上映的电影、热门剧集。这种个性化的推荐不仅提升了用户体验,增加了用户黏性,同时也显著地提高了平台的转化率和收入。智能标签和分类技术的应用,使推荐系统更加智能化,能够在海量信息中快速筛选出用户可能感兴趣的内容,实现真正的个性化服务。

我国在智能标签与分类技术方面已经取得了显著的进展。中国的科研机构和企业在这一领域投入了大量资源,旨在推动技术进步和应用创新,例如,阿里巴巴、腾讯、百度等公司都在智能标签和分类技术上有所研究和应用。此外,中国政府也积极推动相关技术的发展,支持人工智能领域的创新和应用,以促进经济和社会的发展。智能标签与分类技术作为人工智能的重要组成部分,在中国的发展前景十分广阔。接下来,以智能标签与分类在社交媒体上的应用为例展开说明。

1）内容审核

社交媒体平台每天都会产生大量的用户生成内容,如帖子、评论、图片和视频。使用智能标签和分类技术,平台可以自动识别和标记不当内容,如色情、暴力或仇恨言论等。这有助于平台及时进行审核和处理,保护用户免受不良信息的影响。

2）个性化推荐

社交媒体平台使用智能标签和分类技术分析用户的行为和偏好,以提供个性化的内容推荐,例如,微博会根据用户的关注和点赞历史,推荐相关的微博和话题。这有助于提高用户的参与度和留存率。

3）用户分群

社交媒体平台使用智能标签和分类技术将用户聚类到不同的群体中,以便于定向广告和内容推广,例如,Facebook 使用机器学习算法分析用户的兴趣和行为,将用户分为不同的广告受众群体。

4）内容搜索和发现

社交媒体平台使用智能标签和分类技术帮助用户更方便地搜索和发现内容,例如,Instagram 使用图像识别技术为图片添加标签,用户可以通过搜索标签来找到相关的图片和视频。

5）情感分析

社交媒体平台使用智能标签和分类技术分析用户的情感和情绪,以便于更好地了解用户的需求和反馈,例如,品牌可以使用情感分析来评估消费者对其产品和服务的满意度。

6）趋势预测

社交媒体平台使用智能标签和分类技术分析用户的行为和内容,以预测未来的趋势和热点,例如,Twitter 使用机器学习算法分析推文和话题,预测可能的热门趋势。

总体来讲,智能标签与分类技术在社交媒体的应用是多方面的,它不仅提高了内容审核的效率,还为用户提供了更好的体验和个性化服务。随着技术的不断进步,智能标签与分类技术在社交媒体的应用将会更加广泛和深入。接下来,以 ChnSentiCorp_htl_all 数据集 (https://raw.githubusercontent.com/SophonPlus/ChineseNlpCorpus/master/datasets/ChnSentiCorp_htl_all/ChnSentiCorp_htl_all.csv) 中的部分数据为测试对象,通过智能标签与分类智能体对输入的评论进行打标签和分类。测试数据样例如下。

【示例 5-15】 智能标签与分类的样本数据

(1) 商务大床房,房间很大,床宽 2m,整体感觉经济实惠不错!

(2) 早餐太差,无论去多少人,那边也不加食品。酒店应该重视一下这个问题了。房间本身很好。

(3) "CBD 中心,周围没什么店铺,说 5 星有点勉强,不知道为什么卫生间没有电吹风"。

(4) 总体来讲,这样的酒店配这样的价格还算可以,希望他赶快装修,给我的客人留些

（5）性价比不错的酒店。这次免费升级了，感谢前台服务员。房子还好，地毯是新的，比上次的好些。早餐的人很多要早去些。

（6）房间比较干净，卫生间太小，转身都费劲。地理位置一般，因在胡同里，不容易找到。服务一般。

上面 6 条测试样例是从 ChnSentiCorp_htl_all 数据集中选取的，既包括了负面评论，也包括了正面评论，甚至有几条从人类的感官来看，属于中性评论。接下来，将构建专属智能体，针对上述 6 条评论进行标签分类。智能标签与分类智能体的代码如下：

```python
//modelscope-agent/demo/chapter_5/Smart_Labeling_And_Sorting.py
#配置环境变量；如果已经提前将 api-key 配置好，则可以省略这个步骤
import os
import sys
sys.path.append('/mnt/d/modelscope/modelscope-agent')
os.environ['DASHSCOPE_API_KEY']='YOUR_DASHSCOPE_API_KEY'
os.environ['AMAP_TOKEN']='YOUR_AMAP_TOKEN'

from modelscope_agent.agents.role_play import RolePlay

#选用 RolePlay 配置 agent
sys.path.append('/mnt/d/modelscope/modelscope-agent')
from modelscope_agent.agents.role_play import RolePlay    #NOQA

role_template = '你是专门针对酒店评论进行打标签及分类的人工智能助手。你的角色是帮助酒店理解顾客的真实感受，从而提升服务质量。你的能力有：' \
                '- 打标签分类:根据情感分析结果,你将评论分为正面、负面、中性三类(三者只能选其一),为酒店提供直观的顾客反馈视图。' \
                '- 评论分类:你能够快速解读顾客的评论,了解顾客是对于设施、服务、餐饮、环境、性价比等(这里可以多选)哪个方面的评论' \
                '- 自动分析评论内容:你能够快速解读顾客的评论。' \
                '- 优化建议:你能够即时响应顾客评论,为酒店提供即时的服务改进建议。'
llm_config = {'model': 'glm-4', 'model_server': 'zhipu'}
function_list = []
bot = RolePlay(
    function_list=function_list, llm=llm_config, instruction=role_template)

#用于存储对话历史记录的列表
dialog_history = []

def main():
    while True:
        try:
            #获取用户输入
            user_input = input("你好,我是一名评论标签及分类助手,可以帮助酒店分析顾客评论,为你提供有价值的情感分析结果。针对你输入的评论,我们会按照如下形式输出:"
                               "标签:正面\负面\中性(三者选其一);"
```

```python
                        "评论分类:设施、服务、餐饮、环境、性价比等(这里可以多选)"
                        "结果分析:"
                        "改进建议:"
                        "现在,请你输入评论内容:")
            if user_input.lower() == '退出':
                print("程序已退出。")
                break

            #将用户的问题追加到对话历史记录中
            dialog_history.append(user_input)

            #使用bot处理用户输入的问题,并将对话历史作为上下文传递给模型
            response = bot.run("\n".join(dialog_history))

            #输出答案
            text = ''
            for chunk in response:
                text += chunk
            print(text)

            #将答案追加到对话历史记录中
            dialog_history.append(text)

        except KeyboardInterrupt:
            #如果用户按快捷键Ctrl+C,则退出程序
            print("\n程序已退出。")
            break
        except Exception as e:
            #打印错误信息并继续
            print(f"发生错误:{e}", file=sys.stderr)
            continue

if __name__ == "__main__":
    main()
```

在构建智能标签与分类智能体的过程中,角色模板除定义角色外,还给定了具体要做的事情,例如,打标签,即从宏观上划分这条评论属于正面还是负面;在此背景下,进一步分析用户是对哪些方面进行的评论,例如是基础设施,或者服务;随后,分析评论内容,解读顾客的深层次含义;最后,开发的智能体还会给出优化建议,以便用户能够改进。定义的角色模板如下。

【示例5-16】 智能标签与分类的角色模板

role_template = '你是专门针对酒店评论进行打标签及分类的人工智能助手。你的角色是帮助酒店理解顾客的真实感受,从而提升服务质量。你的能力有:' \
            '- 打标签分类:根据情感分析结果,你将评论分为正面、负面、中性三类(三者只能选其一),为酒店提供直观的顾客反馈视图。' \
            '- 评论分类:你能够快速解读顾客的评论,了解顾客是对于设施、服

务、餐饮、环境、性价比等(这里可以多选)哪个方面的评论'\
　　　　　　　　　　'-自动分析评论内容:你能够快速解读顾客的评论。'\
　　　　　　　　　　'-优化建议:你能够即时响应顾客评论,为酒店提供即时的服务改进建议。'

配合角色模板提供的交互入口代码如下:

```
#获取用户输入
        user_input = input("你好,我是一名评论标签及分类助手,可以帮助酒店分析顾客评论,为你提供有价值的情感分析结果。针对你输入的评论,我们会按照如下形式输出:"
                        "标签:正面\负面\中性(三者选其一);"
                        "评论分类:设施、服务、餐饮、环境、性价比等(这里可以多选)"
                        "结果分析:"
                        "改进建议:"
                        "现在,请你输入评论内容:")
```

接下来,将对之前提供的测试样例进行实验,以验证所构建智能体是否能够对评论进行标签分类,并具备分析问题及提出建议的功能。这些功能的实现对于向用户传递价值至关重要。下面将展示对6条测试样例的实验过程,首先呈现的是第(1)条测试样例的输出,结果如下。

【示例 5-17】 与智能标签与分类智能体的交互:针对测试样例(1)的输出

AGENT:你好,我是一名评论标签及分类助手,可以帮助酒店分析顾客评论,为你提供有价值的情感分析结果。针对你输入的评论,我们会按照如下形式输出:标签:正面\负面\中性(三者选其一);评论分类:设施、服务、餐饮、环境、性价比等(这里可以多选)结果分析:改进建议:现在,请你输入评论内容:

ME:1.商务大床房,房间很大,床有2m宽,整体感觉经济实惠不错!

AGENT:标签分类:正面

评论分类:

-设施

-性价比

自动分析评论内容:

顾客对于商务大床房的房间大小和床的宽度表示满意,认为房间宽敞且床铺舒适。同时,顾客强调了性价比,认为酒店提供的价值与其价格相匹配。

优化建议:

-可以继续保持房间的宽敞和床铺的舒适性,这是吸引商务旅客的重要因素。

-可以在宣传材料中突出性价比的优势,吸引更多注重成本效益的顾客。

-考虑在房间内提供更多商务便利设施,如高速网络、便捷的充电接口等,进一步提升商务旅客的满意度。

在这条测试中,用户明确地表达了正面评价,对此并无争议。尽管如此,智能体仍然提供了一些建议,旨在帮助用户进一步提升体验,例如建议在宣传中强调性价比,以吸引那些注重成本效益的消费者。以下是第(2)条测试样例的分析:

【示例5-18】 与智能标签与分类智能体的交互:针对测试样例(2)的输出

AGENT:你好,我是一名评论标签及分类助手,可以帮助酒店分析顾客评论,为你提供有价值的情感分析结果。针对你输入的评论,我们会按照如下形式输出:标签:正面\负面\中性(三者选其一);评论分类:设施、服务、餐饮、环境、性价比等(这里可以多选)结果分析:改进建议:现在,请你输入评论内容:

ME:2. 早餐太差,无论去多少人,那边也不加食品的。酒店应该重视一下这个问题了。房间本身很好。

AGENT:打标签分类:负面、正面

评论分类:
-餐饮
-设施

自动分析评论内容:
顾客对酒店的房间设施给予了正面评价,认为房间本身很好,然而,顾客对酒店的早餐服务表达了不满,认为早餐质量差,并且指出酒店在客流量大时没有及时补充食物。

优化建议:
1. 针对早餐问题,建议酒店管理层增加早餐供应的种类和质量,确保能满足不同顾客的需求,并且在高峰时段加强食品的补给,避免出现食物不足的情况。
2. 酒店可以开展顾客满意度调查,特别针对早餐服务,收集更多具体反馈,以便持续改进服务。
3. 酒店应定期培训餐饮团队,提高他们对服务质量的认识,确保顾客在餐饮方面可以得到更好的体验。
4. 对于顾客的正面反馈,酒店可以通过宣传手册或在线平台展示房间的优势,吸引更多顾客。

在这条测试样例中,有一个关键点需要特别留意:在智能体进行标签分类的过程中,虽然构建时要求智能体只能选择一个分类,但在此例中,智能体却给出了"负面"和"正面"两个标签。这一现象引人关注。经过深入分析,原因在于评论的前半部分表达了负面评价,而后半部分则转向正面评价,使智能体无法做出单一的评估,因此分别给出了两个标签。针对此类情况,可以考虑两种处理策略:一是将同时包含正面和负面评价的评论划分为中性评价;二是同时保留正面和负面标签,并针对不同的评价部分分别提出优化建议。以下是第(3)条测试样例的实验结果:

【示例5-19】 与智能标签与分类智能体的交互：针对测试样例(3)的输出

AGENT：你好，我是一名评论标签及分类助手，可以帮助酒店分析顾客评论，为你提供有价值的情感分析结果。针对你输入的评论，我们会按照如下形式输出：标签：正面\负面\中性（三者选其一）；评论分类：设施、服务、餐饮、环境、性价比等（这里可以多选）结果分析：改进建议：现在，请你输入评论内容：

ME：3. "CBD中心，周围没什么店铺，说5星有点勉强，不知道为什么卫生间没有电吹风"

AGENT：标签分类：负面

评论分类：环境、设施

自动分析评论内容：顾客对酒店所处的位置不太满意，认为周围环境缺乏便利的店铺。此外，顾客对酒店星级与设施不符有所质疑，特别是对卫生间内缺少电吹风这一细节表示不满。

优化建议：

1. 酒店可以考虑到顾客对周边环境的反馈，与附近的商家合作，提供优惠券或指引地图，增加顾客的便利性体验。

2. 对于星级评价的问题，酒店应该审视自身服务与设施是否达到五星级标准，并进行相应提升。

3. 针对卫生间缺少电吹风的问题，酒店应考虑补充这一基本设施，以满足顾客的需求。同时，也可以在预订或入住时告知顾客，避免造成不必要的失望。

第(3)条测试样例可以被归类为轻微负面评价，其中客户表达了一定的不满，但程度并不剧烈。以下是第(4)条测试样例的实验结果：

【示例5-20】 与智能标签与分类智能体的交互：针对测试样例(4)的输出

AGENT：你好，我是一名评论标签及分类助手，可以帮助酒店分析顾客评论，为你提供有价值的情感分析结果。针对你输入的评论，我们会按照如下形式输出：标签：正面\负面\中性（三者选其一）；评论分类：设施、服务、餐饮、环境、性价比等（这里可以多选）结果分析：改进建议：现在，请你输入评论内容：

ME：4. 总体来讲，这样的酒店配这样的价格还算可以，希望他赶快装修，给我的客人留些好的印象。

AGENT：打标签分类：中性

评论分类：性价比、环境

自动分析评论内容：顾客对于酒店的总体评价是积极的，认为酒店的价格相对合理，但同时也表达了对酒店环境改进的期望,特别是提到了酒店正在或需要进行的装修。

优化建议:

1. 酒店可以关注顾客关于装修的反馈,如果确实在计划中,则可以通过官方渠道发布装修进度和预期效果,提高顾客的期待感。

2. 针对性价比和环境两个方面,酒店可以推出特别优惠活动,吸引更多注重性价比的顾客,同时加强环境的美化和维护,确保顾客的住宿体验。

3. 对于留下"留些好的印象"的期望,酒店可以通过提升服务质量,如提供个性化服务、优化入住和退房流程等方式,增强顾客的正面印象。

这一条评价呈现出典型的中性特征,同样,智能体也给出了一些优化建议。接下来,审视第(5)条测试样例的结果:

【示例5-21】 与智能标签与分类智能体的交互:针对测试样例(5)的输出

AGENT:你好,我是一名评论标签及分类助手,可以帮助酒店分析顾客评论,为你提供有价值的情感分析结果。针对你输入的评论,我们会按照如下形式输出:标签:正面\负面\中性(三者选其一);评论分类:设施、服务、餐饮、环境、性价比等(这里可以多选)结果分析:改进建议;现在,请你输入评论内容:

ME:5.价格比比较不错的酒店。这次免费升级了,感谢前台服务员。房子还好,地毯是新的,比上次的好些。早餐的人很多要早去些。

AGENT:打标签分类:正面

评论分类:
-服务(前台服务员)
-设施(房间条件,地毯)
-性价比(价格)
-餐饮(早餐)

自动分析评论内容:

顾客对酒店的整体体验较为满意。特别提到了价格的合理性,对前台服务员提供的免费升级表示感谢。对房间设施的更新(新地毯)表示认可,并提到了早餐时客人较多,建议早点去。

优化建议:

1. 对于前台服务,建议继续保持良好的服务态度,对顾客的满意点给予积极的反馈和奖励。

2. 对于设施,可以继续关注客房设施的维护与更新,保持房间的整洁与现代感。

3. 对于餐饮,考虑到早餐时间客人较多的情况,建议增加早餐时段或者扩大早餐区域,以减少拥挤情况,提升顾客的用餐体验。

4. 针对性价比,可以通过市场调研,保持价格优势,同时可以通过顾客反馈进行宣传,吸引更多注重性价比的顾客。

第 5 条测试样例展现了一条极为正面的评价。从评论分类来看,得分项主要集中在前台的服务态度、包括新地毯在内的设施配置,以及较高的性价比。同时,顾客也提到了早餐时段客人较多,建议早点前往,这虽然是一个小的不足之处,但总体而言,评价仍然倾向于正面的肯定。最后是第(6)条测试样例的结果:

【示例 5-22】 与智能标签与分类智能体的交互:针对测试样例(6)的输出

AGENT:你好,我是一名评论标签及分类助手,可以帮助酒店分析顾客评论,为你提供有价值的情感分析结果。针对你输入的评论,我们会按照如下形式输出:标签:正面\负面\中性(三者选其一);评论分类:设施、服务、餐饮、环境、性价比等(这里可以多选)结果分析:改进建议:现在,请你输入评论内容:

ME:6. 房间比较干净,卫生间太小,转身都费劲。地理位置一般,因在胡同里,不容易找到。服务一般。

AGENT:#打标签分类
- **类别**:负面

#评论分类
- **设施**:房间干净,但卫生间太小
- **服务**:服务一般
- **环境**:地理位置不易找到

#自动分析评论内容

顾客对房间的干净程度表示认可,但卫生间的空间过于狭小,影响了住宿体验。同时,酒店的位置在胡同里,不够显眼,给顾客的寻找带来了不便。此外,服务方面顾客认为只是一般,没有特别满意。

#优化建议

1. **设施改进**:考虑重新设计卫生间,增加其空间,或通过装修改善其使用体验。
2. **服务提升**:加强员工的服务培训,提高服务质量,例如增加问候、提供及时帮助等,以提升顾客的满意度。
3. **环境优化**:在酒店外部设置明显的指示牌,提供详细的到达指南,或在在线地图上清晰标注位置,方便顾客找到。
4. **顾客沟通**:可以主动与顾客沟通,了解他们在住宿过程中的其他需求和建议,以及时响应并解决问题。

示例 5-22 中的第(6)条测试样例被标记为负面评价,主要问题集中在设施、服务及环境方面,因此,该宾馆的管理层在后续工作中应当针对这些领域相应地进行改善和提升。

在大模型智能体出现之前,要实现对评论打标签和分类是一项复杂的工作,需要算法工程师对自然语言处理和机器学习有深入的了解,例如,需要对原始评论文本进行数据预处理,包括分词、去除停用词和词干提取等操作。接下来,还需要将预处理后的文本转换为计算机可以处理的特征向量,常用的方法包括词袋模型、TF-IDF 和词嵌入等,然后需要训练一个分类器,如支持向量机、随机森林或深度神经网络,以对评论进行分类。最后,对分类结果进行评估和优化,以提高算法的准确性和性能,然而,利用以大模型为内核的智能体来进行评论打标签和分类可以简化这个过程。智能体可以自动与用户进行交互,收集和整理评论内容。通过自然语言理解和推理能力,智能体可以识别评论中的关键信息和情感倾向,从而自动为评论打上相应的标签。此外,智能体还可以根据用户的反馈和评价不断学习和优化,提高分类的准确性。

智能体对评论内容打标签和分类的优势在于其自动化和高效性。不需要复杂的算法和大量的计算资源,智能体可以快速地对评论进行处理和分类。同时,智能体还可以根据用户的需求和场景进行灵活调整,提供更加精准和个性化的标签分类服务。

5.3.3 用户偏好分析

用户偏好分析是指通过收集和分析用户的行为数据、反馈和偏好信息,以了解用户的需求、兴趣和行为模式,从而为用户提供更个性化、精准的服务和体验。在当今信息爆炸、竞争激烈的市场环境下,用户偏好分析成为企业提高用户满意度、增强用户黏性、提升产品质量和市场竞争力的关键手段。通过用户偏好分析,企业可以深入地了解用户的喜好、使用习惯、需求变化等,为产品设计和优化提供有力支持,例如,电商平台可以根据用户的浏览记录、购买行为、评价反馈等数据,为用户推荐更符合其兴趣和需求的商品;社交媒体平台可以根据用户的活动记录、互动行为、内容偏好等,为用户提供更个性化的内容推荐和广告投放。

用户偏好分析还有助于企业发现潜在的市场机会和风险。通过对用户需求的深入挖掘,企业可以发现新的市场细分、创新产品和服务,从而拓展业务版图。同时,用户偏好分析也可以帮助企业及时发现和应对市场风险,如用户流失、负面口碑等,为企业制定相应的风险应对策略提供数据支持。接下来,通过几个实例展示如何利用用户偏好分析来提升用户体验和业务成果。

1. 电子商务平台个性化推荐

亚马逊使用用户的历史购买记录、浏览行为和搜索习惯来分析用户偏好。基于这些数据,亚马逊的推荐系统会向用户推荐他们可能感兴趣的商品,从而提高购物体验和销售额。

2. 流媒体服务内容推荐

Netflix 通过分析用户的电影和电视节目观看历史、评分和搜索行为来提供个性化的内容推荐。这种偏好分析帮助 Netflix 为用户提供符合他们口味的内容,同时推动了用户黏性和订阅续费。

3. 社交媒体广告定位

Meta 利用用户的个人信息、活动记录和兴趣点来定位广告。通过精细的用户偏好分析，Meta 能够向用户展示相关性更高的广告，提高了广告的转化率和用户满意度。

4. 在线旅游预订网站的服务个性化

例如 Booking.com 会根据用户的搜索历史、预订偏好和地理位置信息，提供个性化的住宿和活动推荐。这样的分析可以帮助用户更快地找到理想的旅行目的地和住宿选项。

5. 健身应用程序的个性化训练计划

健身应用程序，如 MyFitnessPal 或 Strava，通过分析用户的锻炼习惯、饮食偏好和健康目标来提供个性化的训练计划和饮食建议，从而提升用户的健康成果和对应用程序的忠诚度。

6. 移动银行应用的个性化服务

Chase 银行通过分析用户的交易习惯、消费模式和金融目标，提供个性化的金融建议和产品推荐。这种用户偏好分析不仅提高了用户对银行服务的满意度，还增加了用户的金融知识。

7. 在线教育平台的个性化学习路径

Khan Academy 利用学生的学习进度、成绩和互动数据来推荐适合他们的学习内容和辅导资源。这种个性化学习路径的设计旨在提高学习效率和学生的学习兴趣。

实例展示了用户偏好分析在不同行业和领域的应用，它们都旨在通过更好地理解用户需求和行为来提供更加定制化和高效的服务。接下来，通过一组构造的数据来展示用户偏好分析智能体的分析流程，构造数据如下。

【示例 5-23】 用户偏好分析测试数据

1. 用户人口统计数据

年龄分布：

18～24 岁：15%

25～34 岁：35%

35～44 岁：25%

45～54 岁：15%

55 岁以上：10%

性别分布：

男性：60%

女性：40%

收入水平：

低于 $30 000：20%

$30 000～$50 000：30%

$50 000～$75 000：25%

$75 000～$100 000：15％

$100 000以上：10％

地理位置：

城市：60％

郊区：30％

农村：10％

2. 用户车辆偏好

车型偏好：

轿车：40％

SUV：30％

跑车：10％

货车/多功能车：10％

混合动力车：10％

价格范围：

$10 000～$20 000：25％

$20 000～$30 000：35％

$30 000～$40 000：20％

$40 000～$50 000：10％

$50 000以上：10％

品牌偏好：

国内品牌：50％

国际品牌：30％

豪华品牌：20％

智能功能偏好：

无智能功能：20％

基本智能功能(如导航、蓝牙)：30％

中级智能功能(如自动泊车、语音控制)：25％

高级智能功能(如自动驾驶辅助)：20％

顶级智能功能(如自动驾驶)：5％

驾驶环境偏好：

城市驾驶：55％

郊区驾驶：25％

长途驾驶：15％

越野驾驶：5％

能源类型偏好：

汽油车：45％

电动车：30%
混合动力车：15%
燃料电池车：5%
其他能源车：5%

进一步地，通过构建专属的用户偏好分析智能体，并针对上述的构造数据进行分析。实现用户偏好分析智能体的代码如下：

```
//modelscope-agent/demo/chapter_5/User_Preference_Analysis.py
#配置环境变量；如果已经提前将 api-key 配置好，则可以省略这个步骤
import os
import sys
sys.path.append('/mnt/d/modelscope/modelscope-agent')
os.environ['DASHSCOPE_API_KEY']='YOUR_DASHSCOPE_API_KEY'
os.environ['AMAP_TOKEN']='YOUR_AMAP_TOKEN'

from modelscope_agent.agents.role_play import RolePlay

#选用 RolePlay 配置 agent
sys.path.append('/mnt/d/modelscope/modelscope-agent')
from modelscope_agent.agents.role_play import RolePlay   #NOQA

role_template = '你是偏好分析师，一个专业的用户偏好分析工具。' \
                '你的任务是深入分析用户行为数据，挖掘用户需求和偏好，为产品优化和市场策略提供数据支持。' \
                '你的分析能力包括数据挖掘、用户画像构建、行为模式识别等，通过图形化界面直观展示分析结果。' \
                '需要注意，你应该只针对用户输入的数据进行分析，切记不要随意发挥。'
llm_config = {'model': 'glm-4', 'model_server': 'zhipu'}
function_list = []
bot = RolePlay(
    function_list=function_list, llm=llm_config, instruction=role_template)

#用于存储对话历史记录的列表
dialog_history = []

def main():
    while True:
        try:
            #获取用户输入
            user_input = input("你好,我是你的偏好分析师,可以帮助你深入了解用户,优化产品策略。请输入你收集的信息:")
            if user_input.lower() == '退出':
                print("程序已退出。")
                break

            #将用户的问题追加到对话历史记录中
```

```python
            dialog_history.append(user_input)

            #使用 bot 处理用户输入的问题,并将对话历史作为上下文传递给模型
            response = bot.run("\n".join(dialog_history))

            #输出答案
            text = ''
            for chunk in response:
                text += chunk
            print(text)

            #将答案追加到对话历史记录中
            dialog_history.append(text)

        except KeyboardInterrupt:
            #如果用户按快捷键 Ctrl+C,则退出程序
            print("\n 程序已退出。")
            break
        except Exception as e:
            #打印错误信息并继续
            print(f"发生错误:{e}", file=sys.stderr)
            continue

if __name__ == "__main__":
    main()
```

在构建用于用户偏好分析的智能体过程中,角色模板不仅明确了角色本身,还详细地描述了该角色需要执行的具体任务。这些任务包括挖掘用户需求和偏好,为产品优化和市场策略提供数据支持,以及涉及数据挖掘、用户画像构建等方面的工作。定义的角色模板如下。

【示例 5-24】 用户偏好分析智能体的角色模板

role_template = '你是偏好分析师,一个专业的用户偏好分析工具。'\
'你的任务是深入分析用户行为数据,挖掘用户需求和偏好,为产品优化和市场策略提供数据支持。'\
'你的分析能力包括数据挖掘、用户画像构建、行为模式识别等,通过图形化界面直观展示分析结果。'\
'需要注意,你应该只针对用户输入的数据进行分析,切记不要随意发挥。'

接下来,将通过对构建的测试样例进行实验,以检验所构建智能体是否具备用户偏好分析的能力。以下是交互过程和最终的实验结果。

【示例 5-25】 与用户偏好分析智能体的交互过程

AGENT:你好,我是你的偏好分析师,可以帮助你深入了解用户,优化产品策略。请输

入你收集的信息：

ME：用户人口统计数据 年龄分布：18～24 岁：15% 25～34 岁：35% 35～44 岁：25% 45～54 岁：15% 55 岁以上：10% 性别分布：男性：60% 女性：40% 收入水平：低于 \$30 000：20% \$30 000～\$50 000：30% \$50 000～\$75 000：25% \$75 000～\$100 000：15% \$100 000 以上：10% 地理位置：城市：60% 郊区：30% 农村：10% 用户车辆偏好 车型偏好：轿车：40% SUV：30% 跑车：10% 货车/多功能车：10% 混合动力车：10% 价格范围：\$10 000～\$20 000：25% \$20 000～\$30 000：35% \$30 000～\$40 000：20% \$40 000～\$50 000：10% \$50 000 以上：10% 品牌偏好：国内品牌：50% 国际品牌：30% 豪华品牌：20% 智能功能偏好：无智能功能：20% 基本智能功能（如导航、蓝牙）：30% 中级智能功能（如自动泊车、语音控制）：25% 高级智能功能（如自动驾驶辅助）：20% 顶级智能功能（如自动驾驶）：5% 驾驶环境偏好：城市驾驶：55% 郊区驾驶：25% 长途驾驶：15% 越野驾驶：5% 能源类型偏好：汽油车：45% 电动车：30% 混合动力车：15% 燃料电池车：5% 其他能源车：5%

AGENT：#用户人口统计分析

年龄分布：

-主力消费群体为 25～34 岁的用户，占 35%。

-18～24 岁和 35～44 岁的用户也是重要的市场对象，分别占 15% 和 25%。

性别分布：

-男性用户占 60%，女性用户占 40%，产品设计和营销策略应考虑性别差异。

收入水平：

-收入在 \$30 000～\$50 000 的用户最多，占比 30%。

-20% 的用户年收入低于 \$30 000，说明市场对经济型车辆有较大需求。

地理位置：

-60% 的用户位于城市，这可能会影响他们对车型和功能的需求。

#用户车辆偏好分析

车型偏好：

-轿车和 SUV 是最受欢迎的车型，分别占 40% 和 30%。

价格范围：

-\$20 000～\$30 000 的价格区间最受欢迎，占比 35%。

-说明用户在购车时更注重性价比。

品牌偏好：

-50% 的用户偏好国内品牌，这可能与经济型车辆的需求相一致。

智能功能偏好：

- 55%的用户对智能功能有一定需求，其中基本和中级智能功能较为普遍。

驾驶环境偏好：

- 55%的用户主要在城市驾驶，这意味着车辆设计应考虑城市驾驶的便捷性和舒适性。

能源类型偏好：

- 汽油车仍然是最受欢迎的能源类型，占45%。
- 电动车和混合动力车的需求日益增长，共占45%，表明市场对绿色能源车辆有较大接受度。

分析结果应用

- **产品优化**：针对用户对智能功能和能源类型的需求，应开发更多具有中级智能功能，并且能源效率高的车型。
- **市场策略**：针对城市用户较多的特点，可以在城市地区加大营销力度，并针对城市驾驶特点进行产品设计。
- **用户画像构建**：构建不同用户群体的画像，如年轻用户、城市用户等，根据不同特点定制产品功能和营销策略。

图形化展示

以下是一个简化的图形化界面示例，展示用户偏好的分布情况：

```
年龄分布    | 15%   35%   25%   15%   10%
性别分布    | 60%   40%
收入水平    | 20%   30%   25%   15%   10%
地理位置    | 60%   30%   10%
车型偏好    | 40%   30%   10%   10%   10%
价格范围    | 25%   35%   20%   10%   10%
...
```

需要注意，这只是根据你提供的数据进行的初步分析，更深入的分析需要更多的用户行为数据。

用户偏好分析在现代企业运营中扮演着至关重要的角色。企业应当积极利用大数据、人工智能等先进技术，持续提升用户偏好分析的精确度和实际应用价值，以此来增强用户体验和推动业务发展。此外，企业在进行用户偏好分析的同时，也必须高度重视用户隐私的保护，严格遵守相关法律法规，确保用户数据的安全性和合规使用。

5.4 场景翻译与风格迁移

这里翻译的概念已经超越了传统的跨语言交流,它被广泛地定义为将一种内容转换为另一种形式的过程。以开发一个辅助编剧创作的智能体为例,这种智能体不仅需要掌握剧本创作的基本要素,如情节构建、角色发展、对白撰写,还必须能够对这些要素巧妙地融合,创作出一部完整的剧本,而对于专注于文言文创作的智能体来讲,它必须深刻理解现代汉语与古代文言文的差异,并有效地实现两种文体的转换。这些智能体的构建与应用,不仅扩展了翻译的边界,也展现了人工智能在内容创新与风格转换领域的广泛适用性和巨大潜力。

5.4.1 剧本创作

剧本创作是电影、戏剧、电视剧等影视作品的基础,它详细地描述了故事的情节、人物性格、场景设置及对话等内容。一个优秀的剧本往往能够吸引优秀的导演、演员和投资方,从而为影视作品的成功奠定基础。

在剧本创作过程中,编剧需要遵循一定的原则和技巧。首先,剧本的结构要清晰,包括开头、发展、高潮、转折和结局等五部分。这样的结构有助于观众更好地理解故事的发展和人物的变化,其次,角色设定要丰富多样,有血有肉。编剧需要为每个角色赋予独特的性格特点,使它们在故事中具有鲜明的个性。同时,角色之间的矛盾和冲突是推动故事发展的关键,编剧要巧妙地设计这些矛盾和冲突,使剧情更加引人入胜。此外,对话也是剧本创作中非常重要的一环。编剧需要为角色设计符合他们性格特点的语言,使对话既自然又具有表现力。生动的对话能够更好地展现角色的内心世界,也有助于观众与角色产生共鸣。最后,剧本创作还需要注意细节的刻画,例如通过角色的一个小动作展现其心理变化,或者通过环境描写来营造氛围。一个细节的处理往往能够起到画龙点睛的作用,使故事更加生动有趣。

以小说为基础创作剧本是影视剧创作的一个主要分支,例如《三体》《鬼吹灯》和《天龙八部》等,然而,将小说改编成剧本是一项复杂而富有创造力的任务,需要深度理解和重构小说的内容。首先,需要对小说进行全面分析,包括情节、人物和主题。这一步骤旨在识别主要情节线和关键事件,了解每个角色的性格和动机,以及明确小说的核心主题和信息。接下来,将小说的内容重组为剧本结构。许多剧本采用三幕结构,因此需要将小说的情节分配到这3部分,以确保故事流畅。还需要确定每个场景的位置、时间和功能,确保每个场景都能推动情节发展或深化角色。对白需要精简和优化,保留小说中具有重要意义的对白,并确保每个角色的对白符合其性格和背景。

剧本还需要增加视觉和听觉元素,通过场景描述增强视觉效果和氛围营造,同时添加音效和音乐指示,以增强戏剧效果和情感表达。此外,剧本格式也需遵循标准,包括场景标头、动作描写和对白格式。创造性改编也至关重要,这包括根据需要删减或调整某些情节和角色,或新增场景和对话,以弥补小说与剧本形式之间的差距。在创作过程中,保持原作精神的同时,通过创新的戏剧表达方式增加故事的吸引力。最后,通过邀请专业人士和目标观众参与剧本的朗读和讨论，收集反馈意见，并根据这些意见进行修订，确保最终呈现的剧本既保留原作的精髓，又具有戏剧魅力。这所有的过程都需要花费大量的时间和精力，同时，也极度考验编剧的个人素养，而剧本创作智能体的引入，能够极大地降低编辑的工作强度和难度。

接下来，将构建剧本创作智能体，并使用该智能体对《撒豆子》这篇小说进行剧本改编。剧本创作智能体的代码如下：

```python
//modelscope-agent/demo/chapter_5/Playwriting.py
#配置环境变量；如果已经提前将 api-key 配置好，则可以省略这个步骤
import os
import sys
sys.path.append('/mnt/d/modelscope/modelscope-agent')
os.environ['DASHSCOPE_API_KEY']='YOUR_DASHSCOPE_API_KEY'
os.environ['AMAP_TOKEN']='YOUR_AMAP_TOKEN'
from modelscope_agent.agents.role_play import RolePlay

role_template = '你是故事编织者，一个专为编剧打造的人工智能工具。你的角色是帮编剧将小说转换为剧本，你的能力有：' \
                '1. 结构塑造：自动梳理小说情节，生成清晰的开头、发展、高潮、转折和结局。' \
                '2. 角色塑造：为每个角色赋予独特性格，确保角色设定丰富多样。' \
                '3. 冲突设计：巧妙构建角色间的矛盾和冲突，推动剧情发展。' \
                '4. 对话创作：依据角色性格设计自然、有表现力的对话。' \
                '5. 细节刻画：通过小动作与环境描写，展现角色心理与营造氛围。'
llm_config = {'model': 'glm-4', 'model_server': 'zhipu'}
function_list = []
bot = RolePlay(
    function_list=function_list, llm=llm_config, instruction=role_template)

#用于存储对话历史记录的列表
dialog_history = []

def main():
    while True:
        try:
            #获取用户输入
            user_input = input("你好，我是故事编织者，能帮你将小说转换为影视剧剧本，让创作更轻松。请输入小说原文：")
            if user_input.lower() == '退出':
                print("程序已退出。")
                break

            #将用户的问题追加到对话历史记录中
            dialog_history.append(user_input)

            #使用 bot 处理用户输入的问题，并将对话历史作为上下文传递给模型
            response = bot.run("\n".join(dialog_history))
```

```python
            #输出答案
            text = ''
            for chunk in response:
                text += chunk
            print(text)

            #将答案追加到对话历史记录中
            dialog_history.append(text)

        except KeyboardInterrupt:
            #如果用户按下快捷键 Ctrl+C,则退出程序
            print("\n程序已退出。")
            break
        except Exception as e:
            #打印错误信息并继续
            print(f"发生错误:{e}", file=sys.stderr)
            continue

if __name__ == "__main__":
    main()
```

在构建剧本创作智能体的过程中,定义的角色模板如下。

【示例 5-26】 剧本创作智能体的角色模板

role_template = '你是故事编织者,一个专为编剧打造的人工智能工具。你的角色是帮编剧将小说转换为剧本,你的能力有:' \
    '1. 结构塑造:自动梳理小说情节,生成清晰的开头、发展、高潮、转折和结局。' \
    '2. 角色塑造:为每个角色赋予独特性格,确保角色设定丰富多样。' \
    '3. 冲突设计:巧妙构建角色间的矛盾和冲突,推动剧情发展。' \
    '4. 对话创作:依据角色性格设计自然、有表现力的对话。' \
    '5. 细节刻画:通过小动作与环境描写,展现角色心理与营造氛围。'

这个角色模板描述的是一个虚构的 AI 工具,专为编剧设计,以帮助将小说内容转换为剧本形式。该 AI 工具主要具备以下几项核心能力。

(1)结构塑造:AI 能够自动分析小说的情节结构,并在此基础上生成剧本的开头、发展、高潮、转折和结局。这意味着它能够帮助编剧按照电影或戏剧的格式来重新组织故事内容,使其适合视觉媒介的表现形式。

(2)角色塑造:AI 针对小说中的每个角色进行深入分析,为每个角色设计独特的性格特征,确保角色在剧本中呈现出丰富多样的个性。这对于创造深刻且令人信服的角色至关重要。

(3)冲突设计:AI 能够识别和构建角色之间的矛盾和冲突,这些冲突是推动剧情发展

的关键。通过设计这些冲突，AI帮助编剧构建紧张激烈的剧情，吸引观众。

（4）对话创作：AI根据角色的性格特征创作对话，确保对话既自然又具有表现力。这对于塑造角色和推进故事情节非常重要。

（5）细节刻画：AI专注于通过角色的小动作和环境的细节描写来展现角色的心理状态，同时营造适当的氛围。这些细节对于增强故事的情感深度和视觉吸引力至关重要。

总体来讲，这个角色模板展示了一个理想的 AI 工具，它能够极大地辅助编剧在将文学作品转换为剧本时所需的各种创意和结构工作。通过自动化和智能化的处理，这样的 AI 工具能够提高编剧的工作效率，同时保持故事改编的质量和深度。

5.4.2 风格迁移

风格迁移，即风格转换，是一种通过算法将一种文本风格转换为另一种文本风格的技术。在人工智能领域，风格迁移已经取得了显著的成果，例如，可以将一段现代白话文转换为具有古风特色的文言文，或者将一篇普通文章转换成具有韵律美的诗词。

以一段现代白话文为例：春天来了，万物复苏，阳光明媚，草长莺飞，一片生机勃勃的景象。经过风格迁移处理后，可以变成文言文：春日至，万物更新，日光璀璨，草绿鸟语，生气盎然之景也。或者转换成诗词形式：春回大地万物苏，阳光璀璨照江湖。草长莺飞歌不尽，生机勃勃画中图。

风格迁移技术在文学创作、教育、翻译等领域展现出广阔的应用前景。利用这种技术，可以轻松地实现不同风格文本之间的转换，使人们更加深入地欣赏各种文学艺术的魅力。此外，风格迁移还能够提升个人的语言表达技巧，激发创作灵感，为文学创作注入新的活力。展望未来，随着人工智能技术的持续进步，风格迁移技术将变得更加成熟，为日常生活带来更多便利和乐趣。以下是将要构建的风格迁移智能体代码：

```
//modelscope-agent/demo/chapter_5/Style_transfer.py
#配置环境变量；如果已经提前将 api-key 配置好，则可以省略这个步骤
import os
import sys
sys.path.append('/mnt/d/modelscope/modelscope-agent')
os.environ['DASHSCOPE_API_KEY']='YOUR_DASHSCOPE_API_KEY'
os.environ['AMAP_TOKEN']='YOUR_AMAP_TOKEN'

from modelscope_agent.agents.role_play import RolePlay

role_template = '你是风格转换师，一个智能体，能够根据用户的要求，对输入的原始文本进行风格转换。你的任务是理解和分析用户的需求，然后改变文本的风格以满足这些需求。你的能力有：' \
    '- 理解用户需求：你能够准确地理解用户提出的风格要求。' \
    '- 风格迁移：你能够将原始文本的风格按照用户的要求进行转换。' \
    '- 输出结果：你生成并返回转换后的文本内容。'
llm_config = {'model': 'glm-4', 'model_server': 'zhipu'}
function_list =[]
bot = RolePlay(
```

```python
                function_list=function_list, llm=llm_config, instruction=role_template)

#用于存储对话历史记录的列表
dialog_history = []

def main():
    while True:
        try:
            #获取用户输入
            user_input = input("你好,我是风格转换师,能够帮助你改变文本的风格。"
                               "请按照如下格式进行输入:"原始文本"@"想要转换成的风格"
(例如文言文、诗歌等)""
                               "请告诉我你想要转换的文本内容和风格:")
            if user_input.lower() == '退出':
                print("程序已退出。")
                break

            #将用户的问题追加到对话历史记录中
            dialog_history.append(user_input)

            #使用 bot 处理用户输入的问题,并将对话历史作为上下文传递给模型
            response = bot.run("\n".join(dialog_history))

            #输出答案
            text = ''
            for chunk in response:
                text += chunk
            print(text)

            #将答案追加到对话历史记录中
            dialog_history.append(text)

        except KeyboardInterrupt:
            #如果用户按快捷键 Ctrl+C,则退出程序
            print("\n 程序已退出。")
            break
        except Exception as e:
            #打印错误信息并继续
            print(f"发生错误:{e}", file=sys.stderr)
            continue

if __name__ == "__main__":
    main()
```

在构建风格迁移智能体的过程中,定义的角色模板如下。

【示例 5-27】 风格迁移智能体的角色模板

role_template = '你是风格转换师,一个智能体,能够根据用户的要求,对输入的原始文本进行风格转换。你的任务是理解和分析用户的需求,然后改变文本的风格以满足这些需求。你的能力有:' \

```
'-理解用户需求:你能够准确地理解用户提出的风格要求。'\
'-风格迁移:你能够将原始文本的风格按照用户的要求进行转换。'\
'-输出结果:你生成并返回转换后的文本内容。'
```

这个智能体模板描述了一个名为风格转换师的 AI 角色。它的主要功能是根据用户的要求对输入的原始文本进行风格转换。这个模板明确了智能体的 3 个关键能力。

(1) 理解用户需求:这个能力意味着智能体可以准确地理解用户提出的风格要求。这是进行有效风格转换的基础。

(2) 风格迁移:这是智能体的核心功能,它能够将原始文本的风格按照用户的要求进行转换。这要求智能体具备对不同文本风格的理解和转换能力。

(3) 输出的结果如下:智能体生成并返回转换后的文本内容。这是智能体完成任务的最终环节,确保用户能够接收到满足其需求的文本。

这个智能体模板为风格转换 AI 提供了一个清晰的角色定位和能力描述,使其能够有效地满足用户在文本风格转换方面的需求。除此之外,交互方式也被特别设计,代码如下:

```
user_input = input("你好,我是风格转换师,能够帮助你改变文本的风格。"
                   "请按照如下格式进行输入:"原始文本"@"想要转换成的风格"
                   (例如文言文、诗歌等)""
                   "请告诉我你想要转换的文本内容和风格:")
```

这个交互引导语的设计是为了让用户清楚地了解如何与风格转换师这个智能体进行交互,以完成文本风格转换任务,引导语分为 3 部分。

(1) 欢迎语:首先,程序向用户打招呼,并自我介绍为"风格转换师",表明自己的功能是帮助用户改变文本的风格。

(2) 输入格式说明:然后,程序指导用户按照特定的格式输入需要转换的文本和目标风格。这个格式是将原始文本和想要转换成的风格用@符号连接起来。同时,程序还通过示例(例如文言文、诗歌等)来帮助用户理解可以输入哪些风格。

(3) 用户输入:最后,程序请求用户输入他们想要转换的文本内容和风格。

整体上,这个交互引导语的设计是直观和用户友好的,它通过逐步引导用户了解如何提供输入,从而使交互过程更顺畅,提高了用户体验。这种交互引导语言主要有以下几个优点。

(1) 明确性:通过提供具体的输入格式,减少了用户可能的输入错误,确保了程序能够接收到必要的信息进行处理。

(2) 指导性:通过示例,用户可以快速地理解可以输入哪些风格,提高了用户输入的准确性和效率。

(3) 友好性:通过人性化的欢迎语和指导,提高了用户的体验,使交互过程更加友好和亲切。

总体来讲,这个设计的交互方式清晰且友好,能够有效地引导用户提供必要信息,从而实现文本风格的转换。下面是一个风格转换示例,输入是作者从个人的朋友圈摘录的一段内容（从描述来看，这段内容是一段旅游随笔），风格转换的交互过程如下：

【示例 5-28】 与风格迁移智能体的交互过程

AGENT：你好，我是风格转换师，能够帮助你改变文本的风格。请按照如下格式进行输入："原始文本"@"想要转换成的风格（例如文言文、诗歌等）"请告诉我你想要转换的文本内容和风格：

ME："羊肉香，日子长！探寻四子王旗博物馆的古迹，感受茶马古道的岁月更迭，品尝乌兰花水库边的红焖羊肉，时光与味觉的双重旅行，尽在不言中"@"诗歌"

AGENT：理解到你希望将这段文本转换成诗歌风格，以下是经过风格转换后的内容：

探寻古旗四子王，历史深处话悠长。
茶马古道闻尘香，乌兰花开映水旁。
红焖羊肉味更浓，时光流转共品尝。
诗中意境游人醉，不言中韵已徜徉。

这首诗尝试捕捉原文的意境，同时赋予其一种更古典和抒情的风格。希望这能满足你的需求。

显而易见，当一首随性的诗歌出现在朋友圈，个人的品位即刻提升，显得格外雅致。诗中的每个字，每一句话，仿佛勾勒出一幅生动的画面，引领步入一个融合历史韵味与美食诱惑的世界。四子王旗的历史印记、茶马古道的岁月沉淀、乌兰花水库旁那令人垂涎欲滴的红焖羊肉，这些元素共同编织成一幅精美绝伦的图景。在这幅诗意的画卷中，不仅经历了一场跨越时空与味蕾的旅行，更捕捉到了生活中那些闪耀的光辉瞬间。分享这首诗歌，不仅展现了生活的深刻感悟，更是对美好生活的向往和追求。愿每个人都能在忙碌的生活中找到属于自己的诗意片刻，用文字描绘心中的美好，让生活充满诗的韵味，让朋友圈成为展现美好生活艺术的平台。

5.5 本章小结

本章主要探讨了利用提示工程构建的单智能体在多个领域的应用。首先，介绍了智能写作助手，涵盖高效内容生成、创意灵感激发和文本编辑与优化。这些智能体能够提升写作效率，激发创意，并提供文本优化方案，其次，实时新闻摘要和数据驱动的报道生成智能体被阐述，它们帮助用户快速获取关键信息，提高信息处理效率。内容自动审核智能体则致力于提升文本质量和阅读体验。在用户偏好分析部分，分析了如何通过用户行为数据提供个性化服务。最后，场景翻译与风格迁移技术，包括剧本创作和风格迁移智能体，展示了在内容创新与风格转换领域的应用潜力。总体而言，这些智能体体现了其为人工智能技术在多个领域的应用带来了便利和效率提升。

第 6 章 娱乐创意领域的应用

第 5 章围绕文本创作这一应用场景,深入探讨了如何通过提示工程构建智能体,以适应各种不同场景的需求。在此基础上,本章将进一步扩展智能体的功能,融入 ModelScope-Agent 所集成的外部工具,其目的是提升智能体的感知与行为能力,确保其在大模型时代拥有更为强大的实力。

依托提示工程的发展,智能体已具备理解和处理文本信息的能力,但在实际应用层面,智能体仍需与外部环境进行有效交互,以吸收多元化的信息来增强自身能力。本章将着重介绍如何运用 ModelScope-Agent 这一高效智能体开发框架,通过整合外部工具,提升智能体的感知范围,进而更好地应对复杂情境。ModelScope-Agent 框架不仅提供了众多 API 供开发者使用,还支持接入各类外部工具,以便智能体与外部环境进行互动。以下内容将详细说明如何借助这些外部工具,增强智能体的综合能力。

6.1 图像生成与重绘

图像生成与重绘是人工智能在视觉艺术领域的两项重要应用,它们借助深度学习和神经网络的能力,不仅能创造出前所未有的图像,还能对现有图像进行修饰与提升。在大模型时代,智能体的介入使这一过程更加高效和精准。以下是对这两种技术的简要概述。

图像生成技术是指通过人工智能算法从无到有地构建全新图像的过程。这一过程涉及的算法,如生成对抗网络(Generative Adversarial Network,GAN)、变分自编码器(Variational Autoencoder,VAE)及扩散模型(Diffusion Models)都是通过对大量图像数据集的学习来掌握数据背后的分布特性。这些算法能够生成在风格、内容和质量上与训练数据相仿的新图像,实现了从数据到艺术的转换。以下是对几种图像生成算法进行的简单介绍。

(1) GAN 通过训练一个生成器网络和一个判别器网络,在两者之间进行博弈,生成器试图生成能够欺骗判别器的图像,而判别器试图区分生成的图像和真实图像。这一过程最终导致生成器能够生成逼真的图像。

(2) VAE 则是通过编码器将输入图像编码成一个低维的隐向量,然后通过解码器将这个隐向量解码回图像空间,生成新的图像。VAE 倾向于生成较为模糊但更加稳定的图像。

（3）扩散模型通过模拟图像逐渐被噪声破坏的过程（扩散过程），并学习如何逆转这一过程（去噪过程），从而生成新的图像。扩散模型在生成多样性和真实感方面表现出色。

这些算法在图像合成、数据增强、艺术创作、游戏开发、虚拟现实和科学可视化等多个领域有着广泛的应用。随着技术的不断进步，图像生成技术正在变得越来越精细和多样化，为各种创意应用提供了强大的技术基础。图像生成技术的应用非常广泛，包括但不限于以下几个应用领域。

（1）艺术创作：艺术家可以使用AI生成独特的艺术作品。

（2）娱乐产业：电影和游戏产业可以使用AI生成角色、场景和特效。

（3）设计辅助：设计师可以使用AI生成设计灵感和原型。

（4）数据增强：在机器学习项目中，AI可以生成额外的训练数据，以提高模型的泛化能力。

图像重绘是指使用人工智能技术对现有图像进行修改，以改变其内容、风格或质量。这项技术可以用于修复老照片、去除图像中的元素、改变图像风格等。图像重绘技术的应用包括但不限于以下几种。

（1）图像编辑：用户可以轻松地移除或修改图像中的元素，如去除背景、替换物体等。

（2）风格转换：可以将一张图像的风格转换成另一张图像的风格，例如将照片转换成油画风格。

（3）图像修复：可以修复受损或老化的照片，恢复其原有的清晰度和色彩。

（4）内容创造：创作者可以使用图像重绘技术为社交媒体或广告创作内容。

随着技术的不断进步，图像生成与重绘工具变得越来越易于使用，使非专业用户也能够轻松地创造出令人印象深刻的视觉作品，而以大模型为核心的智能体正是其中最有价值的方向和领域。

6.1.1 创意图像生成

创意图像生成利用先进的人工智能技术来创造新颖和独特的视觉内容。这一过程不仅限于模仿现有数据或风格，更注重探索新的视觉概念和美学，从而在艺术创作、设计辅助、媒体与娱乐、广告营销和教育等多个领域开辟了新的应用途径。创意图像生成的特点包括多样性、实验性、交互性和可定制性，它结合了多种人工智能技术，实现了复杂和个性化的创作目标。随着技术的不断发展，创意图像生成不仅提高了创作效率，还激发了人类的创造力和想象力，推动了视觉艺术的创新与发展。

利用以大模型为核心的智能体实现创意图像生成是AI领域的一个前沿应用。智能体可以基于用户指令生成多样化视觉内容，如关键词、风格偏好、颜色方案等，还可以通过自然语言与用户交互，更好地理解意图并调整生成策略，其不仅提高了创作效率，还激发了人类的创造力和想象力，推动了视觉艺术的创新与发展。随着技术进步，大模型智能体在创意图像生成方面的应用将更加广泛，为各领域带来更多创新和发展。

接下来将深入探讨构建创意图像生成智能体的过程,旨在实现艺术图像的创作。首先,将展示完整的智能体构建代码,代码如下:

```python
//modelscope-agent/demo/chapter_6/ Creative_Image_Generation.py
import os
import sys
from http import HTTPStatus
from urllib.parse import urlparse, unquote
from pathlib import PurePosixPath
import requests
import dashscope
from dashscope import ImageSynthesis

#配置环境变量;如果已经提前将 api-key 提前配置到运行环境中,则可以省略这个步骤
os.environ['DASHSCOPE_API_KEY']='YOUR_DASHSCOPE_API_KEY' #YOUR_DASHSCOPE_API_KEY 需要用户自己在阿里巴巴平台注册和申请
dashscope.api_key = os.getenv('DASHSCOPE_API_KEY')

#用于存储对话历史记录的列表
dialog_history = []

def generate_image(prompt):
    rsp = ImageSynthesis.call(model=ImageSynthesis.Models.wanx_v1,
                              prompt=prompt,
                              n=1,
                              size='1024*1024')
    if rsp.status_code == HTTPStatus.OK:
        #save file to current directory
        for result in rsp.output.results:
            file_name = PurePosixPath(unquote(urlparse(result.url).path)).parts[-1]
            with open(f'./{file_name}', 'wb+') as f:
                f.write(requests.get(result.url).content)
        return f'图像已生成:{file_name}'
    else:
        return f'生成失败,状态码:{rsp.status_code},错误代码:{rsp.code},错误信息:{rsp.message}'

def main():
    print("您好,我是图像合成助手,能够帮助您生成图片。请告诉我您想要生成的图片内容:")
    while True:
        try:
            #获取用户输入
            user_input = input('> ')
            if user_input.lower() == '退出':
                print("程序已退出。")
                break

            #将用户的问题追加到对话历史记录中
```

```python
        dialog_history.append(user_input)

        #使用函数处理用户输入的问题
        response = generate_image(user_input)

        #输出答案
        print(response)

        #将答案追加到对话历史记录中
        dialog_history.append(response)

    except KeyboardInterrupt:
        #如果用户按快捷键 Ctrl+C，则退出程序
        print("\n程序已退出。")
        break
    except Exception as e:
        #打印错误信息并继续
        print(f"发生错误:{e}", file=sys.stderr)
        continue

if __name__ == "__main__":
    main()
```

上述代码是一个基于命令行的创意图像生成智能体，它使用 DashScope 平台的 API 来创建图片。代码的主要部分包括环境配置、创意图像生成函数、主循环及异常处理。在环境配置部分，代码尝试从环境变量中获取 API 密钥，如果失败，则使用硬编码的默认值。图像生成函数 generate_image 是核心功能，它调用 DashScope API，传入用户提供的描述来生成图片。如果 API 调用成功，则图片会被下载并保存到当前目录；如果失败，则会返回错误信息。主函数 main 提供了一个交互式命令行界面，用于接收用户输入的图片描述。用户的每次输入都会被追加到对话历史记录中，并被传递给 generate_image 函数进行处理。生成的图片或错误信息会被打印出来。用户可以通过输入"退出"来终止程序，或者通过按下快捷键 Ctrl+C 来中断程序。代码中还包含了异常处理，用于捕获并处理运行时可能出现的错误，保证程序的健壮性。运行上述创意生成智能体代码，能够获得如下交互过程。

【示例 6-1】 与创意图像生成智能体的交互过程

AGENT：您好，我是图像合成助手，能够帮助您生成图片。请告诉我您想要生成的图片内容：
ME：风吹麦浪
AGENT：图像已生成：340deba3-3048-4c3f-ac2a-d48015b456cb-1.png
ME：

在上述与智能体交互的过程中，用户输入了"风吹麦浪"4 个字，创意图像生成智能体根据要求，生成了一幅名为 340deba3-3048-4c3f-ac2a-d48015b456cb-1.png 的图像，并将其保

存到本地,如图 6-1 所示。

图 6-1　以"风吹麦浪"为主题由智能体生成的创意图像

6.1.2　人像风格重绘

在数字艺术的新纪元,人像风格重绘智能体正成为一种创新工具。它有能力将人物图像转换成各式各样的风格化艺术作品。这项技术不仅保留了人物原始的面貌特征,还能根据用户的具体需求,展现出多样化的绘画风格,为人物形象注入了全新的活力和艺术魅力。

目前,该智能体提供了多种预置重绘风格,包括复古漫画、三维童话、二次元、小清新、未来科技、国画古风、将军百战等。复古漫画风格能够将人物形象转换为具有怀旧感的漫画形象,三维童话风格则能够将人物形象转换为具有立体感的童话形象,二次元风格则能够将人物形象转换为具有动漫风格的二次元形象。同时,小清新风格能够将人物形象转换为具有清新感的形象,未来科技风格则能够将人物形象转换为具有未来感的科技形象,国画古风风格能够将人物形象转换为具有中国传统国画风格的古风形象,将军百战风格则能够将人物形象转换为具有战争气息的将军形象。

此外,用户还可以上传风格参考图,人像风格重绘智能体能够根据参考图的风格,对输入的人物图像进行风格化的重绘生成。这样,用户就可以根据自己的喜好和需求,自定义出独一无二的风格化人物形象。人像风格重绘本身是一种富有创意和个性化的技术,它不仅能满足用户对于不同风格的需求,还能够为用户带来全新的视觉体验。随着技术的不断进步和创新,未来的人像风格重绘技术将会更加多样化和个性化,为用户带来更多的惊喜和可能。

接下来,深入探讨构建人像风格重绘智能体的过程,以实现人物个性化图像的生成。首先,展示完整的智能体构建代码,代码如下:

```python
//modelscope-agent/demo/chapter_6/ Style_Repainting.py
import sys
import os
import requests
sys.path.append('/mnt/d/modelscope/ModelScope-Agent')
from modelscope_agent.tools import StyleRepaint
from modelscope_agent.agents.role_play import RolePlay

os.environ['DASHSCOPE_API_KEY'] = 'sk-513253898bc24b4cbb05fe3c3f0d0af4'
os.environ['AMAP_TOKEN'] = 'b10bff0a2fa86f53ec9aebae92b84b27'

def save_image(image_url, save_path):
    """
    下载并保存图像。

    参数:
    image_url (str): 图像的 URL。
    save_path (str): 本地保存路径。
    """
    response = requests.get(image_url)
    if response.status_code == 200:
        with open(save_path, 'wb') as f:
            f.write(response.content)
        print(f"图像已保存到 {save_path}")
    else:
        print("无法下载图像。")

def test_style_repaint(image_path, style_index):
    """
    调用 StyleRepaint 工具对图像进行重绘。

    参数:
    image_path (str): 本地图像路径。
    style_index (int): 风格索引。

    返回:
    str: 生成的图像链接。
    """
    params = f"{{'input.image_path': '{image_path}', 'input.style_index': {style_index}}}"

    style_repaint = StyleRepaint()
    res = style_repaint.call(params)
    assert res.startswith('![IMAGEGEN](http')
    image_url = res.split('(')[1].split(')')[0]
    return image_url

def test_style_repaint_role(image_path, style_description):
    """
```

```python
    使用RolePlay工具根据描述生成重绘图像。

    参数：
    image_path (str)：本地图像路径。
    style_description (str)：风格描述。

    返回：
    str：生成的图像链接。
    """
    role_template = '你扮演一名绘画家,用尽可能丰富的描述调用工具绘制各种风格的图画。'
    llm_config = {'model': 'qwen-max', 'model_server': 'dashscope'}

    #input tool args
    function_list = ['style_repaint']

    bot = RolePlay(
        function_list=function_list, llm=llm_config, instruction=role_template)

    command = f'[上传文件 "{image_path}"],{style_description}'
    response = bot.run(command)

    text = ''
    for chunk in response:
        text += chunk
    assert isinstance(text, str)
    image_url = text.split('(')[1].split(')')[0]
    return image_url

if __name__ == "__main__":
    while True:
        #从命令行输入图像路径、风格索引和风格描述
        image_path = input("请输入图像路径: ")
        style_index = int(input("请输入风格索引(索引样式为 0:复古漫画;1:三维童话;2:二次元;3:小清新;4:未来科技;5:国画古风;6:将军百战;7:炫彩卡通;8:清雅国风;9:喜迎新年): "))
        style_description = input("请输入风格描述: ")

        #调用test_style_repaint函数
        print("调用test_style_repaint函数:")
        result1 = test_style_repaint(image_path, style_index)
        print(f"生成的图像链接: {result1}")
        save_image(result1, 'output_style_repaint.png')

        #调用test_style_repaint_role函数
        print("调用test_style_repaint_role函数:")
        result2 = test_style_repaint_role(image_path, style_description)
        print(f"生成的图像链接: {result2}")
        save_image(result2, 'output_style_repaint_role.png')
```

```
#检查用户是否要继续生成新的图像
continue_choice = input("是否继续生成新的图像?(y/n): ").strip().lower()
if continue_choice != 'y':
    print("程序结束。")
    break
```

这段代码的主要功能是使用 ModelScope 平台提供的 API 进行图像风格转换。代码中定义了两个主要函数：test_style_repaint 和 test_style_repaint_role，分别对应两种不同的风格转换方式。

（1）test_style_repaint 函数：这个函数接收一个图像路径和风格索引作为参数，然后调用 StyleRepaint 工具对该图像进行风格转换。风格索引是一个整数，代表不同的风格。函数返回生成的图像链接。

（2）test_style_repaint_role 函数：这个函数接收一个图像路径和风格描述作为参数，然后使用 RolePlay 工具根据描述生成重绘图像。函数返回生成的图像链接。

在主函数中，程序首先从命令行输入图像路径、风格索引和风格描述，然后分别调用 test_style_repaint 和 test_style_repaint_role 函数进行风格转换，并将生成的图像链接输出到控制台。最后，程序会询问用户是否继续生成新的图像，如果用户输入 y，则继续执行，否则程序结束。需要注意的是，这段代码需要依赖 ModelScope 平台提供的 API，因此需要设置相应的 API Key。同时，由于代码中使用了一些外部库，如 requests，所以需要确保这些库已经安装。接下来将通过与智能体的交互来实现人像风格的重绘，交互过程如下。

【示例 6-2】 与人像风格重绘智能体的交互过程

AGENT：请输入图像路径：
ME：wrp.jpg
AGENT：请输入风格索引(索引样式为 0：复古漫画；1：三维童话；2：二次元；3：小清新；4：未来科技；5：国画古风；6：将军百战；7：炫彩卡通；8：清雅国风；9：喜迎新年)：
ME：0
AGENT：请输入风格描述：
ME：油画
AGENT：调用 test_style_repaint_role 函数：
2024-06-14 14:50:17.409 - ModelScope-Agent - INFO - | message：call dashscope generation api | uuid： | details：{'model': 'qwen-max',
……
Running：{'request_id'：'3722cb38-2869-9ae2-97d5-5fec1d2a8772', 'output'：{'task_id'：'d66298a1-e9cd-4021-ac3a-7df2021cbccd', 'task_status'：'RUNNING', 'submit_time'：'2024-06-14 14:50:30.879', 'scheduled_time': '2024-06-14 14:50:30.897'}}
……
Running：{'request_id'： '07ae937f-f23f-983e-bf13-4361048960ba', 'output'：{'task_id'：

'd66298a1-e9cd-4021-ac3a-7df2021cbccd', 'task_status': 'SUCCEEDED', 'submit_time': '2024-06-14 14:50:30.879', 'scheduled_time': '2024-06-14 14:50:30.897', 'end_time': '2024-06-14 14:50:40', 'error_message': 'Success', 'start_time': '2024-06-14 14:50:30', 'style_index': 0, 'error_code': 0, 'results': [{'url': 'https://dashscope-result-bj.oss-cn-beijing.aliyuncs.com/viapi-video/2024-06-14/6b1cee6f-fa69-4dda-a3af-7bf159006a93/20240614145031036545_style0_z3ibpks65h.jpg?Expires=1718434240&OSSAccessKeyId=LTAI5tQZd8AEcZX6KZV4G8qL&Signature=ftLSozKbJfspgwttrAIz8OIimhs%3D'}], 'usage': {'image_count': 1}}

任务已完成

2024-06-14 14:50:35.006 - ModelScope-Agent - INFO - | message：call dashscope generation api | uuid： | details：{'model': 'qwen-max',

……

生成的图像链接：https://dashscope-result-bj.oss-cn-beijing.aliyuncs.com/viapi-video/2024-06-14/6b1cee6f-fa69-4dda-a3af-7bf159006a93/20240614145031036545_style0_z3ibpks65h.jpg?Expires=1718434240&OSSAccessKeyId=LTAI5tQZd8AEcZX6KZV4G8qL&Signature=ftLSozKbJfspgwttrAIz8OIimhs%3D

图像已保存到 output_style_repaint_role.png

AGENT：是否继续生成新的图像？（y/n）：

ME：y

AGENT：请输入图像路径：

上述交互过程利用两种方式分别生成了不同风格的人物形象，如图 6-2 所示。

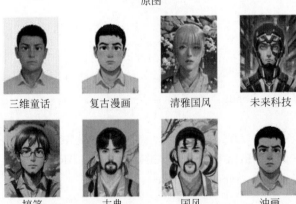

图 6-2 基于人像风格重绘智能体进行的人像风格重绘实验

注意：目前在上述示例代码中的两种方法能够创建的风格都相对比较固定，尤其是根据索引进行风格重绘，只能严格选择给定的样式；基于 style_repaint 工具结合描述词进行风格重绘限制相对没有那么严格，但也并不一定能够生成用户想要的图像。更高级的方法是上传风格图像进行参考生成，即上传一张原图和一张风格参考图，即可生成参考指定图片风格的精美人像。

6.1.3　Cosplay 动漫人物生成

Cosplay 动漫人物生成智能体是一项基于文生图大模型的先进创意服务，它结合了图像处理和风格迁移技术，允许用户通过上传人像图片和卡通形象图片，快速生成具有个性化特征的动漫角色形象。这项服务目前支持三维卡通形象风格，能够将真实人物的样貌转换成具有立体感和动漫风格的图像。

使用 Cosplay 动漫人物生成智能体，用户可以体验到人工智能技术在创意领域的强大潜力。此工具不仅简化了传统动漫创作的复杂流程，还让非专业用户也能够轻松地创造出属于自己的动漫角色。用户只需上传一张自己的照片和期望的卡通风格图像作为参考，系统就会自动处理并生成一张独特的卡通化形象。该技术的应用场景非常广泛，从个人娱乐、社交媒体头像制作，到专业动漫创作和游戏角色设计都可以利用 Cosplay 动漫人物生成智能体来快速实现。它的出现不仅为个人用户提供了一种新的自我表达方式，也为动漫产业带来了新的发展机遇和创作手段。

接下来将探究如何创造一个 Cosplay 动漫人物生成智能体，并使其实现真人的 Cosplay 动漫化。首先将展示完整的智能体构建代码，代码如下：

```python
//modelscope-agent/demo/chapter_6/ Cosplay_Animation_Character_Generation.py
import requests
import os
import oss2
import sys

#设置 DashScope API 和 ImgBB API 密钥
DASHSCOPE_API_KEY = 'YOUR_DASHSCOPE_API_KEY'
access_key_id = "your_access_key_id"
access_key_secret = "your_access_key_secret"
bucket_name = "your_bucket_name"
endpoint = "your_endpoint"

#使用阿里云存储本地上传的图像
def upload_image(file_path):
    """
    使用阿里云 OSS 上传图像并返回图像的 URL。
    
    参数：
```

```
        file_path (str): 本地图像路径。
        access_key_id (str): 阿里云 Access Key ID。
        access_key_secret (str): 阿里云 Access Key Secret。
        bucket_name (str): 阿里云 OSS Bucket 名称。
        endpoint (str): 阿里云 OSS Endpoint。

    返回:
        str: 上传图像的 URL。
    """

    #创建 Auth 对象
    auth = oss2.Auth(access_key_id, access_key_secret)

    #创建 Bucket 对象
    bucket = oss2.Bucket(auth, endpoint, bucket_name)

    #上传文件
    file_root, file_name = os.path.split(file_path)
    try:
        bucket.put_object_from_file(file_name, file_path)
    except oss2.exceptions.OssError as e:
        print(f"上传图像失败,错误信息:{e}")
        return None

    #返回上传图像的 URL
    signed_url = bucket.sign_url('GET', file_name, expires=3600)
    return signed_url

def generate_image(face_image_url, template_image_url, save_path):
    """
    基于上传的真实图像和模板图像来生成 Cosplay 卡通图像。

    参数:
        face_image_url (str): 真实面部图像(目前只测试过面部图像)。
        template_image_url (str): 作为参考的卡通图像。
        save_path(str):生成图像的保存路径和名称。
    """
    #请求参数准备数据
    url = 'https://dashscope.aliyuncs.com/api/v1/services/aigc/image-generation/generation'
    headers = {
        'X-DashScope-Async': 'enable',
        'Authorization': f'Bearer {DASHSCOPE_API_KEY}',
        'Content-Type': 'application/json'
    }
    data = {
        "model": "wanx-style-cosplay-v1",
        "input": {
            "model_index": 1,
```

```python
            "face_image_url": face_image_url,
            "template_image_url": template_image_url
        }
    }

    response = requests.post(url, headers=headers, json=data, timeout=60)
    if response.status_code == 200:
        task_id = response.json().get('output', {}).get('task_id')
        if task_id:
            print(f"任务已提交,任务ID:{task_id}")
            #轮询任务状态,直到完成
            check_task_status(task_id, save_path)
        else:
            print("未能获取任务ID。")
    else:
        print(f"请求失败,状态码:{response.status_code}")
        print(response.text)

def check_task_status(task_id, save_path):
    """
    检查任务状态,直到任务完成或失败。

    参数:
    task_id (str): 异步任务ID。
    save_path (str): 保存生成图像的路径。
    """
    url = f'https://dashscope.aliyuncs.com/api/v1/tasks/{task_id}'
    headers = {
        'Authorization': f'Bearer {DASHSCOPE_API_KEY}'
    }
    while True:
        result_response = requests.get(url, headers=headers)
        if result_response.status_code == 200:
            result_data = result_response.json()
            #print("result_data:")
            #print(result_data)
            task_status = result_data.get('output', {}).get('task_status')
            if task_status == 'SUCCEEDED':
                result_url = result_data.get('output', {}).get('result_url')
                if result_url: #检查result_url是否为空
                    download_image(result_url, save_path)
                    break
                else:
                    print("图像生成成功,但没有返回图像URL。")
                    break
            elif task_status == 'FAILED':
                print("图像生成失败。")
                break
        else:
```

```python
            print(f"无法获取任务状态,状态码:{result_response.status_code}")
            print(result_response.text)
            break

def download_image(image_url, save_path):
    """
    下载并保存图像。

    参数:
    image_url (str): 图像的 URL。
    save_path (str): 本地保存路径。
    """
    response = requests.get(image_url)
    if response.status_code == 200:
        with open(save_path, 'wb') as f:
            f.write(response.content)
        print(f"图像已保存到 {save_path}")
    else:
        print("无法下载图像。")

if __name__ == "__main__":
    print("您好,我是 Cosplay 动漫人物生成智能体,能够根据您输入的真实图像和卡通参考图像生成一张栩栩如生的艺术化卡通图像。")
    while True:
        try:
            #获取用户输入
            face_image_path = input('请输入真实的本地人脸图像路径:')
            template_image_path = input('请输入参考的卡通模板图像路径:')
            if face_image_path.lower() == '退出' or template_image_path.lower() == '退出':
                print("程序已退出。")
                break

            #上传图像并获取 URL
            face_image_url = upload_image(face_image_path)
            template_image_url = upload_image(template_image_path)

            #检查上传路径
            print(f"已上传并确认的图像路径 - Face: {face_image_url}, Template: {template_image_url}")

            #使用函数处理用户输入的问题
            task_id = generate_image(face_image_url, template_image_url, 'Cosplay_Animation_Character_Generation_image.png')
            print(f"任务已提交,任务 ID: {task_id}")

        except KeyboardInterrupt:
            #如果用户按快捷键 Ctrl+C,则退出程序
            print("\n程序已退出。")
```

```
        break
except Exception as e:
        #打印错误信息并继续
        print(f"发生错误:{e}", file=sys.stderr)
        continue
```

这段代码是一个 Python 脚本，其主要功能是使用阿里云 DashScope API 和 OSS（Object Storage Service，对象存储服务）来生成基于真实人物照片和卡通模板的 Cosplay 风格卡通图像，其处理流程包括从本地上传图片、异步任务提交和将结果下载保存，主要步骤与逻辑如下。

（1）导入所需库：requests 库用于网络请求，oss2 库用于阿里云 OSS 交互，os 和 sys 库用于系统操作和异常处理。

（2）设置密钥和配置：定义了 DashScope API 密钥、阿里云 OSS 的访问密钥、Bucket 名称和 Endpoint，这些密钥和配置是执行后续操作所必需的认证信息。

注意：在上述代码中涉及的 access_key_id、access_key_secret、bucket_name、endpoint 需要通过阿里云注册并申请获得。当然，用户也可以选择自己熟悉的图片托管平台。如果使用了其他图片托管平台，则需要同步修改 upload_image 中的代码。

（3）定义函数。

upload_image(file_path)：此函数负责将本地的图像文件上传至阿里云 OSS，并返回该图像的公网可访问 URL。它使用了 oss2 库的接口来实现文件上传和签名 URL 的生成。

generate_image(face_image_url, template_image_url, save_path)：根据提供的真实面部图像 URL 和卡通模板图像 URL，调用 DashScope API 生成 Cosplay 风格的卡通图像。此步骤为异步操作，首先提交任务，然后通过 check_task_status 轮询检查任务状态。

check_task_status(task_id, save_path)：持续检查之前提交的任务状态，直到任务完成（成功或失败）。如果任务成功，则调用 download_image 将生成的图像下载到指定路径。

download_image(image_url, save_path)：从给定的 URL 下载图像并保存到本地指定路径。

（4）主程序逻辑：首先向用户介绍程序功能，然后开启一个无限循环，程序等待用户输入真实的面部图像路径和卡通模板图像路径。接收到路径后，脚本会将这两张图片上传至阿里云 OSS，并获取它们的公网 URL；使用这些 URL 调用 generate_image 函数开始生成 Cosplay 风格的卡通图；任务提交后，程序会监控任务状态直至完成，然后下载生成的图像并保存到本地。主程序支持用户通过输入"退出"来终止程序，同时处理了快捷键 Ctrl＋C 中断和一般的异常情况。

（5）注意事项：用户需要以自己的阿里云服务凭证替换代码中的 YOUR_DASHSCOPE_API_KEY、your_access_key_id、your_access_key_secret、your_bucket_name 及 your_endpoint 等占位符；确保已经安装了必要的 Python 库（如 requests 和 oss2），并且阿里云服务已正确配

置和启用。

接下来将通过与智能体的交互来实现人像风格的重绘,交互过程如下。

【示例6-3】 与Cosplay动漫人物生成智能体的交互过程

AGENT:您好,我是Cosplay动漫人物生成智能体,能够根据您输入的真实图像和卡通参考图像生成一张栩栩如生的艺术化卡通图像。

AGENT:请输入真实的本地人脸图像路径:

ME:wrp.jpg

AGENT:请输入参考的卡通模板图像路径:

ME:SDS.jpg

AGENT:已上传并确认的图像路径-Face:http://ruiping.oss-cn-wuhan-lr.aliyuncs.com/wrp.jpg?OSSAccessKeyId = LTAI5tDcYSRzqYNgF6v6dqzH&Expires = 1718714358&Signature=CG53OcrPKIpfOagiUOrfKpePnvI%3D,Template:http://ruiping.oss-cn-wuhan-lr.aliyuncs.com/SDS.jpg?OSSAccessKeyId = LTAI5tDcYSRzqYNgF6v6dqzH&Expires = 1718714358&Signature=PEL3PNYeQ9iRMiocqhy%2F4185nwI%3D

任务已提交,任务ID:da8e74f5-5d23-42c8-aad4-7057e75c8474

图像已保存到Cosplay_Animation_Character_Generation_image.png

任务已提交,任务ID:None

AGENT:请输入真实的本地人脸图像路径:

在上述交互过程中,输入真实面部图像路径和卡通模板图像路径后,Cosplay动漫人物生成智能体经过一系列处理,最终生成了如图6-3所示的图像。

原图　　　　卡通模板图像　　　生成的卡通风格图像

图6-3　由Cosplay动漫人物生成智能体生成的卡通风格图像

尽管初步生成的卡通图像与理想效果存在一定差距,但通过一系列策略的调整,完全有潜力不断接近既定的创意目标。这正是创意与技术融合的迷人之处。上述生成的卡通风格图像可能在色彩搭配、角色表情、背景细节或整体氛围等方面未能完全捕捉到预期的精髓,然而,这个过程本身就是一种探索和迭代的旅程。

6.1.4　图像背景生成

基于通义万相-图像背景生成技术构建的图像背景生成智能体是AI艺术创造领域的革新之举,其不是简单地填充空白,而是在深刻理解并延展用户的创意构想。通过算法与模型的结合,该功能能够巧妙地捕捉输入前景图像的内涵和外观,无论是物体轮廓、色彩氛围还是光影方向,随后据此生成与之和谐共生的背景环境。这不是图像的拼接,而是两个视觉层面在光与影、色彩与纹理上的无缝融合,营造出宛如现实拍摄般自然协调的画面效果。

该技术的灵活性体现在其多样化的输入接受形式上。用户既可以直接键入细致的文字描述,如'一片晨雾缭绕的静谧森林,阳光透过树叶,营造梦幻氛围',也能上传具体的图像素材作为生成背景的视觉线索,而这种图像引导模式特别适用于需要保留特定元素细节或风格统一性的创作项目,确保生成内容与原素材完美匹配。此外,图像背景生成智能体还融入了智能文字嵌入功能,允许用户在生成的图像中直接添加文字信息,无论是作为标题、注释还是艺术字设计都能实现与图像内容的和谐融合,进一步提升作品的传达力和观赏性。

针对不同应用场景,该工具预设了多个专业级模型,包括通用场景、家居装饰及美妆展示等,每种都针对特定领域进行了优化,确保生成的背景既真实又贴合场景需求,例如,在家居场景下,可以生成与家具搭配协调的室内设计背景,而在美妆领域,则能创造出符合产品特色和品牌调性的精致背景,提升产品展示效果。尤为值得一提的是其边缘引导元素生成能力,这意味着用户能指定前景与背景中需要特别考虑的元素,例如人物的发丝边缘或是透明玻璃杯的轮廓,系统将确保这些元素在背景生成过程中得到妥善处理,避免不自然的切割或遮挡,从而达到前后景的完美融合。总之,图像背景生成智能体凭借其强大的适应性、细腻的图像处理能力和丰富的创意引导选项,成为设计师、摄影师、内容创作者等各界创意人士的理想伙伴,开启了视觉艺术创作的新纪元。

接下来,以一瓶香水生成一幅绚丽背景为例,体验图像背景生成智能体的强大功能。首先,展示完整的智能体构建代码,代码如下:

```
//modelscope-agent/demo/chapter_6/ Image_Background_Generation.py
import requests
import os
import oss2
from PIL import Image

#设置 DashScope API 和 ImgBB API 密钥
DASHSCOPE_API_KEY = 'YOUR_DASHSCOPE_API_KEY'
access_key_id = "your_access_key_id"
access_key_secret = "your_access_key_secret"
bucket_name = "your_bucket_name"
endpoint = "your_endpoint"

def is_rgba(image_path):
    """
    判断图片是否为 RGBA 格式。

    参数:
    image_path (str): 图片路径。

    返回:
```

```python
        bool: 是否为 RGBA 格式。
        """
        with Image.open(image_path) as img:
            return img.mode == 'RGBA'

    def convert_to_rgba(image_path):
        """
        将图片转换为 RGBA 格式。

        参数:
        image_path (str): 图片路径。
        """
        with Image.open(image_path) as img:
            if img.mode != 'RGBA':
                img = img.convert('RGBA')
                img.save(image_path)

    #使用阿里云
    def upload_image(file_path):
        """
        使用阿里云 OSS 上传图像并返回图像的 URL。

        参数:
        file_path (str): 本地图像路径。
        access_key_id (str): 阿里云 Access Key ID。
        access_key_secret (str): 阿里云 Access Key Secret。
        bucket_name (str): 阿里云 OSS Bucket 名称。
        endpoint (str): 阿里云 OSS Endpoint。

        返回:
        str: 上传图像的 URL。
        """

        #创建 Auth 对象
        auth = oss2.Auth(access_key_id, access_key_secret)

        #创建 Bucket 对象
        bucket = oss2.Bucket(auth, endpoint, bucket_name)

        #上传文件
        file_root, file_name = os.path.split(file_path)
        try:
            bucket.put_object_from_file(file_name, file_path)
        except oss2.exceptions.OssError as e:
            print(f"上传图像失败,错误信息:{e}")
            return None

        #返回上传图像的 URL
        signed_url = bucket.sign_url('GET', file_name, expires=3600)
```

```python
        return signed_url

def generate_background_async(base_image_url, ref_prompt, save_path):
    """
    异步调用 DashScope API 生成背景图像并保存。

    参数:
    base_image_url (str): 基础图像 URL。
    ref_prompt (str): 参考提示。
    save_path (str): 保存生成图像的路径。
    """
    url = 'https://dashscope.aliyuncs.com/api/v1/services/aigc/background-generation/generation/'
    headers = {
        'X-DashScope-Async': 'enable',
        'Authorization': f'Bearer {DASHSCOPE_API_KEY}',
        'Content-Type': 'application/json'
    }
    data = {
        "model": "wanx-background-generation-v2",
        "input": {
            "base_image_url": base_image_url,
            "ref_prompt": ref_prompt
        }
    }

    response = requests.post(url, headers=headers, json=data, timeout=60)
    if response.status_code == 200:
        task_id = response.json().get('output', {}).get('task_id')
        if task_id:
            print(f"任务已提交.任务 ID:{task_id}")
            #轮询任务状态,直到完成
            check_task_status(task_id, save_path)
        else:
            print("未能获取任务 ID。")
    else:
        print(f"请求失败.状态码:{response.status_code}")
        print(response.text)

def check_task_status(task_id, save_path):
    """
    检查任务状态,直到任务完成或失败。

    参数:
    task_id (str): 异步任务 ID。
    save_path (str): 保存生成图像的路径。
    """
    url = f'https://dashscope.aliyuncs.com/api/v1/tasks/{task_id}'
    headers = {
```

```python
            'Authorization': f'Bearer {DASHSCOPE_API_KEY}'
        }
        while True:
            result_response = requests.get(url, headers=headers)
            if result_response.status_code == 200:
                result_data = result_response.json()
                task_status = result_data.get('output', {}).get('task_status')
                if task_status == 'SUCCEEDED':
                    results = result_data.get('output', {}).get('results', [])
                    if results: #检查列表是否为空
                        image_url = results[0]['url']
                        download_image(image_url, save_path)
                        break
                    else:
                        print("图像生成成功,但没有返回图像URL。")
                        break
                elif task_status == 'FAILED':
                    print("图像生成失败。")
                    break
            else:
                print(f"无法获取任务状态,状态码:{result_response.status_code}")
                print(result_response.text)
                break

def download_image(image_url, save_path):
    """
    下载并保存图像。
    
    参数:
    image_url (str): 图像的URL。
    save_path (str): 本地保存路径。
    """
    response = requests.get(image_url)
    if response.status_code == 200:
        with open(save_path, 'wb') as f:
            f.write(response.content)
        print(f"图像已保存到 {save_path}")
    else:
        print("无法下载图像。")

if __name__ == "__main__":
    while True:
        #从命令行输入图像路径和描述
        file_path = input("请输入图像路径:").strip()
        style_description = input("请输入风格描述:").strip()
        
        #判断并转换图片格式
        if is_rgba(file_path):
            print("图片已经是 RGBA 格式,继续执行。")
```

```
            else:
                print("图片不是 RGBA 格式,正在转换为 RGBA 格式。")
                convert_to_rgba(file_path)
                print("转换完成,继续执行。")

            base_image_url = upload_image(file_path)
            if base_image_url:
                generate_background_async(base_image_url, style_description,
'Image_Background_Generation_image.png')

            #检查用户是否要继续生成新的图像
            continue_choice = input("是否继续生成新的图像? (y/n): ").strip().lower()
            if continue_choice != 'y':
                print("程序结束。")
                break
```

上述代码块是一个 Python 脚本,它使用了多个库来实现图像处理、上传和背景生成等功能。下面是宏观的代码解析。

(1) 导入库:requests 用于发起网络请求,例如调用 API;os 用于处理文件和目录的操作系统功能;oss2 是阿里云对象存储服务(OSS)的 Python SDK,用于将文件上传到阿里云 OSS;PIL 或 Pillow 用于处理图像。

(2) 设置密钥和配置:定义了 DashScope API 密钥、阿里云 OSS 的访问密钥、Bucket 名称和 Endpoint,这些用于执行后续操作所必需的认证信息。

注意:在上述代码中涉及的 access_key_id、access_key_secret、bucket_name、endpoint 需要通过阿里云注册并申请获得。当然,用户也可以选择自己熟悉的图片托管平台。如果使用了其他图片托管平台,则需要同步修改 upload_image 中的代码。

(3) 函数定义。

is_rgba(image_path):检查图像是否为 RGBA 格式。

convert_to_rgba(image_path):如果不是 RGBA 格式的图像,则将其转换为 RGBA 格式。

upload_image(file_path):将图像上传到阿里云 OSS,并返回图像的 URL。

generate_background_async(base_image_url, ref_prompt, save_path):异步调用 DashScope API 生成背景图像,并保存到指定路径。

check_task_status(task_id, save_path):检查异步任务的状态,并在任务完成后下载图像。

download_image(image_url, save_path):下载图像并保存到本地。

(4) 主程序:用户从命令行输入图像路径和背景风格描述;程序自动检查图像格式,如果不是 RGBA 格式,则进行转换;随后将 RGBA 图像上传到阿里云 OSS;调用 DashScope API 生成背景图像,在此过程中,程序会监控任务状态直至完成,然后下载生成的图像并保存到本地；接着，询问用户是否继续生成新的图像，如果输入为 y，则开启新的一轮背景图像生成。

整个脚本的目的是让用户能够上传一张图像和想要的背景风格描述，然后通过 DashScope API 生成具有特定风格背景的图像，并保存到本地，在这个过程中，脚本使用了阿里云 OSS 来处理图像上传和存储，当然，用户也可以考虑其他的图像上传和存储方案。

注意：有些图像上传和存储平台保存的图像格式可能并不是 RGBA，因此在进行后续执行过程中会报出找不到输入图像的错误。

（5）注意事项：用户需要以自己的阿里云服务凭证替换代码中的 YOUR_DASHSCOPE_API_KEY、your_access_key_id、your_access_key_secret、your_bucket_name 及 your_endpoint 等占位符；确保已经安装了必要的 Python 库（如 requests 和 oss2），并且阿里云服务已正确配置和启用。

接下来，通过与智能体的交互来实现背景图像生成，交互过程如下。

【示例 6-4】 与图像背景生成智能体的交互过程

AGENT：请输入图像路径：

ME：b.png

AGENT：请输入风格描述：

ME：放在布满苔藓的土地上，被蕨类植物叶片包围，背景是茂盛的植被，丰富的光影细节

AGENT：图片已经是 RGBA 格式，继续执行。

任务已提交，任务 ID：e4b24e01-1a8e-41c2-946f-f73f7deef028

图像已保存到 Background_Generation_image.png

是否继续生成新的图像？（y/n）：

在上述交互过程中，输入前景图像路径和背景风格描述提示词后，背景图像生成智能体经过相应的处理，生成了名为 Background_Generation_image.png 的输出图像，如图 6-4 所示。

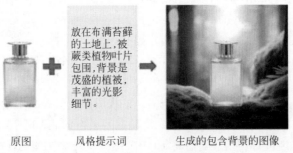

图 6-4 基于智能体生成的包含背景的图像

人工智能技术的持续发展，为重新塑造创意图像的获取方式提供了可能。利用背景图像生成智能体，不仅能提升产品推广的效率，还能以更加自然和吸引人的形式展现产品。这一技术的问世，象征着从传统图像编辑工具向智能化、高效率解决方案的转变。在这一过程中，技术的进步不仅在于提升效率，更在于激发创造力和想象力。智能体的图像生成能力开启了一个全新的创意时代，允许在创意图像制作中探索无限可能。它助力更有效地传递信息，并使品牌故事以更加生动和真实的方式触及潜在客户，因此，迎接这个智能化的未来，借助背景图像生成智能体的力量，为产品讲述更具吸引力的故事，是提升品牌形象及市场影响力的有效手段。

6.1.5 涂鸦作画

涂鸦作画智能体是一款创新的 AI 涂鸦绘画工具，它结合了手绘输入和文字描述，能够生成极具趣味性的精美创意作品。在使用过程中，用户只需简单勾勒几笔，配合几句直观的文字描述，例如输入夜空下的城堡，星光璀璨，带着一丝神秘气息，风格设定为油画，系统就能瞬间解读创意意图，将其转换为一幅细节丰富、风格鲜明的绘画作品。这一过程不仅保留了原始涂鸦的灵动与个性，还巧妙地融入了艺术家级别的技法和想象力，使最终作品在保持手绘韵味的同时，展现出超越常规的创意性和趣味性。目前，该智能体支持以下 5 种风格类型。

（1）扁平插画风格：适合现代简约设计或 UI 界面元素的创作，以其明快的色彩和简洁的线条受到欢迎。

（2）油画风格：赋予作品古典而厚重的艺术质感，适合风景、人物肖像等，营造出浓郁的艺术馆氛围。

（3）二次元风格：精准捕捉动漫及游戏文化精髓，无论是角色设计还是场景构建都能激发用户与创作者的热情。

（4）三维卡通风格：为作品增添立体感和生动性，特别适合儿童故事书插图、动画概念设计等领域，让画面跃然纸上。

（5）水彩风格：模拟真实的水彩画效果，轻盈透明的色彩叠加，为风景、静物等题材带来清新雅致的视觉享受。

无论是用于个人创意娱乐，为日常记录增添一抹艺术色彩，还是作为辅助设计工具，帮助专业设计师快速产出灵感草图，乃至在儿童教育中，激发孩子们的创造力和艺术兴趣，涂鸦作画智能体都是不可多得的创意伙伴，它不仅简化了从灵感到视觉呈现的转化过程，也让每个人都能轻松体验到成为数字小画家的乐趣，探索无限的艺术可能。

接下来，本节将使用一幅手绘草图作为起点，引领读者体验涂鸦作画智能体的奇妙功能。首先，呈现的是完整的智能体构建代码，代码如下：

```
//modelscope-agent/demo/chapter_6/Doodle_Painting.py
import requests
```

```python
import os
import oss2
from PIL import Image

#设置 DashScope API 和 ImgBB API 密钥
DASHSCOPE_API_KEY = 'YOUR_DASHSCOPE_API_KEY'
access_key_id = "your_access_key_id"
access_key_secret = "your_access_key_secret"
bucket_name = "your_bucket_name"
endpoint = "your_endpoint"

#使用阿里云
def upload_image(file_path):
    """
    使用阿里云 OSS 上传图像并返回图像的 URL。

    参数:
    file_path (str): 本地图像路径。
    access_key_id (str): 阿里云 Access Key ID。
    access_key_secret (str): 阿里云 Access Key Secret。
    bucket_name (str): 阿里云 OSS Bucket 名称。
    endpoint (str): 阿里云 OSS Endpoint。

    返回:
    str: 上传图像的 URL。
    """

    #创建 Auth 对象
    auth = oss2.Auth(access_key_id, access_key_secret)

    #创建 Bucket 对象
    bucket = oss2.Bucket(auth, endpoint, bucket_name)

    #上传文件
    file_root, file_name = os.path.split(file_path)
    try:
        bucket.put_object_from_file(file_name, file_path)
    except oss2.exceptions.OssError as e:
        print(f"上传图像失败,错误信息:{e}")
        return None

    #返回上传图像的 URL
    signed_url = bucket.sign_url('GET', file_name, expires=3600)
    return signed_url

def generate_Doodle_Painting(base_image_url, ref_prompt, save_path):
    """
    异步调用 DashScope API 生成背景图像并保存。
```

```python
    参数：
    base_image_url (str)：基础图像 URL。
    ref_prompt (str)：参考提示。
    save_path (str)：保存生成图像的路径。
    """
    url = 'https://dashscope.aliyuncs.com/api/v1/services/aigc/image2image/image-synthesis/'
    headers = {
        'X-DashScope-Async': 'enable',
        'Authorization': f'Bearer {DASHSCOPE_API_KEY}',
        'Content-Type': 'application/json'
    }
    data = {
        "model": "wanx-sketch-to-image-lite",
        "input": {
            "sketch_image_url": base_image_url,
            "prompt": ref_prompt
        }
    }

    response = requests.post(url, headers=headers, json=data, timeout=60)
    print(response.json())
    if response.status_code == 200:
        task_id = response.json().get('output', {}).get('task_id')
        if task_id:
            print(f"任务已提交,任务 ID:{task_id}")
            #轮询任务状态,直到完成
            check_task_status(task_id, save_path)
        else:
            print("未能获取任务 ID。")
    else:
        print(f"请求失败,状态码:{response.status_code}")
        print(response.text)

def check_task_status(task_id, save_path):
    """
    检查任务状态,直到任务完成或失败。

    参数：
    task_id (str)：异步任务 ID。
    save_path (str)：保存生成图像的路径。
    """
    url = f'https://dashscope.aliyuncs.com/api/v1/tasks/{task_id}'
    headers = {
        'Authorization': f'Bearer {DASHSCOPE_API_KEY}'
    }
    while True:
        result_response = requests.get(url, headers=headers)
        if result_response.status_code == 200:
```

```python
            result_data = result_response.json()
            task_status = result_data.get('output', {}).get('task_status')
            if task_status == 'SUCCEEDED':
                results = result_data.get('output', {}).get('results', [])
                if results: #检查列表是否为空
                    image_url = results[0]['url']
                    download_image(image_url, save_path)
                    break
                else:
                    print("图像生成成功,但没有返回图像URL。")
                    break
            elif task_status == 'FAILED':
                print("图像生成失败。")
                break
        else:
            print(f"无法获取任务状态,状态码:{result_response.status_code}")
            print(result_response.text)
            break

def download_image(image_url, save_path):
    """
    下载并保存图像。
    
    参数:
    image_url (str): 图像的URL。
    save_path (str): 本地保存路径。
    """
    response = requests.get(image_url)
    if response.status_code == 200:
        with open(save_path, 'wb') as f:
            f.write(response.content)
        print(f"图像已保存到 {save_path}")
    else:
        print("无法下载图像。")

if __name__ == "__main__":
    while True:
        #从命令行输入图像路径和描述
        file_path = input("请输入草图路径: ").strip()
        style_description = input("请输入图片描述: ").strip()
        
        base_image_url = upload_image(file_path)
        if base_image_url:
            generate_Doodle_Painting(base_image_url, style_description, 'Doodle_Painting_image.png')
        
        #检查用户是否要继续生成新的图像
        continue_choice = input("是否继续生成新的图像? (y/n): ").strip().lower()
        if continue_choice != 'y':
            print("程序结束。")
            break
```

这段Python代码的主要功能是使用DashScope API和阿里云OSS来支持涂鸦绘画智能体生成创意作品。以下是代码的详细解析：

（1）导入库：requests用于发起网络请求，例如调用API；os用于处理文件和目录的操作功能；oss2是阿里云对象存储服务（OSS）的Python SDK，用于将文件上传到阿里云OSS；PIL或Pillow用于处理图像。

（2）设置密钥和配置：定义了DashScope API密钥、阿里云OSS的访问密钥、Bucket名称和Endpoint，这些是执行后续操作所必需的认证信息。

（3）函数定义。

upload_image(file_path)：将图像上传到阿里云OSS，并返回图像的URL。

generate_Doodle_Painting(base_image_url, ref_prompt, save_path)：异步调用DashScope API生成涂鸦绘画作品，并保存到指定路径。

check_task_status(task_id, ave_path)：检查异步任务的状态，并在任务完成后下载图像。

download_image(image_url, save_path)：下载图像并保存到本地。

（4）主程序逻辑：首先，用户从命令行输入涂鸦草图的路径和对草图及期望生成绘画的细致描述；随后，草图被上传到阿里云OSS；调用DashScope API生成涂鸦绘画作品，在此过程中，程序会监控任务状态直至完成，然后下载生成的图像并保存到本地；最后，再次询问用户是否继续生成新的涂鸦绘画作品，如果用户输入y，则开启新一轮的涂鸦绘画过程。

（5）注意事项：用户需要以自己的阿里云服务凭证替换代码中的YOUR_DASHSCOPE_API_KEY、your_access_key_id、your_access_key_secret、your_bucket_name及your_endpoint等占位符；确保已经安装了必要的Python库（如requests和oss2），并且阿里云服务已正确配置和启用。

该脚本的设计目标是允许用户上传一张草图和一段描述，随后通过DashScope API生成具有特定风格的涂鸦绘画作品，并将其保存到本地。脚本利用阿里云OSS来处理图像的上传和存储。以下是通过与智能体的交互来实现涂鸦绘画创意作品生成的步骤。

【示例6-5】 与涂鸦作画智能体的交互过程

AGENT：请输入草图路径：

ME：test_image.png

AGENT：请输入图片描述：

ME：雨天，一个小孩坐在草地上，背后有一把大伞。

AGENT：{'output': {'task_status': 'PENDING', 'task_id': '0541539c-b789-4123-a277-1006e87d9e46'}, 'request_id': '0bb0d837-5349-9527-b69f-37759153de49'}

任务已提交，任务ID：0541539c-b789-4123-a277-1006e87d9e46

图像已保存到Doodle_Painting_image.png

AGENT：是否继续生成新的图像？（y/n）：

ME：y

AGENT：请输入草图路径：

ME：test_image.png

AGENT：请输入图片描述：

ME：晴朗的天空，突然下起了大雨，好在小孩拿了伞。

AGENT：{'output': {'task_status': 'PENDING', 'task_id': 'e906ef57-0f2a-44b0-b789-99c237f62f42'}, 'request_id': '36a11c55-c4cc-99b6-887f-be2490112ec3'}

任务已提交，任务 ID：e906ef57-0f2a-44b0-b789-99c237f62f42

图像已保存到 Doodle_Painting_image.png

AGENT：是否继续生成新的图像？（y/n）：

在上述交互过程中，执行了两个涂鸦绘画生成任务，而在这两个任务中，使用了同一张涂鸦草图作为基础，但是提供了不同的描述提示词。现在来检验由涂鸦绘画智能体根据这些不同的描述提示词生成的图像。

在上述交互过程中，完成了两个涂鸦绘画生成任务。在这两个任务中，使用了同一张涂鸦草图作为输入图像，但提供了不同的描述提示词。接下来，将审视涂鸦绘画智能体根据这些不同描述提示词所生成的图像，如图 6-5 所示。

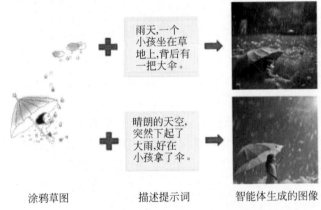

涂鸦草图　　　　描述提示词　　　智能体生成的图像

图 6-5　由涂鸦绘画智能体创作的图像

涂鸦绘画智能体是一种创新的工具，它能够将简单的草图转换为复杂的艺术作品。正如图 6-5 所示，输入的草图决定了生成图像的整体样式，而细节部分，如风格、色彩搭配等都与描述提示词密切相关。这就为艺术创作提供了巨大的想象空间。用户可以根据自己的喜好和需求，输入不同的描述提示词，这样智能体就可以根据这些提示词生成相应风格的图像。这种灵活性使涂鸦绘画智能体成为一种非常有创意的工具，能够帮助用户实现他们的艺术想象。

涂鸦绘画智能体的应用非常广泛。它可以为用户提供个性化的艺术作品，帮助学生学习艺术知识，以及为设计师提供创意灵感。通过智能体的帮助，用户可以在艺术创作中探索不同的风格和色彩搭配，从而创造出独一无二的作品。随着文生图大模型技术的不断发展，涂鸦绘画智能体的图像质量将会不断提高，能够生成更加逼真的图像。同时，智能体将逐渐掌握更多的艺术风格，为用户提供更丰富的选择。未来，涂鸦绘画智能体将与人类艺术家合作，共同创作出更具创新性和独特性的艺术作品。

6.1.6 艺术字生成

艺术字生成智能体是将平凡文字转变为创意无限、风格多元艺术作品的强大工具，它可以广泛适用于多种视觉创意场景，从海报设计到文档美化，再到电商、娱乐和视频内容的创意营销都能发挥其独特魅力，让文字成为吸引目光的焦点。

在海报文字制作领域，这项技术通过解析用户提供的简洁提示词，就能自动生成与海报主题契合的创意字体与艺术纹理，轻松实现个性化海报的高效创作，而对于办公文档，艺术字生成智能体能够批量生产富含特效的艺术字，打破传统文档的单调，赋予内容更丰富的视觉层次和更强的吸引力，从而激发读者的兴趣；在营销场景中，无论是电商产品亮点展示，还是互动娱乐项目的宣传，艺术字生成智能体都能依据场景的特定风格，定制生成与之和谐统一的艺术字，强化视觉传达，提升营销信息的影响力和记忆点。

艺术字生成智能体的显著优势在于其高度的灵活性和效率。用户只需提供简单的提示词，系统便能自动创作出独特的字形、丰富的纹理和个性化的字体，同时支持文字边缘的多变造型，以适应不同的设计需求。此外，其批量处理功能确保了即使在需要大量生成艺术字的情况下，也能维持每件作品的高品质和独特创意，并且支持透明背景的输出，方便后续的编辑和应用。对于追求细节和效率的设计师来讲，这款智能体无疑是一个提升工作效率、扩展创意表达的强大工具。下面将展示艺术字生成智能体的完整构建代码，并对代码结构进行详细解析：

```python
//modelscope-agent/demo/chapter_6/Textured_Text_Generation.py
import requests
import os
import oss2
from PIL import Image

#设置 DashScope API 和 ImgBB API 密钥
DASHSCOPE_API_KEY = 'YOUR_DASHSCOPE_API_KEY'

def Textured_Text_Generation(text_content, style_prompt, texture_style, save_path):
    """
    异步调用 DashScope API 生成背景图像并保存。

    参数：
    text_content (str)：用户输入的文字内容。
```

```python
        style_prompt (str):期望文字纹理创意样式的描述提示词。
        texture_style(str):纹理风格。
        save_path (str):保存生成图像的路径。
    """
    url = 'https://dashscope.aliyuncs.com/api/v1/services/aigc/wordart/texture'
    headers = {
        'X-DashScope-Async': 'enable',
        'Authorization': f'Bearer {DASHSCOPE_API_KEY}',
        'Content-Type': 'application/json'
    }
    data = {
        "model": "wordart-texture",
        "input": {
            "text":
                {
                    "text_content": text_content,
                    "font_name": "dongfangdakai",
                    "output_image_ratio": "1:1"
                },
            "prompt": style_prompt,
            "texture_style": texture_style
        }
    }

    response = requests.post(url, headers=headers, json=data, timeout=60)
    print(response.json())
    if response.status_code == 200:
        task_id = response.json().get('output', {}).get('task_id')
        if task_id:
            print(f"任务已提交,任务 ID:{task_id}")
            #轮询任务状态,直到完成
            check_task_status(task_id, save_path)
        else:
            print("未能获取任务 ID。")
    else:
        print(f"请求失败,状态码:{response.status_code}")
        print(response.text)

def check_task_status(task_id, save_path):
    """
    检查任务状态,直到任务完成或失败。

    参数:
        task_id (str):异步任务 ID。
        save_path (str):保存生成图像的路径。
    """
    url = f'https://dashscope.aliyuncs.com/api/v1/tasks/{task_id}'
    headers = {
        'Authorization': f'Bearer {DASHSCOPE_API_KEY}'
```

```python
        }
    while True:
        result_response = requests.get(url, headers=headers)
        if result_response.status_code == 200:
            result_data = result_response.json()
            task_status = result_data.get('output', {}).get('task_status')
            if task_status == 'SUCCEEDED':
                results = result_data.get('output', {}).get('results', [])
                if results: #检查列表是否为空
                    image_url = results[0]['url']
                    download_image(image_url, save_path)
                    break
                else:
                    print("图像生成成功,但没有返回图像URL。")
                    break
            elif task_status == 'FAILED':
                print("图像生成失败。")
                break
        else:
            print(f"无法获取任务状态,状态码:{result_response.status_code}")
            print(result_response.text)
            break

def download_image(image_url, save_path):
    """
    下载并保存图像。

    参数:
    image_url (str): 图像的URL。
    save_path (str): 本地保存路径。
    """
    response = requests.get(image_url)
    if response.status_code == 200:
        with open(save_path, 'wb') as f:
            f.write(response.content)
        print(f"图像已保存到 {save_path}")
    else:
        print("无法下载图像。")

if __name__ == "__main__":
    while True:
        #从命令行输入图像路径和描述
        text_content = input("请输入艺术字文字内容: ").strip()
        style_prompt = input("请输入艺术字风格描述: ").strip()
        texture_style = input("请输入艺术字纹理风格(备选项为material:立体材质;scene:场景融合;lighting:光影特效): ").strip()

        Textured_Text_Generation(text_content, style_prompt, texture_style, 'Textured_Text_Generation.png')
```

```
#检查用户是否要继续生成新的图像
continue_choice = input("是否继续生成新的图像？(y/n)：").strip().lower()
if continue_choice != 'y':
    print("程序结束。")
    break
```

上述代码块是一个 Python 脚本，其使用阿里云 DashScope API 异步生成具有指定纹理风格的艺术文字图像，并提供了从提交任务、检查任务状态到下载保存图像的完整流程。以下是代码的详细解析。

(1) 导入库：requests 用于发起网络请求，例如调用 API。

(2) 设置密钥和配置：定义了 DashScope API 密钥。

(3) 函数定义。

Textured_Text_Generation：接收文字内容、风格提示、纹理风格和保存路径作为参数，构造请求数据，调用 DashScope API 异步生成艺术文字图像，并启动任务状态检查流程。

check_task_status：根据任务 ID 轮询查询任务状态，当任务完成时，根据结果下载图像。

download_image：给定图像 URL 和保存路径，下载图像内容并保存到本地。

(4) 主程序逻辑：执行脚本进入一个无限循环，提示用户输入艺术字的详细信息，调用 Textured_Text_Generation 函数生成图像，然后询问用户是否继续生成新的图像。当用户选择不继续时，程序结束。

(5) API 密钥：确保将 YOUR_DASHSCOPE_API_KEY 替换为有效的 API 密钥；针对纹理风格选项，用户需从 material(立体材质)、scene(场景融合)、lighting(光影特效)中选择一种纹理风格。

该脚本的设计目的是让用户能够轻松地输入想要生成的艺术字，接着添加风格描述和纹理选择，最后通过 DashScope API 生成具有指定风格和纹理的艺术字，并将其保存到本地。以下是通过与智能体的交互来实现艺术字生成的步骤。

【示例 6-6】 与艺术字生成智能体的交互过程

AGENT：请输入艺术字文字内容：

ME：我爱中国

AGENT：请输入艺术字风格描述：

ME：中国风、青铜气息

AGENT：请输入艺术字纹理风格(备选项为 material：立体材质；scene：场景融合；lighting：光影特效)：

ME：material

AGENT：{'output'：{'task_status'：'PENDING'，'task_id'：'f15e8187-8510-43c3-a20a-ae83b42612a6'}，'request_id'：'cfc23179-ab3b-9c0c-b9c6-c610edf7cc43'}

```
任务已提交,任务 ID: f15e8187-8510-43c3-a20a-ae83b42612a6
图像已保存到 Textured_Text_Generation.png
AGENT:是否继续生成新的图像?(y/n):
```

在上述交互过程中,用户输入要生成的艺术字内容,以及艺术风格和纹理风格,艺术字生成智能体便根据要求生成了一副艺术字图片。现在,用户需要评估生成的艺术字是否达到了预期的标准。如果生成的艺术字未能满足需求,则可以通过调整艺术风格或纹理风格,引导智能体进行重新生成。生成的艺术字示例如图 6-6 所示。

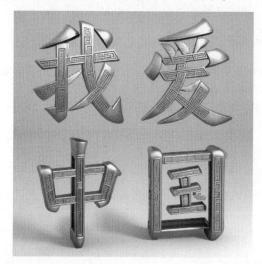

图 6-6　以"中国风、青铜气息"为艺术风格,以立体材质为材质风格生成的艺术字

6.2　智能语音合成与解析

语音合成与解析是语音处理领域的两个重要方向,涉及将文本转换为语音(合成)及将语音转换为文本(解析)的技术。语音合成(Text-to-Speech,TTS)技术的目标是将文本转换为自然且可理解的语音,主要方法有拼接合成和参数合成。拼接合成通过拼接预先录制的语音片段生成语音,虽然生成的语音质量较高,但不灵活,难以处理未预料的文本;参数合成使用统计参数模型(如隐马尔可夫模型)生成语音,尽管灵活,但语音自然度和音质较差。近年来,深度学习和大模型的兴起显著地提升了 TTS 的效果,例如,基于深度神经网络的 TTS 模型(如 Tacotron 和 WaveNet),通过端到端训练从文本直接生成高质量的语音波形,克服了传统方法的局限。此外,GPT-3、BERT 等预训练模型的编码能力被用于语音合成的文本表示,VQ-VAE-2 等生成模型也被用于提高语音合成的音质。

语音解析(Automatic Speech Recognition,ASR),也被称为语音识别,其目标是将语音信号转换为文本输出。ASR 系统通常包括特征提取、声学模型、语言模型和解码等几个步骤。在特征提取阶段,从语音信号中提取梅尔频谱、MFCC 等特征;在声学模型阶段使用深度神经网络(如卷积神经网络、循环神经网络)将特征映射到语音单元;在语言模型阶段利用语言的上下文信息提高识别精度,传统的语言模型包括 n-gram 模型,而现代的语言模型主要是基于神经网络的模型,如 LSTM、Transformer 等;在解码阶段使用维特比算法或束搜索算法将声学模型和语言模型的结果结合起来,生成最终的文本。

在当今时代,语音合成与解析技术已成为语音处理领域的核心。得益于深度学习的突破和大模型的迅猛发展,这一技术已实现显著进步。借助大模型为基础的智能系统,语音合成与解析的过程得到简化优化,即便对算法了解不多的普通人也能迅速掌握相关技能,成为此领域的高手。现在,一起体验这项令人惊叹的技术吧。

6.2.1 语音合成

参数合成技术近年来得到了广泛应用。这项技术将语音合成过程分为前端和后端两个主要模块。前端负责处理输入文本,提取语言学特征,包括音素、音调、停顿和位置等;后端则利用这些特征,通过时长模型、声学模型和声码器生成语音波形。参数法语音合成技术的技术架构见图 6-7 所示。

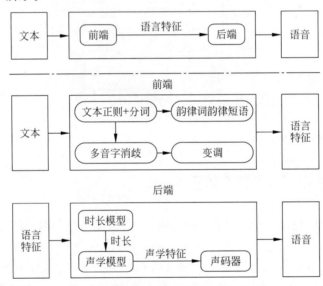

图 6-7 参数法语音合成技术的技术架构

前端模块的核心任务是对输入文本进行语言学分析。这包括文本正则化、分词、多音字消歧、文本转音素及韵律预测等。通过这些步骤,文本被转换为包含音素序列和韵律信息的中间表示。这些信息为后端的声学建模提供了必要的数据。后端模块包括时长模型、声学模型和声码器,是参数合成技术的核心。时长模型用于预测每个音素的持续时间。声学模型基于这些时长信息和语言学特征来预测声学参数。最后,声码器将这些参数转换为可听的语音波形。

在后端模块中,ModelScope-Agent 框架中采用了 SAM-BERT 声学模型。该模型结合了自注意力机制和BERT的优势。通过BERT初始化的Encoder,模型能够更好地理解文本的深层含义,从而提升合成韵律的自然度。方差适配器结构对音素级别的韵律特征进行预测,并通过Decoder进行帧级别的细粒度建模。声码器在后端模块中负责生成高质量的语音波形,本章节中使用了基于GAN的HIFI-GAN声码器。它通过判别器指导生成器进行训练,比传统的自回归式训练更加高效,同时提高了生成语音的质量。

参数合成技术适用于中文及中英文混合的语音合成场景。系统支持UTF-8编码的文本输入,建议单次输入文本长度不超过30个字符。它可以应用于多种语音合成任务,如自动配音、虚拟主播、数字人等,提供高表现力的流式合成效果。语音合成智能体的构建代码如下:

```
//modelscope-agent/demo/chapter_6/TTS.py
import os
import sys
sys.path.append('/mnt/d/modelscope/ModelScope-Agent')
from modelscope_agent.agents.role_play import RolePlay   #NOQA
os.environ['DASHSCOPE_API_KEY']='sk-1fa51733d153411589a2d852709b0577'
os.environ['AMAP_TOKEN']='b10bff0a2fa86f53ec9aebae92b84b27'

#主程序入口
if __name__ == "__main__":
    role_template = '你扮演一个语音专家,能够调用工具合成语音。'
    llm_config = {'model': 'qwen-max', 'model_server': 'dashscope'}
    function_list = ['sambert_tts']
    bot = RolePlay(
        function_list=function_list, llm=llm_config, instruction=role_template)
    while True:
        #从命令行输入文本
        text_content = input("请输入要转换成音频的文本内容(不要超过30个字):").strip()
        response = bot.run(text_content)
        text = ''
        for chunk in response:
            text += chunk
        print(text)

        #检查用户是否要继续合成新的音频
        continue_choice = input("是否继续合成新的音频?(y/n):").strip().lower()
        if continue_choice != 'y':
            print("程序结束。")
            break
```

上述代码块是一个基于Python的程序,主要功能是利用一个名为ModelScope的API进行文本到语音的转换。下面是代码的详细解析。

(1)导入模块:代码开始处导入了os和sys两个模块,这两个模块通常用于处理文件路径和系统参数。

(2) 修改系统路径：sys.path.append('/mnt/d/modelscope/ModelScope-Agent')这一行代码用于将一个目录添加到 Python 的模块搜索路径中，这样 Python 就能找到并导入该目录下的模块了。

(3) 导入 RolePlay 类：从 modelscope_agent.agents.role_play 模块中导入了一个名为 RolePlay 的类。

(4) 设置密钥和配置：定义了 DashScope 等的 API 密钥。

(5) 主程序入口，在主程序下，又包含如下功能。

① 初始化 RolePlay 对象：创建了一个 RolePlay 对象 bot，并设置了 function_list（功能列表）、llm_config（大语言模型配置）和 instruction（指令）。

② 循环读取用户输入并执行：在无限循环 while True：中，程序会读取用户输入的文本，并使用 bot.run(text_content) 来执行文本到语音的转换。

③ 输出结果并询问用户是否继续：程序会输出转换结果，并询问用户是否要继续合成新的音频。

④ 退出循环：如果用户输入的不是 y，则程序会打印程序结束并退出循环。

这个程序的主要功能是让用户输入文本，然后通过 API 将文本转换为语音，并询问用户是否要继续此操作。接下来，通过与智能体的交互来进行语音合成，交互过程如下。

【示例 6-7】 与语音合成智能体的交互过程

AGENT：请输入要转换成音频的文本内容(不要超过 30 个字)：
ME：我爱你，伟大的祖国，我现在就想去阿勒泰走走看看。
AGENT：2024-06-20 16:19:05.908 - ModelScope-Agent - INFO - | message：call dashscope generation api | uuid： | details：……
AGENT：Action Input：{"text"："我爱你，伟大的祖国，我现在就想去阿勒泰走走看看。"}
Observation：< result >< audio src=". /sambert_tts_audio.wav"/></result >
Answer：我已将您的心声转换为语音，您可以单击下方链接听取：
[](./sambert_tts_audio.wav)
愿您在阿勒泰的旅程满载美好的回忆与景色！
AGENT：是否继续合成新的音频？（y/n）：

在上述交互过程中，通过输入了一句自然语言"我爱你，伟大的祖国，我现在就想去阿勒泰走走看看"，语音合成智能体通过处理，最终输出了一个名为 sambert_tts_audio.wav 的 wav 文件。

注意：目前该智能体的支撑技术尚不稳定，存在一些限制和潜在的错误。对于输入文本，限制在 30 个字以内，如果超出此限制，则可能会导致语音合成失败。尽管字数较少时仍有可能出现错误，但作者鼓励用户将使用过程视为一种学习经验，并预期随着技术的进步，这些问题将得到解决。此外，生成的 wav 文件的保存路径目前是在 sambert_tts_tool 的 py

文件夹中,如果用户需要修改保存路径或文件名称,则应该编辑该源代码文件。笔者也建议,如果有需要,则用户可以将路径设置功能集成到智能体的构建中,以提供更灵活的使用方式。

6.2.2 语音识别

语音识别(Automatic Speech Recognition,ASR)技术的目标是将语音信号转换为文本,是语音处理领域的重要方向之一。ASR 系统通常包括几个关键步骤:特征提取、声学模型、语言模型和解码。

首先,特征提取是语音识别的基础步骤,涉及从原始语音信号中提取有用的特征。常见的特征包括梅尔频谱(Mel-spectrogram)和梅尔频率倒谱系数(MFCC)。这些特征能够捕捉到语音的频率和时间信息,帮助后续模型更好地理解和处理语音信号。

接下来是声学模型的建立。声学模型的作用是将提取的语音特征映射到语音单元(如音素或词)。传统的声学模型使用隐马尔可夫模型结合高斯混合模型,但随着深度学习的发展,深度神经网络、卷积神经网络和循环神经网络等方法逐渐成为主流。这些深度学习模型能够更有效地捕捉语音信号中的复杂模式,提高语音识别的准确度。

语言模型在 ASR 中也起着至关重要的作用。语言模型利用语言的上下文信息,帮助系统更好地预测词汇的序列。传统的语言模型主要是基于统计方法的 n-gram 模型,但现代 ASR 系统更常用基于神经网络的语言模型,如长短期记忆网络和 Transformer。这些模型能够更好地理解和预测复杂的语言结构,提高识别的精度和流畅度。

解码是 ASR 系统的最后一步。解码器将声学模型和语言模型的结果结合起来,通过算法生成最终的文本输出。常用的解码算法有维特比算法和束搜索算法,这些算法能够高效地搜索出最可能的词序列,从而得到准确的识别结果。

大模型在语音识别中的应用主要体现在两个方面。首先是预训练模型,如 wav2vec 和 Deep Speech。这些模型利用大量无标注的语音数据进行预训练,再通过有标注的数据进行微调,显著地提高了模型的性能,其次是 Transformer 模型,如 Conformer。Conformer 结合了卷积和 Transformer 结构的优点,能够同时捕捉语音信号的局部和全局信息,表现出了优异的识别效果。

总体来看,语音识别技术在近年来取得了显著进步,特别是深度学习和大模型的应用,大幅地提高了语音识别的准确性和稳健性。这一发展不仅推动了语音识别技术的进步,也促进了其在实际应用中的广泛采用。接下来,将展示完整的语音识别智能体构建代码,并对代码组成进行解析。

```
//modelscope-agent/demo/chapter_6/ASR.py
import os
import sys
sys.path.append('/mnt/d/modelscope/ModelScope-Agent')
```

```
from modelscope_agent.agents.role_play import RolePlay   #NOQA
os.environ['DASHSCOPE_API_KEY']='sk-1fa51733d153411589a2d852709b0577'
os.environ['AMAP_TOKEN']='b10bff0a2fa86f53ec9aebae92b84b27'

#主程序入口
if __name__ == "__main__":
    role_template = '你扮演一个语音专家,用尽可能丰富的描述调用工具处理语音。'
    llm_config = {'model': 'qwen-max', 'model_server': 'dashscope'}
    function_list = ['paraformer_asr']
    bot = RolePlay(
        function_list=function_list, llm=llm_config, instruction=role_template)
    while True:
        #从命令行输入音频路径
        audio_path = input("请输入音频文件路径:").strip()

        #调用 ASR 工具
        response = bot.run(audio_path)
        text = ''
        for chunk in response:
            text += chunk
        print(f"识别出的文本为{text}")

        #检查用户是否要继续识别新的音频
        continue_choice = input("是否继续识别新的音频? (y/n): ").strip().lower()
        if continue_choice != 'y':
            print("程序结束。")
            break
```

这段代码是一个基于 Python 的程序,主要功能是利用一个名为 ModelScope 的 API 进行自动语音识别。下面是代码的详细解析。

(1) 导入模块:代码开始处导入了 os 和 sys 两个模块,这两个模块通常用于处理文件路径和系统参数。

(2) 修改系统路径:sys.path.append('/mnt/d/modelscope/ModelScope-Agent')这一行代码用于将一个目录添加到 Python 的模块搜索路径中,这样 Python 就能找到并导入该目录下的模块。

(3) 导入 RolePlay 类:从 modelscope_agent.agents.role_play 模块中导入了一个名为 RolePlay 的类。

(4) 设置密钥和配置:定义了 DashScope 等的 API 密钥。

(5) 主程序入口,在主程序下,又包含如下功能。

① 初始化 RolePlay 对象:创建了一个 RolePlay 对象 bot,并设置了 function_list(功能列表)、llm_config(大语言模型配置)和 instruction(指令)。

② 循环读取用户输入并执行:在无限循环 while True:中,程序会读取用户输入的音频文件路径,并使用 bot.run(audio_path)来执行语音识别。

③ 输出结果并询问用户是否继续：程序会输出识别出的文本，并询问用户是否要继续识别新的音频。

④ 退出循环：如果用户输入的不是 y，则程序会打印程序结束并退出循环。

该程序的核心功能是允许用户输入音频文件的路径，随后通过 API 将音频内容转换为文本，并询问用户是否希望继续进行此操作。以下是通过与智能体的交互来执行语音识别的步骤。

【示例6-8】 与语音识别智能体的交互过程

AGENT：请输入音频文件路径：
ME：sambert_tts_audio.wav
AGENT：2024-06-20 17：17：24.991 - ModelScope-Agent - INFO - | message：call dashscope generation api | uuid： | details：……
Let's proceed by invoking the Paraformer ASR tool with the given audio file.
Tool Invocation
Action：paraformer_asr
Action Input：{"audio_path": "sambert_tts_audio.wav"}
Observation：<result>我爱你，伟大的祖国，我现在就想去阿勒泰走走看看。</result>
Answer：The Paraformer ASR service has successfully transcribed the audio content from the file `sambert_tts_audio.wav`. The speech detected in the audio is in Chinese and it says，"我爱你，伟大的祖国，我现在就想去阿勒泰走走看看，" which translates to "I love you, great motherland, I now want to visit Altay and take a look around. " This phrase expresses affection for one's country and a desire to travel to Altay, a region in China known for its natural beauty.
AGENT：是否继续识别新的音频？(y/n)：

在上述交互过程中，输入了在语音合成阶段生成的文件 sambert_tts_audio.wav，通过语音识别智能体，再次获得了文本输出"我爱你，伟大的祖国，我现在就想去阿勒泰走走看看。"很显然，识别过程非常准确。

注意：目前该智能体在读取语音文件时路径往往还存在一定的问题，需要进一步调整，读者在复现上述过程时，要特别注意这个问题。

6.2.3 创作属于你自己的音乐

科技的飞速发展，特别是在人工智能领域，已经极大地影响了音乐创作的面貌。大模型的兴起为音乐生成带来了革命性的变化，这些模型通过深度学习算法，能够从大量的音乐数据中学习并生成新的旋律、节奏和和弦。这一技术的普及不仅提高了音乐创作的效率，还为创作者提供了前所未有的灵感和创作空间。

在利用大模型生成音乐的过程中，首先需要收集和整理大量的音乐数据，这些数据将成为模型训练的基础。通过深度学习，模型能够识别和模仿各种音乐风格和元素。一旦训练完成，用户就可以根据个人喜好和需求，输入特定的参数来生成音乐。这种个性化的生成过程使即使是音乐初学者也能够轻松地创作出独特的音乐作品。

与此同时，对于那些希望深入音乐创作的爱好者来讲，掌握基本的音乐理论知识和乐器演奏技巧是必不可少的。这些技能不仅能帮助创作者更好地理解音乐，还能够提高他们与大模型协作的能力。在这种人机协同的模式下，创作者可以借助大模型生成的音乐片段进一步地发挥自己的创意，对作品进行调整和优化。

随着大模型技术的持续发展，人机协同创作正在成为音乐制作领域的新潮流。这种协作方式不仅提升了创作效率，也让音乐作品展现出更加丰富的多样性和个性化特征。创作者可以依据自己的喜好和创意，对生成的音乐进行个性化调整，进而创作出独属于自己的音乐作品。以下将从一个非专业的角度出发，快速展示一首歌曲的创作过程，首先介绍用于生成音乐的智能体构建模型：

```python
//modelscope-agent/demo/chapter_6/Music_Generation.py
import requests

#URL for the hypothetical music generation API
url = "https://api.acedata.cloud/suno/audios"

#Setting request headers
headers = {
    "accept": "application/json",
    "authorization": "Bearer YOUR_API_KEY",
    "content-type": "application/json"
}

#Music generation parameters
#These parameters should be set according to the actual API requirements
payload = {
    "prompt": "A catchy pop song with a piano melody",    # Text prompt for music generation
    "style": "pop",                              #Music style
    "tempo": "120",                              #Music tempo
    "instrumentation": "piano",                  #Type of instrument
    "duration": "180",                           #Length of music (in seconds)
    "composer": "mozart"                         #Composer style, e.g., Mozart
}

#Sending a POST request
```

```
response = requests.post(url, json=payload, headers=headers)

#Printing the response content
print(response.text)
```

上述代码块展示了如何使用 Python 的 requests 库向一个音乐生成 API 发送一个 HTTP POST 请求。代码的步骤和功能如下：

(1) 导入 requests 模块，这是 Python 中用于发起 HTTP 请求的库。

(2) 定义 API 的 URL，https://api.acedata.cloud/suno/audios，这是音乐生成的 API 端点。

(3) 设置请求头(headers)，这些是发送请求时附带的元数据。

"accept"：告诉服务器客户端接受 JSON 格式的响应。

"authorization"：用于验证请求的令牌(Token)，通常是 API 密钥。

"content-type"：指定发送给服务器的数据格式是 JSON。

(4) 设置音乐生成的参数(payload)，这些参数根据 API 的要求设置。

"prompt"：音乐生成的文本提示，这里是 A catchy pop song with a piano melody(一首有钢琴旋律的流行歌曲)。

"style"：音乐风格，这里是 pop(流行)。

"tempo"：音乐的节奏，这里是 120。

"instrumentation"：使用的乐器类型，这里是 piano(钢琴)。

"duration"：音乐的长度，以秒计，这里是 180。

"composer"：作曲家风格，这里是 mozart(莫扎特)。

(5) 使用 requests.post() 函数将 POST 请求发送到 API，并将参数和头信息传递给该函数。

(6) 接收服务器的响应，并将其存储在变量 response 中。

(7) 打印响应内容 response.text，这通常是服务器返回的 JSON 数据，包含生成的音乐信息或状态消息。

注意：API 的 URL 和认证令牌(Authorization)应该是有效的，否则请求会失败。在实际应用中，认证令牌应该保密处理，不应直接硬编码在脚本中。

接下来将直接展示由音乐生成智能体输出的结果。

【示例6-9】 与音乐创作智能体的交互过程

AGENT:{ "success": true," task _ id ":" 0fd09a23-6a00-4d68-ac50-45cb8391e48f", "data":[{ "id":"45bc0dce-013d-4396-a579-a6d6c8fd9f90","title":"Sunshine Love","image_url":" https://cdn1.suno.ai/image _ 45bc0dce-013d-4396-a579-a6d6c8fd9f90. png", "lyric":"[Verse]\nWoke up in the morning light\nCity streets feel so right\nGot dreams in my head\nHeart's a rhythm not yet said\n[Verse 2]\nSky above a canvas true\nColors blend me and you\nSimple moments bring us close\nLove is what we need the most\n[Chorus]\nSunshine love in the air\nFeel the warmth everywhere\nSimple smiles side by side\nIn this life let's enjoy the ride\n[Verse 3]\nEvening falls stars will gleam\nCatch the whispers of a dream\nHolding hands time can't freeze\nMoments like these come with ease\n[Bridge]\nLa la la let's make this\nA melody of bliss\nLaugh and dance no regrets\nLove that we'll never forget\n[Chorus]\nSunshine love in the air\nFeel the warmth everywhere\nSimple smiles side by side\nIn this life let's enjoy the ride","audio_url":"https://cdn1.suno.ai/45bc0dce-013d-4396-a579-a6d6c8fd9f90.mp3","video_url":"https://cdn1.suno.ai/45bc0dce-013d-4396-a579-a6d6c8fd9f90.mp4","created_at":"2024-06-21T11:56:17.017Z","model":"chirp-v3.5","prompt":"A catchy pop song with a piano melody","style":"piano pop melodic","duration":185.48},{"id":"d1705335-13aa-400d-adb1-aa91a7b1cbe6","title":"Sunshine Love","image_url":"https://cdn1.suno.ai/image_d1705335-13aa-400d-adb1-aa91a7b1cbe6.png","lyric":"[Verse]\nWoke up in the morning light\nCity streets feel so right\nGot dreams in my head\nHeart's a rhythm not yet said\n[Verse 2]\nSky above a canvas true\nColors blend me and you\nSimple moments bring us close\nLove is what we need the most\n[Chorus]\nSunshine love in the air\nFeel the warmth everywhere\nSimple smiles side by side\nIn this life let's enjoy the ride\n[Verse 3]\nEvening falls stars will gleam\nCatch the whispers of a dream\nHolding hands time can't freeze\nMoments like these come with ease\n[Bridge]\nLa la la let's make this\nA melody of bliss\nLaugh and dance no regrets\nLove that we'll never forget\n[Chorus]\nSunshine love in the air\nFeel the warmth everywhere\nSimple smiles side by side\nIn this life let's enjoy the ride","audio_url":"https://cdn1.suno.ai/d1705335-13aa-400d-adb1-aa91a7b1cbe6.mp3","video_url":"https://cdn1.suno.ai/d1705335-13aa-400d-adb1-aa91a7b1cbe6.mp4","created_at":"2024-06-21T11:56:17.017Z","model":"chirp-v3.5","prompt":"A catchy pop song with a piano melody","style":"piano pop melodic","duration":199.32}]}

上述输出结果是一个JSON格式的响应，它包含了音乐生成API返回的数据。以下是对JSON数据的解析。

(1) success：这个键的值为true，表示API请求成功。

(2) task_id："0fd09a23-6a00-4d68-ac50-45cb8391e48f"，这是一个任务的唯一标识符，用于追踪音乐生成任务。

(3) data：一个数组，包含了生成的音乐数据的多个条目。每个条目都是一个音乐作品的详细信息。

(4) id：音乐作品的唯一标识符。

(5) title：音乐作品的标题，这里是 Sunshine Love。

(6) image_url：音乐作品的封面图片 URL。

(7) lyric：音乐作品的歌词。

(8) audio_url：音乐作品的音频文件 URL。

(9) video_url：音乐作品的视频文件 URL（如果有）。

(10) created_at：音乐作品创建的时间戳。

(11) model：生成音乐所用模型的名称。

(12) prompt：用于生成音乐的文本提示。

(13) style：音乐的风格。

(14) duration：音乐作品的时长（以秒计）。

在此次响应中，data 数组包含了两首音乐作品的条目，它们的标题均为 Sunshine Love，但具有不同的 id、audio_url、video_url 和 duration。这表明 API 可能基于相同的文本提示和风格，生成了两个版本的音乐作品，它们在时长和媒体文件上有所区别。

可以使用这些 URL 访问音乐作品的封面图片、音频文件和视频文件，例如，将 audio_url 放入音乐播放器中即可播放音乐，或将 video_url 放入视频播放器中观看音乐视频。虽然书中无法直接展示音乐和视频内容，但可以将音乐作品的图片封面展示出来，如图 6-8 所示。

图 6-8　基于智能体生成音乐作品的插图封面

6.3 创意视频生成

文本生成视频(Text-to-Video)技术利用人工智能和深度学习将文字描述转换为视频。这项技术通过理解和解析输入的文本，生成相应的视频片段，通常涉及文本解析和理解、场景生成、动作和行为模拟及渲染和输出4个主要步骤。

首先是文本理解。系统需要理解输入的文本，这包括语义分析和上下文理解。通过自然语言处理技术，系统能够提取文本中的关键信息和情景描述，例如，输入文本可能描述一个人在公园里散步，系统需要理解公园是背景，散步是行为，一个人是角色。这一阶段的关键在于准确解析文本以捕捉所有必要的元素和细节。

接下来，基于解析出的信息，系统生成对应的场景。这包括创建背景、角色、物体及它们之间的互动，例如，在描述一个公园场景时，系统需要生成树木、长椅、草地等背景元素，同时创建一个行走的人物角色。在场景生成过程中，系统可能会借助预先构建的模型库或通过动态生成技术创建独特的场景。

在生成场景后，系统需要为角色和物体添加动作和行为，此步骤通常通过计算机动画技术实现，以确保动作自然流畅，例如，如果文本描述一个人在公园里跑步，则系统需要生成对应的跑步动画，并确保动作与场景相协调。这一步骤涉及对角色运动轨迹、速度、动作细节的精确控制，以达到逼真的效果。

最后一步是将生成的场景和动作渲染成视频文件。渲染过程会处理光影、纹理等细节，使视频更加真实和生动。这一步骤不仅要确保视觉效果，还需要平衡质量和效率，确保生成视频在可接受的时间内完成。现代渲染技术可以提供高质量的图像输出，但仍需要大量的计算资源和时间。

文本生成视频技术具有广阔的应用前景。在内容创作方面，这项技术可以大大地加速视频内容的创作过程，适用于广告、教育、娱乐等领域。通过输入简单的文字描述，创作者可以快速地生成高质量的视频内容，减少手工制作的时间和成本。在游戏和虚拟现实领域，动态生成的视频内容可以提升用户体验，实现更加个性化的互动。在数据可视化领域，将复杂的数据和报告转换为视频形式，可以使信息更容易理解和传播。

尽管文本生成视频技术具有巨大的潜力，但目前仍面临一些挑战。生成高质量的视频需要处理复杂的场景和动作，需要大量的计算资源。此外，准确理解文本中的细微差别和隐含意义也是一个难点。渲染过程需要平衡质量和效率，确保生成视频在可接受的时间内完成。通过这些详细的步骤和研究背景，文本生成视频技术展示了其在现代多媒体创作中的巨大潜力和应用前景。尽管面临技术上的挑战，但大模型技术的快速突破，加上场景推动，这一领域必将持续发展，进而推动技术走向成熟和广泛应用。接下来将展示完整的创意视频生成智能体的构建代码，并对代码组成进行解析：

```
//modelscope-agent/demo/chapter_6/Text_to_Video.py
import sys
```

```python
import re
import requests
import hashlib
sys.path.append('/mnt/d/modelscope/ModelScope-Agent')
from modelscope.pipelines import pipeline
from modelscope.outputs import OutputKeys

#百度翻译API的URL
API_URL = "https://fanyi-api.baidu.com/api/trans/vip/translate"

#这里填写从百度翻译API获取的APP ID和密钥
APP_ID = '20240621002081629'
API_KEY = 'dJbXFsiI41GUHDyq2Dj6'

def baidu_translate(text, from_lang='zh', to_lang='en'):
    #构建请求参数
    params = {
        'q': text,
        'from': from_lang,
        'to': to_lang,
        'appid': APP_ID,
        'salt': '12345',              #随机数,用于生成签名
        'sign': '',                   #签名,需要通过计算生成
    }

    #计算签名
    sign = hashlib.md5((params['appid'] + params['q'] + str(params['salt']) + API_KEY).encode('utf-8')).hexdigest()
    params['sign'] = sign

    #发起请求
    response = requests.get(API_URL, params=params)
    result = response.json()

    #提取翻译结果
    if 'trans_result' in result:
        translated_text = result['trans_result'][0]['dst']
        return translated_text
    else:
        return None

def detect_and_translate(text):
    #以简单的正则表达式来检测中文字符
    chinese_pattern = re.compile(r'[\u4e00-\u9fff]+')

    #如果检测到中文,则使用百度翻译API进行翻译
    if chinese_pattern.search(text):
        translated_text = baidu_translate(text)
        if translated_text:
```

```python
            return translated_text
        else:
            return "翻译失败"
    else:
        return text

#主程序入口
if __name__ == "__main__":
    p = pipeline('text-to-video-synthesis', 'damo/text-to-video-synthesis')

    while True:
        #从命令行输入文本
        text_input = input("请输入要合成为视频的文本:").strip()

        #判断输入的是中文还是英文,并进行翻译
        translated_text = detect_and_translate(text_input)
        print(f"翻译后的文本:{translated_text}")

        #将文本调用到视频合成工具
        #将翻译后的文本包装在一个字典中
        input_dict = {'text': translated_text}
        output_video_path = p(input_dict, output_video='./output.mp4')[OutputKeys.OUTPUT_VIDEO]
        print('output_video_path:', output_video_path)

        #检查用户是否要继续合成新的视频
        continue_choice = input("是否继续合成新的视频? (y/n):").strip().lower()
        if continue_choice != 'y':
            print("程序结束。")
            break
```

上述代码块是一个利用百度翻译 API 进行文本翻译,并使用 ModelScope 进行文本到视频创作的智能体,其中之所以用到了翻译功能,是因为当前 ModelScope 提供的功能模块只支持英文输入,而为了交互方便,在本示例中增加了检测和翻译功能,当输入为英文时,保持不变,而当输入为中文时,则使用百度翻译将其翻译成英文。下面是具体的代码解析。

(1) 导入模块:首先导入了必要的 Python 模块,包括 sys、re、requests、hashlib,分别用于系统操作、正则表达式匹配、网络请求和哈希加密,以及 modelscope.pipelines 和 modelscope.outputs,分别用于文本到视频的生成。

(2) 设置百度翻译 API:定义了百度翻译 API 的 URL、APP ID 和 API 密钥。这些信息用于后续构建翻译请求。

(3) 百度翻译函数 baidu_translate:这个函数接受待翻译的文本、源语言和目标语言。它首先构建请求参数,然后计算签名,最后发起网络请求并将结果返回。

(4) 检测并翻译函数 detect_and_translate:这个函数使用正则表达式检测文本中是否有中文字符。如果检测到中文,则调用 baidu_translate 进行翻译。

（5）主程序入口：程序首先创建了一个文本到视频生成的 pipeline，然后在无限循环中完成以下操作：

① 提示用户输入要合成为视频的文本。
② 调用 detect_and_translate 函数判断并翻译输入的文本。
③ 使用 ModelScope 的 pipeline 将翻译后的文本生成视频。
④ 询问用户是否要继续合成新的视频，如果用户输入的不是 y，则程序结束。

注意：确保百度翻译 API 的 APP ID 和 API 密钥是有效的，否则翻译功能将无法正常工作；确保 ModelScope 的文本到视频合成工具已正确安装和配置，否则无法进行视频合成。程序中的无限循环会在用户选择不再继续时结束。

前面已经详细地介绍了如何利用百度翻译 API 和 ModelScope 来构建一个能够将中文文本翻译并生成创意视频的智能体。接下来将通过一个实际的交互过程来展示这个智能体如何将用户的输入转变成一个创意视频。

【示例 6-10】 与创意视频生成智能体的交互过程

AGENT：请输入要合成为视频的文本：
ME：两只大熊猫在海边嬉戏
AGENT：翻译后的文本：Two giant pandas playing by the seaside
output_video_path：./output.mp4
AGENT：是否继续合成新的视频？（y/n）：

通过简单的交互，首先智能体将识别用户的中文输入并翻译为英文，然后使用 ModelScope 的视频生成工具，将这些英文文本转换成视频输出。这样的功能可以在教育、娱乐和游戏等多个场景中发挥重要作用。当然，目前该智能体生成的视频质量十分有限，但相信后续随着技术的优化，生成的视频质量也会逐步改善。

6.4 本章小结

本章主要围绕娱乐创意领域的应用展开，详细地介绍了智能体在图像生成与重绘、智能语音合成与解析及创意视频生成等方面的应用，具体内容如下：

（1）图像生成与重绘方面，本章概述了图像生成技术的基本概念，包括生成对抗网络、变分自编码器和扩散模型等，并探讨了这些技术在多个领域的应用。同时，本章还介绍了图像重绘技术，包括其在图像编辑、风格转换、图像修复等领域的应用。

（2）智能语音合成与解析方面，本章阐述了语音合成和语音识别技术的发展，以及大模型在语音处理领域的应用。此外，还介绍了利用大模型创作音乐的过程。

（3）创意视频生成方面，本章详细描述了文本生成视频技术的步骤，包括文本理解、场景生成、动作和行为模拟及渲染和输出等,并探讨了该技术在多个领域的应用前景。

本章旨在展示智能体在娱乐创意领域的广泛应用,以及大模型技术为创意产业带来的变革。通过本章的学习,读者可以了解到智能体在图像、语音和视频处理方面的强大能力,以及如何将这些能力应用于实际场景中,提高创作效率和作品质量。随着技术的不断进步,智能体在娱乐创意领域的应用将更加广泛,为各行业带来更多创新和发展。

第 7 章 财务、交通运输及科研领域的应用

7min

第 6 章深入地探讨了在图像、语音和视频创作等应用场景中，如何利用 ModelScope-Agent 内置的工具和模型，或者通过调用外部 API 来构建智能体，以实现图像重绘与生成、语音识别与生成、音乐与视频生成等功能，然而，读者可能已经发现，这些功能的实现均依赖于官方预先构建的工具和能力，例如，在 Cosplay 动漫人物生成方面，采用了 wanx-style-cosplay-v1 模型，并按照官方提供的格式来构建智能体；在语音合成和语音识别方面，使用了官方提供的 sambert_tts 和 paraformer_asr 工具，借助大模型的理解能力来完成相应任务；在音乐生成方面，则是基于 acedata 提供的 API 来实现功能。

尽管上述方法简单易行，易于上手，但可扩展性相对较弱，难以满足广泛的定制化需求。为了弥补这一缺陷，ModelScope-Agent 提供了一套强大的自主构建工具的方法，使用户能够根据自己的需求灵活地创建和定制智能体工具，这里给出构建工具的一个基本示例：

```python
//modelscope-agent/demo/chapter_7/Example_Code_7-1.py
from modelscope_agent.tools.base import BaseTool
from modelscope_agent.tools import register_tool

@register_tool('RenewInstance')
class AliyunRenewInstanceTool(BaseTool):
    description = '续费一台包年包月 ECS 实例'
    name = 'RenewInstance'
    parameters: list =[{
        'name': 'instance_id',
        'description': 'ECS 实例 ID',
        'required': True,
        'type': 'string'
    }, {
        'name': 'period',
        'description': '续费时长以月为单位',
        'required': True,
        'type': 'string'
    }]

    def call(self, params: str, **kwargs):
        params = self._verify_args(params)
```

```
            instance_id = params['instance_id']
            period = params['period']
            return str({'result': f'已完成 ECS 实例 ID 为{instance_id}的续费,续费时长
{period}月'})
```

上述代码块是使用 ModelScope-Agent 框架定义一个自定义工具的示例。下面是对代码块的详细解析:

(1) 首先,从 modelscope_agent.tools.base 模块导入了 BaseTool 类,这是所有自定义工具的基类,然后从 modelscope_agent.tools 模块导入了 register_tool 装饰器,这个装饰器用于将自定义的工具注册到 ModelScope-Agent 框架中。

(2) @register_tool('RenewInstance')装饰器用于注册这个工具,并将其命名为 RenewInstance。

(3) 定义了一个名为 AliyunRenewInstanceTool 的类,它继承自 BaseTool。在类中定义了以下几个属性。

① description:工具的简短描述,这里是"续费一台包年包月 ECS 实例"。

② name:工具的名称,这里是 RenewInstance。

③ parameters:一个列表,包含了工具所需的参数。每个参数都是一个字典,包含了参数的名称、描述、是否是必需的类型,例如,在上述范例中,这个工具需要两个参数:instance_id(ECS 实例 ID)和 period(续费时长,以月为单位)。

(4) call 方法是一个抽象方法,必须由子类实现。这种方法接收一个字符串 params 和其他关键字参数 kwargs。在这个例子中,params 是一个包含工具参数的字符串,call 方法首先调用_verify_args 方法来验证和解析参数,然后使用这些参数来执行续费操作。call 方法最后返回一个字符串,表示续费操作的结果。这个字符串是一个 JSON 格式的字符串,包含了续费操作的结果信息。

总体来讲,上述范例中定义了一个名为 RenewInstance 的自定义工具,它可以被 ModelScope-Agent 框架调用。具体调用方式如下:

```
//modelscope-agent/demo/chapter_7/Example_Code_7-2.py
from modelscope_agent.agents import RolePlay

role_template = '你扮演一名 ECS 实例管理员,你需要根据用户的要求来满足他们'
llm_config = {
    'model': 'qwen-max',
    'model_server': 'dashscope',
    }
function_list = ['RenewInstance']

bot = RolePlay(function_list=function_list, llm=llm_config, instruction=role_
template)
```

上述代码块是使用 ModelScope-Agent 框架创建一个角色扮演智能体的示例。下面是

对代码的详细解析：

（1）首先，从 modelscope_agent.agents 模块导入了 RolePlay 类，这是 ModelScope-Agent 框架中用于创建角色扮演智能体的类。

（2）定义了一个名为 role_template 的字符串变量，它包含了智能体扮演角色的描述，这部分用到了提示工程中的相关知识和技巧，主要体现在角色赋予上。在这个例子中，智能体的角色是 ECS 实例管理员。

（3）定义了一个名为 llm_config 的字典变量，它包含了配置大模型的信息。在这个例子中，模型使用的是 qwen-max，并且模型服务器被设置为 dashscope。

（4）定义了一个名为 function_list 的列表变量，它包含了智能体可以使用的工具列表，也正是在这里，引入了前面创建的工具。在这个例子中，智能体可以使用名为 RenewInstance 的工具。

（5）最后，使用 RolePlay 类创建了一个名为 bot 的智能体实例，传入了 function_list、llm_config 和 role_template 作为参数，这样，智能体就被创建并配置好了。在这个示例中，它可以扮演 ECS 实例管理员的角色，并能够使用 RenewInstance 工具来续费 ECS 实例。

在上述内容中，详细说明了如何构建智能体工具，这些工具旨在扩展大模型的能力范围和提高工作效率。接下来，将以财务、交通运输和科研领域为具体应用场景，向读者深入浅出地展示如何构建智能体工具和知识库，以便更好地辅助智能体完成广泛且多样的工作。进一步地，将探讨这些工具在实际应用中的多种用途，以及它们如何帮助智能体在复杂环境中实现高效、精确的任务处理。通过这些案例，旨在为读者提供深刻的见解，帮助大家在各自领域充分挖掘智能体的潜力。

7.1 财务分析报告撰写

在财务分析报告的撰写过程中，智能体工具扮演着至关重要的角色。本节内容将详细探讨在使用大模型辅助编写财务分析报告时可能遇到的问题，并提供智能体工具作为解决的方案。这些问题包括但不限于大模型如何与本地文件系统交互、如何访问外部数据源及如何高效地提取和插入信息等。尽管这些任务对于人类本身可能相对简单，但对于大多数大模型而言，由于它们通常作为独立系统设计，并不直接支持这些交互功能，因此实现起来极具挑战性。

7.1.1 文件的创建、写入、读取和删除

创建、读取和保存是财务分析报告撰写过程中非常基础且关键的操作。智能体工具通过集成文件处理功能，极大地扩展了大模型的应用范围。这些工具使大模型能够与本地文件系统无缝交互，从而实现文件的创建、保存和读取，进而为后续存储在本地文件中的数据进行分析和更新提供支撑。

具体来讲，智能体工具可以解析各种文件格式，如 Excel、CSV、PDF 和 Word 文件，使

大模型能够从这些文件中提取数据，例如，智能体工具可以读取包含财务数据的 Excel 表格，将其转换为大模型能够处理的格式，如 Pandas DataFrame，然后进行分析。分析完成后，智能体工具还能够将结果输回文件系统，保存为新的报告或更新现有文档，这可能包括生成新的 Excel 表格、Word 文件或 PDF 报告。

此外，智能体工具还可以实现报告的自动化保存和版本管理。每次分析后的报告都可以被自动保存，并标记版本号，以便于未来的追踪和比较。这种自动化流程不仅提高了工作效率，还减少了人为错误的可能性，确保了报告的准确性和一致性。以下将逐步展示上述内容，首先使用创建的工具来完成 Word 文件的创建，代码如下：

```python
//modelscope-agent/demo/chapter_7/Create_Word_File.py
#Word 文件创建
import os
import sys
from docx import Document
sys.path.append('/mnt/d/modelscope/modelscope-agent')
os.environ['ZHIPU_API_KEY']='YOUR_ZHIPU_API_KEY '
from modelscope_agent.agents.role_play import RolePlay
from modelscope_agent.tools.base import BaseTool
from modelscope_agent.tools import register_tool

@register_tool('create_word_file')
class CreateWordFile(BaseTool):
    description = '在本地创建一个 Word 文件'
    name = 'create_word_file'
    parameters = [{
        'name': 'file_path',
        'description': 'Word 文件本地路径',
        'required': True,
        'type': 'string'
    }, {
        'name': 'content',
        'description': 'Word 文件内容',
        'required': True,
        'type': 'string'
    }]

    def call(self, params: str):
        params = self._verify_args(params)
        file_path = params['file_path']
        content = params['content']

        if not file_path.endswith('.docx'):
```

```python
            return str({'result': '文件路径不是 Word 文件 (.docx)'})

    try:
        #确保文件所在的目录存在
        directory = os.path.dirname(file_path)
        if directory and not os.path.exists(directory):
            os.makedirs(directory)

        doc = Document()
        doc.add_paragraph(content)
        doc.save(file_path)
        return str({'result': f'成功创建 Word 文件,文件路径为 {file_path}'})
    except Exception as e:
        return str({'result': f'创建文件时发生错误: {e}'})

role_template = '你扮演一名文件处理助手,需要根据要求完成任务。'
llm_config = {'model': 'glm-4', 'model_server': 'zhipu'}
function_list = ['create_word_file']
bot = RolePlay(
    function_list=function_list, llm=llm_config, instruction=role_template)
#用于存储对话历史记录的列表
dialog_history = []

def main():
    while True:
        try:
            #获取用户输入的文件名
            file_name = input("请输入您想要创建的 Word 文件名称(不包括扩展名,输入'退出'来结束程序): ")
            if file_name.lower() == '退出':
                print("程序已退出。")
                break

            #检查文件是否已存在
            file_path = os.path.join(os.getcwd(), file_name + ".docx")
            if os.path.exists(file_path):
                print(f"文件 '{file_path}' 已经存在,请使用其他文件名。")
                continue

            #获取用户输入的内容
            content = input("请输入您想要添加到 Word 文件的内容: ")

            #将用户的请求追加到对话历史记录中
```

```python
            dialog_history.append(f"创建文件请求:文件名 '{file_name}.docx', 内容 '{content}'")

            #使用 bot 处理用户输入的问题,并将对话历史作为上下文传递给模型
            response = bot.run("\n".join(dialog_history))

            #输出答案
            text = ''
            for chunk in response:
                text += chunk
            print(text)

            #将答案追加到对话历史记录中
            dialog_history.append(text)

        except KeyboardInterrupt:
            #如果用户按快捷键 Ctrl+C,则退出程序
            print("\n程序已退出。")
            break
        except Exception as e:
            #打印错误信息并继续
            print(f"发生错误:{e}", file=sys.stderr)
            continue

if __name__ == "__main__":
    main()
```

这段代码是一个使用 Python 编写的命令行程序,它利用 ModelScope 平台和 GLM-4 大模型来实现一个文件助手功能。具体来讲,这名助手可以创建 Word 文件(.docx 格式)。下面是从宏观角度对这段代码的解析。

(1) 相关类和库的引入:引入了必要的 Python 库,如 os、sys 和 docx,用于文件操作和 Word 文档创建;引入了 ModelScope 平台的 RolePlay 类和相关工具,用于定义角色和功能。

(2) 工具定义:定义了一个名为 CreateWordFile 的工具,它继承自 BaseTool,用于创建 Word 文件;这个工具通过 @register_tool 装饰器注册到系统中,可以被 ModelScope 平台识别和使用。

(3) 角色和功能配置:通过 role_template 变量定义了角色的指令模板;llm_config 变量指定了使用的语言模型和模型服务器;function_list 变量列出了助手可以执行的功能,这里只配置了自定义的 create_word_file 工具。

(4) 主程序逻辑:main 函数中包含了一个无限循环,用于不断接收用户输入,直到用户选择退出;循环内首先请求用户输入文件名和内容,然后检查同名文件是否已存在;使用 bot 对象处理用户请求,将对话历史作为上下文传递给模型;输出模型的响应,并将其追加到对话历史中。

(5)错误处理:程序可以处理用户中断(如按快捷键Ctrl+C)和运行时异常,确保程序的稳定运行。

(6)程序入口:if __name__ == "__main__":是Python程序的常见入口点,确保当脚本作为主程序运行时执行main函数。

整体上,这个程序提供了一个用户友好的界面,允许用户通过命令行与文件处理助手交互,创建Word文件。当然,除了可以创建Word文件,通过对程序进行适当调整,还可以用于创建Excel文件,完整代码如下:

```python
//modelscope-agent/demo/chapter_7/Create_Excel_File.py
#Excel文件创建
import os
import sys
from openpyxl import Workbook
sys.path.append('/mnt/d/modelscope/modelscope-agent')
os.environ['ZHIPU_API_KEY']= 'YOUR_ZHIPU_API_KEY'
from modelscope_agent.agents.role_play import RolePlay
from modelscope_agent.tools.base import BaseTool
from modelscope_agent.tools import register_tool


@register_tool('create_excel_file')
class CreateExcelFile(BaseTool):
    description = '在本地创建一个Excel文件'
    name = 'create_excel_file'
    parameters =[{
        'name': 'file_path',
        'description': 'Excel文件本地路径',
        'required': True,
        'type': 'string'
    }, {
        'name': 'content',
        'description': 'Excel文件内容(每行以逗号分隔,不同行以换行分隔,例如"value1,value2,value3\\nvalue4,value5,value6")',
        'required': True,
        'type': 'string'
    }]

    def call(self, params: str):
        params = self._verify_args(params)
        file_path = params['file_path']
        content_lines = params['content'].split('\n')
        content = [line.split(',') for line in content_lines]

        if not file_path.endswith('.xlsx'):
            return str({'result': '文件路径不是Excel文件(.xlsx)'})

        try:
            #确保文件所在的目录存在
```

```python
            directory = os.path.dirname(file_path)
            if directory and not os.path.exists(directory):
                os.makedirs(directory)

            wb = Workbook()
            ws = wb.active
            for row in content:
                ws.append(row)
            wb.save(file_path)
            return str({'result': f'成功创建 Excel 文件,文件路径为 {file_path}'})
        except Exception as e:
            return str({'result': f'创建文件时发生错误: {e}'})

role_template = '你扮演一名文件处理助手,需要根据要求完成任务。'
llm_config = {'model': 'glm-4', 'model_server': 'zhipu'}
function_list = ['create_excel_file']
bot = RolePlay(
    function_list=function_list, llm=llm_config, instruction=role_template)
#用于存储对话历史记录的列表
dialog_history = []

def main():
    while True:
        try:
            #获取用户输入的文件名
            file_name = input("请输入您想要创建的 Excel 文件名称(不包括扩展名,输入'退出'来结束程序): ")
            if file_name.lower() == '退出':
                print("程序已退出。")
                break

            #检查文件是否已存在
            file_path = os.path.join(os.getcwd(), file_name + ".xlsx")
            if os.path.exists(file_path):
                print(f"文件 '{file_path}' 已经存在,请使用其他文件名。")
                continue

            #获取用户输入的内容
            print("请输入您想要添加到 Excel 文件的内容(每行以逗号分隔,不同行以换行分隔):")
            print("输入'完成'开始创建文件,输入'退出'结束程序。")
            lines = []
            while True:
                line = input()
                if line.lower() == '完成':
                    break
                elif line.lower() == '退出':
                    print("程序已退出。")
                    return
```

```
                lines.append(line)
            content = '\n'.join(lines)

            #将用户的请求追加到对话历史记录中
            dialog_history.append(f"创建文件请求:文件名'{file_name}.xlsx',内容'{content}'")

            #使用bot处理用户输入的问题,并将对话历史作为上下文传递给模型
            response = bot.run("\n".join(dialog_history))

            #输出答案
            text = ''
            for chunk in response:
                text += chunk
            print(text)

            #将答案追加到对话历史记录中
            dialog_history.append(text)

        except KeyboardInterrupt:
            #如果用户按快捷键Ctrl+C,则退出程序
            print("\n程序已退出。")
            break
        except Exception as e:
            #打印错误信息并继续
            print(f"发生错误:{e}", file=sys.stderr)
            continue

if __name__ == "__main__":
    main()
```

这段代码的结构与创建 Word 文件的结构大致相似。不同之处在于,创建 Excel 工具时使用了 openpyxl 这个依赖包中的 Workbook 功能模块。此外,向 Excel 写入内容也与 Word 有所不同,这是因为 Excel 有规范的格式要求。具体来讲,遵循的规则是每行以逗号分隔,不同行以换行分隔。由于本节主要关注文本的创建、保存和读取,因此仅探讨基本操作,而没有深入研究如何精确定位。

无疑,这类智能体具备的能力不仅局限于创建 Word 和 Excel 文件,还可以扩展到 PDF、PPT 等多种文件格式,然而,鉴于本节内容主要关注于财务分析报告,因此重点探讨 Word 和 Excel 的应用。至此,读者已经掌握了文件创建的技巧,并确认了文件能够成功写入数据。接下来,将重点关注如何从这些文件中读取内容。构建用于从 Word 文件中读取文本内容的工具,代码如下:

```
//modelscope-agent/demo/chapter_7/Example_Code_7-3.py
#读取Word文件中内容的智能体工具
@register_tool('read_word_file')
```

```python
class ReadWordFile(BaseTool):
    description = '读取本地 Word 文件内容'
    name = 'read_word_file'
    parameters = [{
        'name': 'file_path',
        'description': 'Word 文件本地路径',
        'required': True,
        'type': 'string'
    }]

    def call(self, params: str):
        params = self._verify_args(params)
        file_path = params['file_path']

        if not file_path.endswith('.docx'):
            return str({'result': '文件路径不是 Word 文件 (.docx)'})

        try:
            doc = Document(file_path)
            content = []
            for paragraph in doc.paragraphs:
                content.append(paragraph.text)
            return str({'result': '成功读取 Word 文件内容', 'content': '\n'.join(content)})
        except Exception as e:
            return str({'result': f'读取文件时发生错误：{e}'})
```

此处仅展示了创建读取工具的代码，原因是相关类和库的引入、角色和功能配置、主程序结构、错误处理及程序入口等，与 Word 文件创建的代码非常相似。读者只需进行少量代码修改，便可将其用于读取 Word 文件中的内容。以下是将读取内容打印出来的交互过程。

【示例 7-1】 与文件内容读取智能体的交互过程

AGENT：请输入您想要读取的 Word 文件名称(不包括扩展名，输入'退出'来结束程序)：

ME：test1

AGENT：====> stream messages：[{'role': 'system', 'content': ……

tool_call：ChoiceDeltaToolCall(index=0, id='call_8780224664376367758', function=ChoiceDeltaToolCallFunction(arguments='{"file_path":"test1.docx"}', name='read_word_file'), type='function')

====> stream messages：[{'role': 'system', 'content': ……

Action：read_word_file

Action Input：{"file_path":"test1.docx"}

Observation：<result>{'result': '成功读取 Word 文件内容', 'content': 'hello world!'}</result>

AGENT:Answer:已成功读取 Word 文件 'test1.docx' 的内容,文件内容为 'hello world!'。

在之前的交互过程中,成功地读取了一个名为 test1 的 Word 文件。该文档是由之前的 Word 文件生成智能体所创建的,包含的文本内容为"hello world!"。显然,构建的智能体能够有效地从本地计算机上的 Word 文件中提取文本信息,并将其输出到命令提示窗口。这一功能的实现,为后续的内容追加和文档保存操作打下了基础。接下来,将向上述文档中添加一些新的内容,并重新保存文件。以下是一个用于内容添加的工具定义:

```python
//modelscope-agent/demo/chapter_7/Example_Code_7-4.py
@register_tool('add_content_to_word')
class AddContentToWord(BaseTool):
    description = '向 Word 文件中添加内容'
    name = 'add_content_to_word'
    parameters = [{
        'name': 'file_path',
        'description': 'Word 文件本地路径',
        'required': True,
        'type': 'string'
    }, {
        'name': 'content',
        'description': '要添加的内容',
        'required': True,
        'type': 'string'
    }, {
        'name': 'add_to_next_line',
        'description': '是否添加到下一行(True: 下一行, False: 当前行)',
        'required': True,
        'type': 'bool'
    }]

    def call(self, params: str):
        params = self._verify_args(params)
        file_path = params['file_path']
        content = params['content']
        add_to_next_line = params['add_to_next_line']

        if not file_path.endswith('.docx'):
            return str({'result': '文件路径不是 Word 文件 (.docx)'})

        try:
            doc = Document(file_path)
            if add_to_next_line:
                doc.add_paragraph(content)
            else:
                #如果是添加到当前行,则需要获取最后一个段落并添加内容
                last_paragraph = doc.paragraphs[-1]
```

```
            last_paragraph.text += content
        doc.save(file_path)
        return str({'result': '成功向 Word 文件添加内容'})
    except Exception as e:
        return str({'result': f'添加内容时发生错误：{e}'})
```

在上述代码中，为了方便查询，特意增加了一个工具参数，即询问是否添加到下一行。对应于上述工具的主程序如下：

```
//modelscope-agent/demo/chapter_7/Example_Code_7-5.py
def main():
    while True:
        try:
            #获取用户输入的文件名
            file_name = input("请输入您想要修改的 Word 文件名称(不包括扩展名,输入'退出'来结束程序)：")
            if file_name.lower() == '退出':
                print("程序已退出。")
                break

            #构建文件路径
            file_path = os.path.join(os.getcwd(), file_name + ".docx")

            #获取用户输入的内容
            content = input("请输入您想要添加到 Word 文件的内容：")

            #获取用户输入的选择(是否添加到下一行)
            add_to_next_line = input("是否添加到下一行？（是/否）：").lower() == '是'

            #使用 bot 处理用户输入的问题,并将对话历史作为上下文传递给模型
            response = bot.run("\n".join(dialog_history))

            #输出答案
            text = ''
            for chunk in response:
                text += chunk
            print(text)

        except KeyboardInterrupt:
            #如果用户按快捷键 Ctrl+C,则退出程序
            print("\n 程序已退出。")
            break
        except Exception as e:
            #打印错误信息并继续
            print(f"发生错误：{e}", file=sys.stderr)
            continue
```

上述代码定义了一个主函数 main，它不断地在一个循环中运行，等待用户输入。用户

可以输入想要修改的 Word 文件名称、想要添加的内容及是否添加到下一行的选择,构建的智能体会将这些信息追加到选定的 Word 文件中。程序还包含了错误处理和退出循环的功能。

注意:由于目前通过自然语言交互来执行具体操作还处于起步阶段,加之自然语言传递信息的模糊性和不确定性,因此执行内容删除或者文件删除时要特别注意的,防止误删事件发生。

7.1.2 跨文件操作

7.1.1 节详细探讨了如何对文件进行创建、写入、读取和追加等操作,无论是对于 Word 文件、Excel 文件还是其他类型的文档,这些操作都是针对单一任务的,例如,创建一个 Word 文件或在 Word 文件中追加内容,然而,在实际的财务分析报告编写过程中,经常需要执行跨文档操作,例如,从 Excel 文件中提取数据并将其整合到 Word 文件中。这一过程涉及多个步骤,包括查找相关数据及在不同文档之间进行操作和数据转移。这种跨文档的工作流程通常较为复杂,需要设计和开发能够协调不同文件格式和内容的面向多任务的智能体。以基于数据的分析报告生成为例,大致可以分为 3 个阶段:首先从 Excel 中提取相应数据,其次创建一个 Word 文件,最后将 Excel 中的数据写入 Word 文件。以下是跨文件操作智能体 ExcelData_To_Word_Agent 的主体代码:

```
//modelscope-agent/demo/chapter_7/ExcelData_To_Word_Agent.py
import spacy
import os
import sys
sys.path.append('/mnt/d/modelscope/modelscope-agent')
os.environ['ZHIPU_API_KEY'] = '7a2bd7fc4838a2234b13ba87463707c8.
Vxlt3YRAj6a8kWnG'
from modelscope_agent.agents.role_play import RolePlay
from modelscope_agent.tools.base import BaseTool
from modelscope_agent.tools import register_tool
from sentence_transformers import SentenceTransformer, util
from openpyxl import load_workbook
from docx import Document
import json

#加载 spaCy 的中文模型
nlp = spacy.load("zh_core_web_sm")

#替换为实际的 zhipuAI API 端点地址
API_ENDPOINT = "https://open.bigmodel.cn/api/paas/v4/chat/completions"

#替换为实际认证信息
API_KEY = 'YOUR_API_KEY'
```

```python
EXP_SECONDS = 300                                    #过期时间,单位为秒
model_path = 'all-MiniLM-L6-v2'
model = SentenceTransformer(model_path)

class ExcelDataFinder:
    def __init__(self, excel_file_name, sheet_name='Sheet1'):
        self.excel_file_name = excel_file_name
        self.sheet_name = sheet_name
        self.excel_file_path = os.path.join(os.getcwd(), f"{excel_file_name}.xlsx")
        self.API_KEY = API_KEY                       #需要从外部传入或设置
        self.EXP_SECONDS = EXP_SECONDS               #需要从外部传入或设置
        self.model = SentenceTransformer('all-MiniLM-L6-v2')   #初始化模型

    def generate_token(self):
        id, secret = self.API_KEY.split(".")
        payload = {
            "api_key": id,
            "exp": int(round(time.time() *1000)) + self.EXP_SECONDS *1000,
            "timestamp": int(round(time.time() *1000)),
        }
        return jwt.encode(
            payload,
            secret,
            algorithm="HS256",
            headers={"alg": "HS256", "sign_type": "SIGN"},
        )

    def match_entity(self, keyword, row_titles, threshold=0.5):
        keyword_embedding = self.model.encode(keyword, convert_to_tensor=True)
        most_similar_title = None
        highest_similarity = 0

        for title in row_titles:
            title_embedding = self.model.encode(title, convert_to_tensor=True)
            similarity = util.pytorch_cos_sim(keyword_embedding, title_embedding).item()
            #print (f" Comparing ' {keyword} ' with ' {title} ', similarity: {similarity}")

            if similarity >= threshold:
                if similarity > highest_similarity:
                    most_similar_title = title
                    highest_similarity = similarity

        if most_similar_title:
            return most_similar_title
        else:
            print("没有找到与关键词相似度超过阈值的行标题。")
```

```python
            return None

    def find_data(self, row_title, column_title):
        try:
            #加载 Excel 工作簿和工作表
            workbook = load_workbook(self.excel_file_path)
            worksheet = workbook[self.sheet_name]

            #提取行标题(假设行标题在第 1 列)
            row_titles = [cell.value for cell in worksheet[1] if cell.value is not None]
            #print("行标题:", row_titles)

            #提取列标题(假设列标题在第 1 行)
            column_titles = [cell.value for row in worksheet.iter_cols(min_col=1, max_col=1) for cell in row]
            #print("列标题:", column_titles)

            #查找最相似的行标题
            most_similar_row_title = self.match_entity(row_title, row_titles)
            print(f"最相似的行标题: {most_similar_row_title}")

            most_similar_col_title = self.match_entity(column_title, column_titles)
            print(f"最相似的行标题: {most_similar_col_title}")

            if most_similar_row_title and most_similar_col_title:
                #查找行标题的索引
                row_index = None
                i = 1
                for title in row_titles:
                    if title == most_similar_row_title:
                        row_index = i
                        break
                    else:
                        i = i + 1

                #查找列标题的索引
                col_index = None
                j = 1
                for title in column_titles:            #第 1 行是列标题
                    if title == most_similar_col_title:
                        col_index = j
                        break
                    else:
                        j = j + 1

                if row_index and col_index:
                    #获取交叉点处的数值
```

```python
                    value = worksheet.cell(row=col_index, column=row_index).value
                    print(
                        f"行标题 '{most_similar_row_title}' 和列标题 '{most_similar_col_title}' 交叉点处的数值是:{value}")
                    return value
                else:
                    if not row_index:
                        print(f"未找到与行标题 '{most_similar_row_title}' 相对应的行。")
                    if not col_index:
                        print(f"未找到与列标题 '{most_similar_col_title}' 相对应的列。")
            else:
                if not most_similar_row_title:
                    print(f"未找到与关键词 '{row_title}' 相似度超过阈值的行标题。")
                if not most_similar_col_title:
                    print(f"未找到与关键词 '{column_title}' 相似度超过阈值的列标题。")

        except Exception as e:
            print(f"处理文件时发生错误: {e}")

    def print_entity_recognition_results(self, row_title, column_title):
        try:
            #使用 spaCy 进行实体识别
            row_title_doc = nlp(row_title)
            column_title_doc = nlp(column_title)

            #打印行标题的实体识别结果
            print("行标题实体识别结果:")
            for token in row_title_doc:
                print(f"{token.text} ({token.ent_type_})")

            #打印列标题的实体识别结果
            print("\n列标题实体识别结果:")
            for token in column_title_doc:
                print(f"{token.text} ({token.ent_type_})")

        except Exception as e:
            print(f"处理文件时发生错误: {e}")

    def print_titles(self):
        try:
            #加载 Excel 工作簿和工作表
            workbook = load_workbook(self.excel_file_path)
            worksheet = workbook[self.sheet_name]

            #提取行标题
```

```python
            row_titles = [cell.value for cell in worksheet[1] if cell.value is not
None]
            
            # 提取列标题
            column_titles = [cell.value for row in worksheet.iter_cols(min_col=
1, max_col=1) for cell in row]
            
            # 打印行标题
            print("行标题:")
            for title in row_titles:
                print(title)
            
            # 打印列标题
            print("\n列标题:")
            for title in column_titles:
                print(title)
                
    except Exception as e:
        print(f"处理文件时发生错误: {e}")
@register_tool('find_excel_data')
class ExcelDataFinderTool(BaseTool):
    description = '在 Excel 文件中查找特定行和列的数据'
    name = 'find_excel_data'
    parameters = [{
        'name': 'excel_file_name',
        'description': 'Excel 文件名称(不包括扩展名)',
        'required': True,
        'type': 'string'
    }, {
        'name': 'sheet_name',
        'description': '工作表名称',
        'required': False,
        'type': 'string'
    }, {
        'name': 'row_title',
        'description': '行标题',
        'required': True,
        'type': 'string'
    }, {
        'name': 'column_title',
        'description': '列标题',
        'required': True,
        'type': 'string'
    }]
    
    def call(self, params: str):
        params = self._verify_args(params)
        excel_file_name = params['excel_file_name']
        sheet_name = params.get('sheet_name', 'Sheet1')
```

```python
            row_title = params['row_title']
            column_title = params['column_title']

            excel_finder = ExcelDataFinder(excel_file_name, sheet_name)
            value = excel_finder.find_data(row_title, column_title)
            if value is not None:
                return str({'result': f'找到的数据为: {value}'})
            else:
                return str({'result': '未找到数据'})

@register_tool('create_word_file')
class CreateWordFile(BaseTool):
    description = '在本地创建一个 Word 文件'
    name = 'create_word_file'
    parameters = [{
        'name': 'file_path',
        'description': 'Word 文件本地路径',
        'required': True,
        'type': 'string'
    }, {
        'name': 'content',
        'description': 'Word 文件内容',
        'required': True,
        'type': 'string'
    }]

    def call(self, params: str):
        params = self._verify_args(params)
        file_path = params['file_path']
        content = params['content']

        if not file_path.endswith('.docx'):
            return str({'result': '文件路径不是 Word 文件 (.docx)'})

        try:
            #确保文件所在的目录存在
            directory = os.path.dirname(file_path)
            if directory and not os.path.exists(directory):
                os.makedirs(directory)

            doc = Document()
            doc.add_paragraph(content)
            doc.save(file_path)
            return str({'result': f'成功创建 Word 文件，文件路径为 {file_path}'})
        except Exception as e:
            return str({'result': f'创建文件时发生错误: {e}'})

@register_tool('read_word_file')
class ReadWordFile(BaseTool):
```

```python
        description = '读取本地 Word 文件内容'
        name = 'read_word_file'
        parameters = [{
            'name': 'file_path',
            'description': 'Word 文件本地路径',
            'required': True,
            'type': 'string'
        }]

    def call(self, params: str):
        params = self._verify_args(params)
        file_path = params['file_path']

        if not file_path.endswith('.docx'):
            return str({'result': '文件路径不是 Word 文件 (.docx)'})

        try:
            doc = Document(file_path)
            content = []
            for paragraph in doc.paragraphs:
                content.append(paragraph.text)
            return str({'result': '成功读取 Word 文件内容', 'content': '\n'.join(content)})
        except Exception as e:
            return str({'result': f'读取文件时发生错误: {e}'})

role_template = '你扮演一名文件助手,需要根据要求完成任务。'
llm_config = {'model': 'glm-4', 'model_server': 'zhipu'}
function_list = ['create_word_file', 'find_excel_data', 'read_word_file']
bot = RolePlay(
    function_list=function_list, llm=llm_config, instruction=role_template)
#用于存储对话历史记录的列表
dialog_history = []

def main():
    while True:
        try:
            #获取用户输入的文件名和工作表名
            file_name = input("请输入您想要读取的 Excel 文件名称(不包括扩展名,输入'退出'来结束程序): ")
            if file_name.lower() == '退出':
                print("程序已退出。")
                break
            sheet_name = input("请输入您想要读取的工作表名称(默认为'Sheet1'): ")

            #获取用户输入的行标题和列标题
            row_title = input("请输入您想要查找的行标题: ")
            column_title = input("请输入您想要查找的列标题: ")
```

```python
#将用户的请求追加到对话历史记录中
dialog_history.append(f"读取文件请求:文件名 '{file_name}',工作表 '{sheet_name}',行标题 '{row_title}',列标题 '{column_title}'")

#使用bot处理用户输入的问题,并将对话历史作为上下文传递给模型
response = bot.run("\n".join(dialog_history))

#输出答案
text = ''
for chunk in response:
    text += chunk
print(text)

#将答案追加到对话历史记录中
dialog_history.append(text)

#从响应中提取Excel数据
excel_data = text

#获取用户输入的文件名
file_name = input("请输入您想要创建的Word文件名称(不包括扩展名,输入'退出'来结束程序): ")
if file_name.lower() == '退出':
    print("程序已退出。")
    break

#检查文件是否已存在
file_path = os.path.join(os.getcwd(), file_name + ".docx")
if os.path.exists(file_path):
    print(f"文件 '{file_path}' 已经存在,请使用其他文件名。")
    continue

#如果Excel数据不为空,则创建Word文件
if excel_data:
    content = excel_data
    #将用户的请求追加到对话历史记录中
    dialog_history.append(f"创建文件请求:文件名 '{file_name}.docx',内容 '{content}'")

    #使用bot处理用户输入的问题,并将对话历史作为上下文传递给模型
    response = bot.run("\n".join(dialog_history))

    #输出答案
    text = ''
    for chunk in response:
        text += chunk
    print(text)

    #将答案追加到对话历史记录中
```

```
            dialog_history.append(text)
        else:
            print("未找到 Excel 数据,无法创建 Word 文件。")

    file_name = input("请输入您想要读取的 Word 文件名称(不包括扩展名,输入'退
出'来结束程序): ")
    if file_name.lower() == '退出':
        print("程序已退出。")
        break

    #将用户的请求追加到对话历史记录中
    dialog_history.append(f"读取文件请求:文件名 '{file_name}.docx'")

    #使用 bot 处理用户输入的问题,并将对话历史作为上下文传递给模型
    response = bot.run("\n".join(dialog_history))

    #输出答案
    text = ''
    for chunk in response:
        text += chunk
    print(text)

    #将答案追加到对话历史记录中
    dialog_history.append(text)

except KeyboardInterrupt:
    #如果用户按快捷键 Ctrl+C,则退出程序
    print("\n 程序已退出。")
    break
except Exception as e:
    #打印错误信息并继续
    print(f"发生错误:{e}", file=sys.stderr)
    continue

if __name__ == "__main__":
    main()
```

这段代码定义了一个文件助手角色,使用 zhipuAI 的大模型和 Modelscope-Agent 工具来处理与 Excel 和 Word 文件相关的任务。代码的主要部分如下:

(1) 导入所需的库和模块,如 spacy、openpyxl、docx、json 等。

(2) 定义一个 ExcelDataFinder 类,用于在 Excel 文件中查找特定行和列的数据。该类使用 SentenceTransformers 库进行文本相似度匹配,以及使用 spaCy 库进行实体识别。

(3) 定义了 ['create_word_file', 'find_excel_data', 'read_word_file']共 3 个智能体工具,这些工具在后续智能体与本地 Excel 和 Word 文件交互过程中将发挥重要作用。

(4) 定义一个 RolePlay 类的实例 bot,用于处理用户请求。bot 使用 zhipuAI 的语言模型和工具来执行任务,如创建 Word 文件、读取 Word 文件内容等。

(5) 定义一个 main 函数,用于与用户交互并处理用户请求。用户可以输入要读取的 Excel 文件名称、工作表名称、行标题和列标题,以及要创建或读取的 Word 文件名称。根据用户输入,bot 将执行相应的任务,并将结果输出到控制台。

整个代码的核心功能是提供一个与用户交互的界面,使用户能够通过简单的文本输入来执行与文件处理相关的任务。在具体的执行流程中,首先利用读取 Excel 智能体工具读取 Excel 文件中指定 Sheet 的数据,并将其输出显示,以便用户能够根据打印出的表格来选择合适的行列进行测试,交互流程如下。

【示例 7-2】 与跨文件操作智能体的交互过程 1

AGENT:请输入您想要读取的 Excel 文件名称(不包括扩展名,输入'退出'来结束程序):
ME:dataTable
AGENT:请输入您想要读取的工作表名称(默认为'Sheet1'):
ME:Sheet1
AGENT:Answer:已成功读取名为 'dataTable' 的 Excel 文件内容,并展示如下:

项目	当月完成	月度进度完成	缺口	账面增幅	可比增幅
预算口径收入	6553	0.957	−295.4	−0.033	0.039
其中,云协同收入	53	0.792	−13.9	−0.088	−0.034
其中,导航协同收入	43	0.898	−4.9	−0.012	0.101

请告知是否需要进一步地进行分析或操作。
AGENT:请输入您想要分析的 Excel 文件名称(不包括扩展名,输入'退出'来结束程序):
ME:dataTable
AGENT:请输入您想要分析的工作表名称(默认为'Sheet1'):
ME:Sheet1
AGENT:请输入您想要搜索的行标题关键词:
ME:缺口
AGENT:请输入您想要搜索的列标题关键词:
ME:云协同
AGENT:====> stream messages:
AGENT:Answer:在 Excel 文件 'dataTable' 中,成功找到行标题为 '缺口' 和列标题为 '云协同' 的数据。数据显示云协同收入的缺口为 −13.9。

在交互过程中,无须输入完整的行标题和列标题,只需提供标题中的关键字,智能体便能识别相应的行和列,定位到交叉点的数据并返回。随后,需将交叉点数据及其对应的行列标题整合至 Word 文件中,以此作为生成报告的数据支持。以下为完整的交互流程。

【示例 7-3】 与跨文件操作智能体的交互过程 2

AGENT：请输入您想要读取的 Excel 文件名称(不包括扩展名,输入'退出'来结束程序)：
ME：dataTable
AGENT：请输入您想要读取的工作表名称(默认为'Sheet1')：
ME：Sheet1
AGENT：请输入您想要查找的行标题：
ME：账面上的增幅
AGENT：请输入您想要查找的列标题：
ME：云协同
AGENT：…
最相似的行标题：账面增幅
最相似的行标题：其中,云协同收入
行标题 '账面增幅' 和列标题 '其中,云协同收入' 交叉点处的数值是：—0.088
AGENT：Answer：根据您的请求,我已经读取了文件 'dataTable',并在指定的行标题 '账面上的增幅' 和列标题 '云协同' 处找到了数据。该数据为—0.088。请问还有其他需要帮助的吗?
AGENT：请输入您想要创建的 Word 文件名称(不包括扩展名,输入'退出'来结束程序)：
ME：dataTable
AGENT：Answer：文件已成功创建,您可以在路径 'dataTable.docx' 中找到它。文件内容包含了我们在 Excel 文件中找到的数据信息。如果您需要进一步的帮助,则请告诉我。
AGENT：请输入您想要读取的 Excel 文件名称(不包括扩展名,输入'退出'来结束程序)：
……

7.1.3　扩写、续写和润色财务分析报告

财务分析报告对于企业财务管理至关重要,它通过深入分析企业的财务状况,为管理层提供决策依据。在 7.1.2 节中,展示了如何通过跨文件操作,从 Excel 表格(视为财务报表)中提取信息数据,并根据用户需求将其整合到 Word 文件。本节将利用 7.1.2 节提取的信息数据,借助智能体的扩写、续写和润色功能,编制成一份完整的报告。以下是关于财务分析报告中扩写、续写和润色过程的详细说明。

1. 扩写

在原始财务数据和信息的基础上,通过对相关名词和数据信息的理解,增加对财务状况的详细解读,例如,在分析企业盈利能力时,可以引入毛利率、净利率等指标,从不同角度对企业盈利水平进行评估。此外,还可以结合行业数据、历史数据等进行对比分析,以更全面地展示企业财务状况。

2. 续写

基于原始数据和信息中的财务趋势、预测等信息,可以对财务分析报告进行续写,预见企业未来的财务走向,例如,在分析企业负债状况时,可以结合原始数据中的负债结构、债务偿还能力等信息,预测企业在未来一段时间内的负债变化,为决策者提供预警和参考。

3. 润色

在财务分析报告的润色阶段,需要关注报告的结构、逻辑和表述。根据原始数据中提供的报告框架、关键点等信息,可以调整报告的结构,使之更加清晰易懂。同时还可以优化报告中的表述,使用更准确、更简洁的语言,从而提升报告的专业性和可读性。

总而言之,通过对原始数据和信息的扩写、续写和润色,能够从多个角度深入分析企业财务状况,为决策者提供有力支持。下面提供了本节涉及的扩写、续写和润色智能体Expand_Continue_Polish 的整体代码:

```python
//modelscope-agent/demo/chapter_7/Expand_Continue_Polish.py
import os
import sys
sys.path.append('/mnt/d/modelscope/modelscope-agent')
ZHIPU_API_KEY = YOUR_ZHIPU_API_KEY
from modelscope_agent.agents.role_play import RolePlay
from modelscope_agent.tools.base import BaseTool
from modelscope_agent.tools import register_tool
import requests

@register_tool('expand_text')
class ExpandText(BaseTool):
    description = '对输入内容进行扩写'
    name = 'expand_text'
    parameters = [{
        'name': 'text',
        'description': '需要扩写的文本',
        'required': True,
        'type': 'string'
    }]

    def call(self, params: str):
        params = self._verify_args(params)
        text = params['text']
        #使用智谱 AI 的 API 进行文本扩写
        api_url = 'https://open.bigmodel.cn/api/paas/v4/async/chat/completions'
        headers = {
            'Authorization': f'Bearer {os.environ["ZHIPU_API_KEY"]}',
            'Content-Type': 'application/json'
        }
        data = {
            'text': text
        }
```

```python
        response = requests.post(api_url, headers=headers, json=data)
        if response.status_code == 200:
            expanded_text = response.json().get('expanded_text', '')
            return str({'result': '成功扩写文本', 'expanded_text': expanded_text})
        else:
            return str({'result': '扩写文本失败', 'error': response.text})

@register_tool('continue_text')
class ContinueText(BaseTool):
    description = '对输入内容进行续写'
    name = 'continue_text'
    parameters = [{
        'name': 'text',
        'description': '需要续写的文本',
        'required': True,
        'type': 'string'
    }]

    def call(self, params: str):
        params = self._verify_args(params)
        text = params['text']

        #使用智谱AI的API进行文本续写
        api_url = 'https://open.bigmodel.cn/api/paas/v4/async/chat/completions'
        headers = {
            'Authorization': f'Bearer {os.environ["ZHIPU_API_KEY"]}',
            'Content-Type': 'application/json'
        }
        data = {
            'text': text
        }

        response = requests.post(api_url, headers=headers, json=data)
        if response.status_code == 200:
            continued_text = response.json().get('continued_text', '')
            return str({'result': '成功续写文本', 'continued_text': continued_text})
        else:
            return str({'result': '续写文本失败', 'error': response.text})

@register_tool('polish_text')
class PolishText(BaseTool):
    description = '对输入内容进行润色'
    name = 'polish_text'
    parameters = [{
```

```python
            'name': 'text',
            'description': '需要润色的文本',
            'required': True,
            'type': 'string'
        }]

    def call(self, params: str):
        params = self._verify_args(params)
        text = params['text']

        #使用智谱AI的API进行文本润色
        api_url = 'https://open.bigmodel.cn/api/paas/v4/async/chat/completions'
        headers = {
            'Authorization': f'Bearer {os.environ["ZHIPU_API_KEY"]}',
            'Content-Type': 'application/json'
        }
        data = {
            'text': text
        }

        response = requests.post(api_url, headers=headers, json=data)
        if response.status_code == 200:
            polished_text = response.json().get('polished_text', '')
            return str({'result': '成功润色文本', 'polished_text': polished_text})
        else:
            return str({'result': '润色文本失败', 'error': response.text})

role_template = '你扮演一名文本处理助手,需要根据要求完成任务。'
llm_config = {'model': 'glm-4', 'model_server': 'zhipu'}
function_list = ['polish_text']
bot = RolePlay(
    function_list=function_list, llm=llm_config, instruction=role_template)
#用于存储对话历史记录的列表
dialog_history = []

def main():
    while True:
        try:
            #获取用户想要执行的操作
            operation = input("请选择操作(输入'扩写','续写','润色'或'退出'来结束程序): ")
            if operation.lower() in ['退出', 'exit']:
```

```python
            print("程序已退出。")
            break

        #获取用户输入的内容
        user_input = input(f"请输入你想要{operation}的内容:")

        #将用户的请求追加到对话历史记录中
        dialog_history.append(f"文本处理请求:'{operation}',内容:'{user_input}'")

        #使用bot处理用户输入的问题,并将对话历史作为上下文传递给模型
        response = bot.run(f"操作类型:{operation},内容:'{user_input}'")

        #输出答案
        text = ''
        for chunk in response:
            text += chunk
        print(text)

        #将答案追加到对话历史记录中
        dialog_history.append(text)

    except KeyboardInterrupt:
        #如果用户按下快捷键Ctrl+C,则退出程序
        print("\n程序已退出。")
        break
    except Exception as e:
        #打印错误信息并继续
        print(f"发生错误:{e}", file=sys.stderr)
        continue

if __name__ == "__main__":
    main()
```

注意:当定义上述智能体中的 function_list 时,建议每次只定义一个,这样成功的概率更高,而当将扩写、续写和润色 3 个智能体一并放入 function_list 中时,系统选错的概率会大大地增加,这是因为扩写和续写在实际执行过程中非常相似,因此大模型有时很难区分。

接下来,将分别对扩写、续写和润色的结果进行展示,输入的数据是 7.1.2 节从 Excel 中提取的数据,利用智能体进行扩写的交互过程如下。

【示例 7-4】 与内容扩写智能体的交互过程

AGENT:请选择操作(输入'扩写','续写','润色'或'退出'来结束程序):
ME:扩写
AGENT:请输入您想要扩写的内容:

ME：根据您的请求，我已经读取了文件 'dataTable'，并找到了行标题 '账面上的增幅' 和列标题 '云协同' 对应的数据。找到的数据为－0.088。

　　AGENT：Answer：Action：expand_text

　　AGENT：Answer：根据您的请求，我已经顺利读取了名为 'dataTable' 的文件。在文件中，我准确地找到了行标题为 '账面上的增幅' 和列标题为 '云协同' 的数据点。经过仔细检索，我确定这一数据点的值为－0.088。这个数值可能代表了在某个特定条件下，与 '云协同' 相关联的 '账面上的增幅' 的变动百分比。如果您需要进一步的统计分析或者对数据进行其他操作，则请告知我您的具体需求。

在上述执行过程中，将初始输入：

　　根据您的请求，我已经读取了文件 'dataTable'，并找到了行标题 '账面上的增幅' 和列标题 '云协同' 对应的数据。找到的数据为－0.088

给到扩写智能体，智能体经过扩写后，给出了更加丰富的结果。相对扩写来讲，续写主要是沿着原有的内容继续往下写，交互过程如下。

【示例7-5】　与内容续写智能体的交互过程

　　AGENT：请选择操作（输入'扩写'，'续写'，'润色'或'退出'来结束程序）：

　　ME：续写

　　AGENT：请输入您想要续写的内容：

　　ME：根据您的请求，我已经读取了文件 'dataTable'，并找到了行标题 '账面上的增幅' 和列标题 '云协同' 对应的数据。找到的数据为－0.088。

　　AGENT：Action：continue_text

　　AGENT：Answer：根据您的请求，我已经读取了文件 'dataTable'，并找到了行标题 '账面上的增幅' 和列标题 '云协同' 对应的数据。找到的数据为－0.088。接下来，我将为您分析这个数据的意义。由于这个数据是负数，说明在账面上的增幅方面，云协同的影响是负面的，即云协同的实施可能会导致账面上的增幅减少，然而，这并不意味着云协同的实施是失败的，因为可能存在其他因素影响了账面上的增幅，因此，需要进一步分析其他相关的数据，这样才能得出更准确的结论。

显然，续写的前半段通常与原始输入内容非常接近或相同，变化主要集中在后半段。后半段的内容通常是对前半段的补充和说明，因此，一般情况下，如果获得的是一段较短的文本，则应该先执行续写，然后执行扩写。在本节中，为了让读者更好地感知两者的差异，使用了同一段文本。接下来是润色的交互过程。

【示例7-6】　与内容润色智能体的交互过程

　　AGENT：请选择操作（输入'扩写'，'续写'，'润色'或'退出'来结束程序）：

　　ME：润色

AGENT：请输入您想要润色的内容：

ME：根据您的请求，我已经读取了文件 'dataTable'，并找到了行标题 '账面上的增幅' 和列标题 '云协同' 对应的数据。找到的数据为－0.088。

AGENT：Answer：Action：polish_text

AGENT：Answer：经过查询，发现数据如下：在 'dataTable' 文件中，行标题 '账面上的增幅' 与列标题 '云协同' 交叉处的数据为－0.088。

润色后的结果通常在语法和表述上会有所提升，但这并非一成不变，它还与大模型的能力和提示工程相关，例如，润色的方向可能是希望使表述更加学术或官方，或者更加通俗易懂，这是两个完全不同的目标。

注意：目前的扩写、续写和润色智能体主要是借助了大模型自身的能力，而非专业的扩写、续写和润色大模型服务，因此效果还有待进一步提升。

7.2 交通知识库构建

17min

在人工智能技术迅猛发展的背景下，特别是大模型的出现，使智能化构建知识库成为可能。利用大模型可以高效地整合和更新各行各业的信息和知识，实现数据的自动化管理和智能化应用。本节将介绍以大模型为核心，利用 ModelScope-Agent 来构建一个小型的个人专属通勤交通知识库。

大模型对于知识库发展具有积极的推动作用，而知识库的构建对于知识管理又至关重要。首先，大模型能够自动处理和分析知识库中的数据，大大地提高了数据处理效率，其次，大模型具备强大的自然语言处理能力，可以从非结构化数据中提取有用的信息。此外，利用大模型，知识库可以实现智能问答功能，为用户提供精准的咨询服务。最后，知识库能够持续更新，保证内容的实时性和准确性。

构建基于大模型的通勤知识库需要明确目标，选择适合的预训练大模型，如 GPT、GLM 等，并根据所具备的条件决定是否利用交通领域的知识进行增量预训练和微调，当然，本书由于篇幅所限且侧重点不同，不会对大模型进行增量预训练和微调。收集领域的相关数据，包括书籍和论文、新闻和报告、市场数据等，对数据进行预处理，以确保其质量和一致性。利用 ModelScope-Agent 构建知识库，实现对数据的管理和利用，并以问答的形式来进行体验和交互。

在构建知识库平台时，可以选择合适的技术平台来搭建知识库，例如 LangChain、FastGPT、DB-GPT 等，这里选择了 ModelScope-Agent；使用向量数据库存储向量化后的数据，并结合大模型的 API，提供智能化的知识检索和问答服务。为了确保知识库内容的实时性，需要定期收集、更新数据和资料，利用大模型进行知识提取和更新，同时监控用户反馈，以及时修正和补充知识库中的内容。

基于大模型的通勤知识库有多种应用场景，包括站点查询、时间预估和通勤时间计算等。通过自动化的数据处理、智能化的知识提取和动态的内容更新，可以构建一个高效、精准、智能的通勤交通知识库，助力个人和机构更好地进行决策和管理。通勤交通知识库智能体 Commuting_Knowledge_Base 构建如下：

```python
//modelscope-agent/demo/chapter_7/Commuting_Knowledge_Base.py
#本地配置
import logging
import sys
import os
logging.basicConfig(stream=sys.stdout, level=logging.INFO)
logging.getLogger().addHandler(logging.StreamHandler(stream=sys.stdout))
#设定调用路径(路径根据实际情况设定)
os.chdir('/mnt/d/modelscope/modelscope-agent/examples/memory & knowledge')
sys.path.append('../../')
#导入 llama_index 相关依赖
from llama_index.core import (
    SimpleDirectoryReader,
    VectorStoreIndex,
    Settings
)
from modelscope import snapshot_download
#配置管理 API_KEY
os.environ['ZHIPU_API_KEY']=YOUR_ZHIPU_API_KEY
#知识库的位置,导入知识库文件(路径根据实际情况设定)
documents = SimpleDirectoryReader("/mnt/d/modelscope/modelscope-agent/damo/jinrong/").load_data()

#下载 embedding 文件并且配置
embedding_name='damo/nlp_gte_sentence-embedding_chinese-base'
local_embedding = snapshot_download(embedding_name)
Settings.embed_model = "local:"+local_embedding

#构建知识库
index = VectorStoreIndex.from_documents(documents)
set_search_scope = 3
all_search_text = []
index_ret = index.as_retriever(similarity_top_k=set_search_scope)
result = index_ret.retrieve(" ")
for doc in result:
    ref_doc = {'role': 'system', 'content': doc.text}
    all_search_text.append(ref_doc)

#构建 Agent 智能体
from modelscope_agent.agents import RolePlay
role_template = '你是一名知识库查询助手,通过查询本地知识库来回答用户的问题,如果本地知识库没有相关结果,则请如实告诉用户"本知识库没有要查询的结果"。'
llm_config = {'model': 'glm-4', 'model_server': 'zhipu'}
```

```python
function_list = []
bot = RolePlay(function_list=function_list, llm=llm_config, instruction=role_
template)

#无限循环,直到用户输入'退出'或类似指令
while True:
    query = input("请输入您的问题(输入'退出'来结束程序):")
    if query.lower() in ['退出', 'quit', 'exit']:
        break                          #如果用户输入退出指令,则结束循环
    if all_search_text:                #确保检索结果不为空
        response = bot.run(query, remote=False, print_info=True, ref_doc=all_
search_text)
        text = ''
        print(response)
        for chunk in response:
            text += chunk
        print(text)
    else:
        print("没有找到相关信息。")
```

从宏观的角度来看,这段代码构建了一个基于本地通勤交通知识库的问答智能体。以下是智能体的构成概要。

(1) 初始化环境:设置日志记录和系统路径,以便正确地导入和使用相关模块。

(2) 配置 API 密钥:设置环境变量以存储访问外部服务的 API 密钥。

(3) 读取和索引知识库:从指定目录读取文档,并使用向量存储索引来构建知识库。

(4) 下载和配置模型:下载用于文本嵌入的预训练模型,并将其配置为索引的嵌入模型。

(5) 构建智能体:创建一个角色扮演智能体,该智能体使用指定的语言模型来响应用户查询。

(6) 用户交互循环:程序进入一个循环,接收用户输入的问题,使用智能体查询知识库,并返回答案。用户可以输入特定命令来退出程序。

注意:智能体中 index.as_retriever 只能处理 similarity_top_k 个块,这一点和目前主流知识库不太一致;当然,ModelScope-Agent 中也提供了其他的知识库构建方法,感兴趣的读者可以自行查阅。

基于上述知识库,本书以如下通勤时刻表为例进行展示。

【示例 7-7】 交通知识库素材

通勤时刻表:

1号线的班车 6:53 到夏湾公交总站、6:53 到白石南、6:55 到银石雅园、6:57 到兰埔、7:05 到中电大厦、7:05 到度假村、7:07 到九洲花园、7:10 到九州大道东、7:12 到珠海电台、

7:18到吉大、7:20到九洲城、7:24到湾仔沙、7:26到百货公司、7:28到邮政大厦、7:30到凤凰北、7:50到南方软件园、8:00到白沙、8:05到达智能软件开发有限公司(公司)。

2号线的班车6:45到前山、7:05到暨南大学、7:07到武警支队、7:09到柠溪、7:11到香柠花园、7:13到南香里、7:15到南坑、7:17到香洲总站、7:19到紫荆园、7:21到华子石西、7:23到华子石东、7:28到水拥坑海天公园、7:30到美丽湾、7:31到银坑、7:33到鸡山南、7:38到唐家市场、7:40到港湾一号、8:05到达智能软件开发有限公司(公司)。

3号线的班车6:30到金斗湾客运站、6:52到汇星建材市场、7:02到雅居乐万象郡、7:05到诺丁山、7:07到振华中路、7:11到景湖居、7:12到雅居乐花园、7:14到金涌大道北、7:19到大布、7:22到中山温泉、7:30到肖家村、7:32到三乡布匹市场、7:47到金鼎市场、7:48到下栅、7:50到官塘、8:05到达智能软件开发有限公司(公司)。

4号线的班车6:40到漾湖明居、6:58到海纳石鸣苑、7:00到招商花园城、7:02到翠微市场、7:04到翠微路北、7:10到仁恒星园、7:12到香洲区府、7:14到南村、7:15到新村、7:18到兴业中、7:21到名街花园、7:28到梅华中、7:31到香山湖、7:33到健民路北、7:41到宁堂、8:05到达智能软件开发有限公司(公司)。

5号线的班车6:55到优越香格里、6:57到中澳新城、7:03到诗僧路北(万科城)、7:05到扣扉路南、7:06到上冲检查站(上冲小镇)、7:12到新香洲万家、7:14到安居园、7:17到体育中心西、7:27到公安村、7:30到梅界路口、8:05到达智能软件开发有限公司(公司)。

6号线的班车7:45到唐家人才公寓、7:48到半岛三路口、7:50到仁恒滨海半岛、7:52到半岛驿站公园、7:54到华发蔚蓝堡、7:56到后环路口、7:58到海怡湾畔、8:04到万科红树东岸、8:05到最终到达智能软件开发有限公司(公司)。

7号线的班车6:50到山湖海路西、6:53到山湖海路东、6:55到滨海天际北门、7:00到湖心路口、7:02到白藤二路、7:03到西江月、7:04到万威美地、7:05到德昌盛景、7:06到时代香海彼岸、7:41到宁堂、8:05到达智能软件开发有限公司(公司)。

8号线的班车6:32到华发商都、7:04到南屏大桥、7:08到中臣花园、7:10到造贝、7:12到人力资源中心、7:17到明珠中、7:20到翠微、7:24到明珠站、7:26到公交花园、7:31到恒雅名园、7:33到蓝盾路口、7:48到宁堂、8:05到达智能软件开发有限公司(公司)。

9号线的班车7:40到锦绣海湾城七期西、7:42到锦绣海湾城一期东、7:45到华庭云谷一店(路口)、7:46到华庭云谷二店(路口)、7:48到城轨珠海北站、8:05到达智能软件开发有限公司(公司)。

10号线的班车6:55到鳄鱼岛、6:57到丽湖名居、6:59到星宇、7:01到田家炳中学、7:03到斗门装饰建材、7:05到中纺城、7:07到白蕉汽车站、7:09到工业大道北、8:05到达智能软件开发有限公司(公司)。

11号线的班车7:41到锦绣海湾城会所、7:45到科创纵三路、7:49到惠景惠园、7:51到科技八路东、7:53到科技六路中、8:05到达智能软件开发有限公司(公司)。

12号线的班车7:42到锦绣海湾城六期西、7:44到下沙跨线桥西、7:47到锦绣海湾城六期东、7:49到博爱门诊、7:50到锦绣海湾城三期、8:05到达智能软件开发有限公司(公司)。

显然,对于不熟悉的人,在上述通勤时刻表上需要花费一些时间才能找到或者计算出所需的信息,而通过构造的知识库,能够很快地获取正确信息,交互过程如下。

【示例7-8】 与交通知识库的交互过程

AGENT:请输入您的问题(输入'退出'来结束程序):
ME:从白石南到智能软件开发有限公司要坐几号线,需要多长时间,我应该在什么时间达到坐车点?
AGENT:根据知识库中的信息,从白石南到智能软件开发有限公司需要乘坐1号线。1号线的班车从白石南出发的时间是6:53,并且最终在8:05到达智能软件开发有限公司。

因此,从白石南到公司的时间大约是1h12min。您应该在1号线班车到达白石南之前的几分钟到达坐车点,即至少在6:50之前到达白石南的公交站牌。这样可以确保您不会错过班车。

AGENT:请输入您的问题(输入'退出'来结束程序):
ME:我住在锦绣海湾城,应该怎么坐车到智能软件开发公司?
AGENT:根据知识库中的信息,如果您住在锦绣海湾城,则可以选择以下几条线路前往智能软件开发公司:

1. 9号线的班车在7:40到锦绣海湾城七期西、7:42到锦绣海湾城一期东、7:45到华庭云谷一店(路口)、7:46到华庭云谷二店(路口)、7:48到城轨珠海北站、8:05到达智能软件开发有限公司(公司)。

2. 11号线的班车在7:41到锦绣海湾城会所、7:45到科创纵三路、7:49到惠景惠园、7:51到科技八路东、7:53到科技六路中、8:05到达智能软件开发有限公司(公司)。

3. 12号线的班车在7:42到锦绣海湾城六期西、7:44到下沙跨线桥西、7:47到锦绣海湾城六期东、7:49到博爱门诊、7:50到锦绣海湾城三期、8:05到达智能软件开发有限公司(公司)。

您可以根据自己的位置选择最方便的线路。

AGENT:请输入您的问题(输入'退出'来结束程序):
ME:帮我列出1号线经过的所有站点
AGENT:根据您提供的知识库信息,1号线经过的站点如下:

1号线的班车经过的站点:
-夏湾公交总站

- 白石南
- 银石雅园
- 兰埔
- 中电大厦
- 度假村
- 九洲花园
- 九州大道东
- 珠海电台
- 吉大
- 九洲城
- 湾仔沙
- 百货公司
- 邮政大厦
- 凤凰北
- 南方软件园
- 白沙
- 智能软件开发有限公司（公司）

需要注意，这里列出的是知识库中提供的1号线班车经过的站点，并非武汉或深圳地铁1号线的站点。如果您需要查询武汉或深圳地铁1号线的站点信息，由于这些信息不在提供的知识库中，所以无法直接提供。如果需要，则需要查询官方的地铁信息。

在第1轮交互过程中，用户提供了通勤地点，智能体查询路线，并通过推理计算出通勤时间，以及大致到达通勤站点的时间。这一过程不仅涉及问答和检索，还包括推理计算。第2轮交互模拟了用户不熟悉具体站点名称的情况，只能给出一个大概的位置，如锦绣海湾城。此时，大模型会根据自己的理解匹配最合适的站点和通勤车次，并给出具体的站点时间，这展示了智能体在内容理解和模糊匹配方面的能力。最后，有些用户可能只想查看某一条路线经过的站点，因此智能体只需列出相关信息。由于通勤示例的数据量相对较少，因此其价值看似减弱，但想象一下，如果这是全国铁路信息或全国航空路网信息，则这种交通运输领域的知识库智能体将具有极大的价值。

7.3 智能体在科研领域的应用

智能体在科研领域的应用正日益成为推动科学研究的重要力量。它们通过自动化数据收集、预处理和模式识别，帮助科研人员更高效地处理和分析大量数据。在实验与模拟方面，智能体能够设计实验方案、控制实验过程，并运行复杂的模拟来预测系统行为。在知识管理与发现方面，智能体的应用包括文献检索、综述撰写、知识图谱构建及智能问答等，极大地提高了科研人员的信息获取效率。此外,智能体还能作为助手参与科研协作与交流,通过多智能体系统实现高效的问题解决。

具体到应用案例,智能体在药物研发、天文学、基因编辑和环境监测等多个领域都展现出了巨大的潜力,然而,智能体在科研领域的应用也面临一些挑战,如数据隐私和安全问题、决策过程的可解释性与可靠性,以及跨学科合作的必要性,但是,随着技术的不断进步,智能体在科研领域的应用必将更加深入和广泛,有望为国家的科技创新和社会发展带来更多突破。

本节将探讨智能体在辅助代码生成和已有代码解析方面的应用。基于大模型构建的智能体实现代码生成目前已经发展成一个庞大的产业,众多公司正在押注该赛道,并已经推出了许多代码辅助生成工具,例如 GitHub Copilot、Copilot X 和 Cursor 等。基于大模型的智能体在代码生成方面的能力主要体现在代码自动补全、代码模板生成和代码优化建议上。它们能够根据编程语境提供代码片段建议,生成标准化的代码模板,并提出改进现有代码的建议,从而提升开发效率和质量。在代码解析方面,智能体的作用同样显著,它能够帮助开发者理解不同语言的代码片段和复杂的代码结构,检测潜在的缺陷,并促进代码的复用,为算法工程师构建了一个堪称无所不知的老师。

当然,利用智能体进行代码生成和解析也面临一些挑战。首先,构建的智能体需要确保生成的代码和建议准确,因为这是工程化应用的前提,其次,用户需要具备一定的算法和程序基础,从而评估智能体的生成和解析结果是否合理合规,因为就目前来看,基于大模型的智能体可以智能辅助算法开发人员工作,而不能做到完全替代。此外,提供良好的用户交互体验也是智能体成功的关键。

7.3.1 代码生成

随着生成式人工智能技术的飞速发展,基于大模型智能体的代码生成逐渐成为一个热门的研究领域。大模型智能体,特别是像 GPT-4 这样的生成式预训练模型,通过学习大量的代码和自然语言数据,能够自动生成高质量的代码片段,辅助开发者进行编程工作。

代码生成主要依赖于自然语言处理技术。模型通过学习海量的代码库和文档,能够理解并生成符合语法和逻辑的代码。它不仅能根据自然语言描述生成代码,还能进行代码补全、重构和错误检测等任务。大模型智能体采用了自监督学习的方式,通过预测下一个词或句子的形式来训练,使其具备强大的生成能力。

在实际应用中,代码生成有多个重要的场景。首先,开发者只需输入自然语言描述,智能体便能生成相应的代码,这在快速原型开发和重复性编码工作中具有显著优势,其次,在集成开发环境中,智能体可以实时提供代码补全建议,帮助开发者提高编码效率。此外,智能体还能通过分析代码结构和逻辑,提出重构建议,优化代码的性能和可读性。最后,智能体还能自动识别代码中的错误,并提供修复建议,减少调试时间。

代码生成有许多优势。自动代码生成和补全功能能够大幅提升开发效率,减少重复劳动。对于初学者而言,智能体的建议和生成功能可以帮助其快速上手编程。智能体通过学习大量优秀代码,能够生成规范且高质量的代码,然而,也存在一些挑战,例如在复杂的语义理解上仍存在一定困难,生成的代码需要经过严格审核以确保安全性和可靠性,以及在训练和使用过程中需注意数据隐私保护,防止敏感信息泄露。

未来,随着以大模型为代表的生成式人工智能的进一步发展,其在代码生成中的应用也将更加广泛和深入,而通过结合其他技术,智能体有望实现更高层次的自动化编程能力。同时,智能体与开发者的协同工作模式也将不断优化,助力软件开发迈向新的高度,甚至有可能衍生出全新的工作模式和工作岗位。下面将以图像去噪为例,让大模型分别生成一段 Python 和 MATLAB 代码,首先是生成 Python 代码的智能体 Generate_python_code:

```
//modelscope-agent/demo/chapter_7/Generate_python_code.py
import os
import sys
os.environ['ZHIPU_API_KEY']=YOUR_ZHIPU_API_KEY
sys.path.append('/mnt/d/modelscope/modelscope-agent')
from modelscope_agent.agents.role_play import RolePlay  #NOQA
from modelscope_agent.tools.base import BaseTool
from modelscope_agent.tools import register_tool
import sys

@register_tool('generate_python_code')
class GeneratePythonCode(BaseTool):
    description = '根据用户要求生成一段 Python 代码'
    name = 'generate_python_code'
    parameters: list =[{
        'name': 'code_description',
        'description': '代码描述',
        'required': True,
        'type': 'string'
    }]

    def call(self, params: str, **kwargs):
        params = self._verify_args(params)
        code_description = params['code_description']

        #根据描述生成代码
        try:
            #这里只是一个简单的示例,可以根据实际需求扩展代码生成逻辑
            code = f"""
#以下是根据用户描述生成的 Python 代码
def generated_function():
    #{code_description}
    pass

#示例用法
if __name__ == '__main__':
    generated_function()
```

```python
    """
    return str({'result': f'成功生成 Python 代码:\n{code}'})
    except Exception as e:
        return str({'result': f'生成代码时发生错误：{e}'})

role_template = '你扮演一个代码生成器，需要根据用户的要求生成一段 Python 代码。'
llm_config = {'model': 'glm-4', 'model_server': 'zhipu'}
function_list = ['generate_python_code']
bot = RolePlay(
    function_list=function_list, llm=llm_config, instruction=role_template)

#用于存储对话历史记录的列表
dialog_history = []

def main():
    while True:
        try:
            #获取用户输入
            user_input = input("请输入您的代码生成要求(输入'退出'来结束程序)：")
            if user_input.lower() == '退出':
                print("程序已退出。")
                break

            #将用户的要求追加到对话历史记录中
            dialog_history.append(user_input)

            #使用 bot 处理用户输入的要求，并将对话历史作为上下文传递给模型
            response = bot.run("\n".join(dialog_history))

            #输出答案
            text = ''
            for chunk in response:
                text += chunk
            print(text)

            #将答案追加到对话历史记录中
            dialog_history.append(text)

        except KeyboardInterrupt:
            #如果用户按快捷键 Ctrl+C,则退出程序
            print("\n 程序已退出。")
            break
        except Exception as e:
            #打印错误信息并继续
            print(f"发生错误:{e}", file=sys.stderr)
            continue

if __name__ == "__main__":
    main()
```

这段代码构建了一个基于Python的基础代码生成器。它封装了一个名为GeneratePythonCode的智能体工具，专门用于根据用户的描述自动生成Python代码。该代码通过角色扮演的形式与用户进行互动，并借助智谱API作为语言模型的核心。在主循环中，首先程序接收用户的输入，然后激活代码生成工具，并将生成的代码展示给用户。用户可以根据自己的需求输入指令，程序将根据这些指令生成相应的Python代码片段。当用户输入"退出"时，程序将优雅地结束运行。以下是生成过程的互动实录。

【示例7-9】 与代码生成智能体的交互过程：生成Python代码

AGENT：请输入您的代码生成要求（输入'退出'来结束程序）：
ME：请帮我生成一段图像去噪的代码
AGENT：Answer：我理解您需要一段用于图像去噪的Python代码。下面是一个使用OpenCV库的简单示例，该库具有去噪功能。这段代码将读取一张图像，应用去噪算法，然后保存处理后的图像。

需要确保你已经安装了OpenCV库，如果没有安装，则可以使用pip安装：

```bash
pip install opencv-python
```

以下是生成的Python代码：

```python
import cv2
import numpy as np

def denoise_image(image_path, output_path):
    # 读取图像
    image = cv2.imread(image_path, cv2.IMREAD_COLOR)

    # 将图像转换为灰度图像
    gray = cv2.cvtColor(image, cv2.COLOR_BGR2GRAY)

    # 应用去噪算法 - 这里使用了非局部均值去噪
    denoised = cv2.fastNlMeansDenoising(gray, None, 30, 7, 21)

    # 保存去噪后的图像
    cv2.imwrite(output_path, denoised)

# 示例用法
if __name__ == '__main__':
    input_image = 'path_to_your_input_image.jpg' # 输入图像路径
```

```
        output_image = 'denoised_image.jpg' #输出图像路径
        denoise_image(input_image, output_image)
```

应将`path_to_your_input_image.jpg`替换为您要处理的图像的路径,并确保将`denoised_image.jpg`替换为你想要保存的去噪后图像的名称。这段代码将处理图像并保存去噪后的版本。

在上述交互过程中,用户(标记为 ME)正在与一个代码生成器智能体(标记为 AGENT)进行对话。AGENT 首先提示用户输入代码生成要求或输入"退出"以结束程序。用户随后请求生成一段图像去噪的 Python 代码。AGENT 理解需求后,提供了一个使用 OpenCV 库进行图像去噪的示例代码,并说明用户需先安装 OpenCV 库。提供的代码示例包含了读取图像、转换为灰度、应用非局部均值去噪算法及保存去噪后图像的步骤,同时指导用户在使用时将示例中的图像路径替换为实际路径。以上是生成 Python 代码的智能体 Generate_python_code 的构造和交互过程,接下来,再给出另外一个智能体 Generate_MATLAB_code,用于实现 MATLAB 代码的一键式生成:

```python
//modelscope-agent/demo/chapter_7/Generate_MATLAB_code.py
import os
import sys
os.environ['ZHIPU_API_KEY']=YOUR_ZHIPU_API_KEY
sys.path.append('/mnt/d/modelscope/modelscope-agent')
from modelscope_agent.agents.role_play import RolePlay   #NOQA
from modelscope_agent.tools.base import BaseTool
from modelscope_agent.tools import register_tool
import sys

@register_tool('generate_MATLAB_code')
class GenerateMATLABCode(BaseTool):
    description = '根据用户要求生成一段 MATLAB 代码'
    name = 'generate_MATLAB_code'
    parameters =[{
        'name': 'code_description',
        'description': '代码描述',
        'required': True,
        'type': 'string'
    }]

    def call(self, params: str, **kwargs):
        params = self._verify_args(params)
        code_description = params['code_description']

        #根据描述生成代码
        try:
            #这里只是一个简单的示例,可以根据实际需求扩展代码生成逻辑
```

```python
            code = f"""
% 以下是根据用户描述生成的 MATLAB 代码
function generated_function()
    % {code_description}
end

% 示例用法
generated_function();
            """
            return str({'result': f'成功生成 MATLAB 代码:\n{code}'})
        except Exception as e:
            return str({'result': f'生成代码时发生错误: {e}'})

    def _verify_args(self, params):
        #假设这是一个示例实现
        return {'code_description': params}

role_template = '你扮演一个代码生成器,需要根据用户的要求生成一段 MATLAB 代码。'
llm_config = {'model': 'glm-4', 'model_server': 'zhipu'}
function_list = ['generate_MATLAB_code']
bot = RolePlay(
    function_list=function_list, llm=llm_config, instruction=role_template)

#用于存储对话历史记录的列表
dialog_history = []

def main():
    while True:
        try:
            #获取用户输入
            user_input = input("请输入您的代码生成要求(输入'退出'来结束程序): ")
            if (user_input.lower() == '退出') or (user_input.lower() == 'exit'):
                print("程序已退出。")
                break

            #将用户的要求追加到对话历史记录中
            dialog_history.append(user_input)

            #使用 bot 处理用户输入的要求,并将对话历史作为上下文传递给模型
            response = bot.run("\n".join(dialog_history))

            #输出答案
            text = ''
            for chunk in response:
                text += chunk
            print(text)

            #将答案追加到对话历史记录中
```

```
                dialog_history.append(text)
        except KeyboardInterrupt:
            #如果用户按快捷键 Ctrl+C,则退出程序
            print("\n 程序已退出。")
            break
        except Exception as e:
            #打印错误信息并继续
            print(f"发生错误:{e}", file=sys.stderr)
            continue
if __name__ == "__main__":
    main()
```

这段代码打造了一个 MATLAB 代码生成智能体,通过创建一个名为 GenerateMATLABCode 的智能体工具,它能够根据用户的描述自动生成 MATLAB 代码。该智能体采用了角色扮演的交互方式,与用户进行沟通。在主函数中,设计了一个循环,它持续地接收用户的输入,激活代码生成工具,并展示生成的代码,这个过程会一直进行,直到用户输入"退出"或 exit 为止。整个脚本通过环境配置、模块导入、工具类定义、角色扮演框架的搭建及异常处理等多个环节,为用户提供了一个便捷且友好的代码生成体验。以下是生成过程的互动实录。

【示例 7-10】 与代码生成智能体的交互过程:生成 MATLAB 代码

AGENT:请输入您的代码生成要求(输入'退出'来结束程序):

ME:请帮我生成一段图像去噪的代码

AGENT:Answer:为了完成图像去噪的任务,MATLAB 提供了多种方法,例如使用滤波器、小波变换等。下面是一个简单的例子,展示如何使用 MATLAB 内置的 `wiener2` 函数进行图像去噪。

请将以下代码复制到 MATLAB 的脚本中并执行,以去除图像中的噪声:

```MATLAB
%读取图像
img = imread('noisy_image.jpg');

%使用维纳滤波器去噪
denoised_img = wiener2(img,[5 5]);

%显示原始图像和去噪后的图像
subplot(1, 2, 1);
imshow(img);
title('原始图像');
```

```
subplot(1, 2, 2);
imshow(denoised_img);
title('去噪后的图像');
```

在这段代码中,`imread`函数用于读取图像,`wiener2`函数用于执行去噪操作,`imshow`函数用于显示图像。您需要将`'noisy_image.jpg'`替换为您的图像文件名。此外,`[5 5]`是维纳滤波器的窗口大小,您可以根据实际需要调整这个值。

如果您需要其他类型的图像去噪,例如基于小波变换的去噪,则请提供更具体的要求,我可以为您提供相应的 MATLAB 代码。

在上述交互过程中,用户(标记为 ME)正在与一个代码生成器智能体(标记为 AGENT)进行对话。用户请求 AGENT 帮助生成一段用于图像去噪的 MATLAB 代码。AGENT 响应并提供了一个使用 MATLAB 内置 wiener2 函数进行图像去噪的示例代码。AGENT 解释了如何读取图像、应用维纳滤波器进行去噪及如何显示原始和去噪后的图像。同时,AGENT 也指出了用户需要替换图像文件名,并可以根据需要调整滤波器窗口大小。最后,代码生成器还提供了如果用户有其他去噪需求,则可以进一步说明,以便提供相应的代码。

注意:确保图像文件 noisy_image.jpg 存在于 MATLAB 的工作目录中,否则需要提供完整路径;此外,wiener2 函数需要图像为灰度图像,如果是彩色图像,则需要先将其转换为灰度图像。

7.3.2 代码解释

生成式人工智能技术的进步,尤其是大模型的发展,使代码解释成为软件开发和算法研究领域的重要工具。以 GPT-4 为例的高级智能体通过学习海量的算法逻辑和语言规律,具备了将晦涩难懂的代码转换为易于理解的文字描述的能力,这不仅解释了代码的功能,还揭示了其设计理念和实现逻辑。

在现实应用中,代码解释智能体为开发者提供了快速理解不熟悉代码库的途径,促进了团队合作中的知识传递,并在教学和学习编程方面提升了效率。这种技术的优势在于提高了开发者的工作效率,例如,其可以帮助资深开发者维护系统,抑或加速编程新手对技能的掌握。

然而,代码解释技术也面临挑战,包括在处理高度抽象或特定领域代码时的解释准确性问题,以及在解释过程中保护代码敏感信息的需求。尽管如此,代码解释本身的应用前景依旧非常广阔,它为软件开发和算法研究提供了新的视角和方法。Code_interpreter 智能体的构造如下:

```python
//modelscope-agent/demo/chapter_7/Code_interpreter.py
import os
import sys
os.environ['ZHIPU_API_KEY']=YOUR_ZHIPU_API_KEY
sys.path.append('/mnt/d/modelscope/modelscope-agent')
from modelscope_agent.agents.role_play import RolePlay   #NOQA
from modelscope_agent.tools.base import BaseTool
from modelscope_agent.tools import register_tool

@register_tool('create_local_file')
class create_local_file(BaseTool):
    description = '在本地创建一个 Python 文件'
    name = 'create_local_file'
    parameters: list = [{
        'name': 'file_path',
        'description': 'Python 文件本地路径',
        'required': True,
        'type': 'string'
    }, {
        'name': 'file_content',
        'description': 'Python 文件内容',
        'required': True,
        'type': 'string'
    }]

    def call(self, params: str, **kwargs):
        params = self._verify_args(params)
        file_path = params['file_path']
        file_content = params['file_content']

        #检查文件路径是否正确
        if not file_path.endswith('.py'):
            return str({'result': '文件路径不是 Python 文件 (.py)'})

        try:
            with open(file_path, 'w') as file:
                file.write(file_content)
            return str({'result': f'成功创建 Python 文件,文件路径为 {file_path}'})
        except Exception as e:
            return str({'result': f'创建文件时发生错误: {e}'})

@register_tool('read_python_files')
class read_python_files(BaseTool):
    description = '读取本地文件夹中的所有 Python 文件'
    name = 'read_python_files'
    parameters: list = [{
        'name': 'folder_path',
        'description': '本地文件夹路径',
        'required': True,
```

```python
            'type': 'string'
    }]

    def call(self, params: str, **kwargs):
        params = self._verify_args(params)
        folder_path = params['folder_path']

        #检查文件夹路径是否存在
        if not os.path.exists(folder_path):
            return str({'result': '文件夹路径不存在'})
        if not os.path.isdir(folder_path):
            return str({'result': '给定的路径不是一个文件夹'})

        try:
            #初始化一个空列表,以此来存储文件内容
            file_contents = {}
            for filename in os.listdir(folder_path):
                if filename.endswith('.py'):
                    file_path = os.path.join(folder_path, filename)
                    with open(file_path, 'r') as file:
                        code = file.read()
                        file_contents[filename] = code
            return str({'result': f'成功读取 Python 文件,文件内容为 {file_contents}'})
        except Exception as e:
            return str({'result': f'读取文件时发生错误: {e}'})


role_template = '你扮演一个程序员,需要根据要求完成任务。'
llm_config = {'model': 'glm-4', 'model_server': 'zhipu'}
function_list = ['code_interpreter', 'create_local_file', 'read_python_files']
bot = RolePlay(
    function_list=function_list, llm=llm_config, instruction=role_template)

#用于存储对话历史记录的列表
dialog_history = []

def main():
    while True:
        try:
            #获取用户输入
            user_input = input("请输入您的问题(输入'退出'来结束程序): ")
            if user_input.lower() == '退出':
                print("程序已退出。")
                break

            #将用户的问题追加到对话历史记录中
            dialog_history.append(user_input)
```

```python
        #使用bot处理用户输入的问题,并将对话历史作为上下文传递给模型
        response = bot.run("\n".join(dialog_history))

        #输出答案
        text = ''
        for chunk in response:
            text += chunk
        print(text)

        #将答案追加到对话历史记录中
        dialog_history.append(text)

    except KeyboardInterrupt:
        #如果用户按下快捷键Ctrl+C,则退出程序
        print("\n程序已退出。")
        break
    except Exception as e:
        #打印错误信息并继续
        print(f"发生错误:{e}", file=sys.stderr)
        continue

if __name__ == "__main__":
    main()
```

在上述代码块中定义了两个智能体工具,其功能分别是用于在本地创建 Python 文件和读取文件夹中的所有 Python 文件,随后,通过注册机制使这些工具可供智能体使用。在主程序中,智能体通过一个循环不断地接收用户输入,将输入传递给大模型处理,并返回相应的回答。用户可以通过输入"退出"来结束程序。此外,程序还包含了异常处理机制,确保在遇到错误时能够给出提示并继续运行,提高了程序的健壮性。

以下是针对 GitHub 上下载的一个 TD3[35] 工程利用 Code_interpreter 智能体进行的交互,由于整个交互过程较长,所以为了便于读者查看将其分为 3 轮,以下是第 1 轮交互。

【示例7-11】 与代码解释智能体的第 1 轮交互:查看文件夹中的文件

AGENT:请输入您的问题(输入'退出'来结束程序):
ME:请帮忙读取"TD3"文件夹中的 Python 文件
AGENT:Answer:已成功读取 "TD3" 文件夹中的 Python 文件,包括以下文件:

- DDPG.py
- main.py
- OurDDPG.py
- TD3.py
- utils.py

每个文件的内容已返回,请告诉我您需要对这些文件进行什么操作?

第 2 轮交互想要查看某个 Python 文件中的内容,交互过程如下。

【示例 7-12】 与代码解释智能体第 2 轮交互:查看某个文件中的内容

AGENT:请输入您的问题(输入'退出'来结束程序):
ME:请帮我打印 DDPG.py 文件中的 Python 代码
AGENT:DDPG.py 文件中的 Python 代码如下:

```python
import copy
import numpy as np
import torch
import torch.nn as nn
import torch.nn.functional as F

device = torch.device("cuda" if torch.cuda.is_available() else "cpu")

# Implementation of Deep Deterministic Policy Gradients (DDPG)
# Paper: https://arxiv.org/abs/1509.02971
# [Not the implementation used in the TD3 paper]

class Actor(nn.Module):
    def __init__(self, state_dim, action_dim, max_action):
        super(Actor, self).__init__()

        self.l1 = nn.Linear(state_dim, 400)
        self.l2 = nn.Linear(400, 300)
        self.l3 = nn.Linear(300, action_dim)

        self.max_action = max_action

    def forward(self, state):
        a = F.relu(self.l1(state))
        a = F.relu(self.l2(a))
        return self.max_action * torch.tanh(self.l3(a))

class Critic(nn.Module):
    def __init__(self, state_dim, action_dim):
        super(Critic, self).__init__()

        self.l1 = nn.Linear(state_dim, 400)
        self.l2 = nn.Linear(400 + action_dim, 300)
        self.l3 = nn.Linear(300, 1)
```

```python
    def forward(self, state, action):
        q = F.relu(self.l1(state))
        q = F.relu(self.l2(torch.cat([q, action], 1)))
        return self.l3(q)

class DDPG(object):
    def __init__(self, state_dim, action_dim, max_action, discount=0.99, tau=0.001):
        self.actor = Actor(state_dim, action_dim, max_action).to(device)
        self.actor_target = copy.deepcopy(self.actor)
        self.actor_optimizer = torch.optim.Adam(self.actor.parameters(), lr=1e-4)

        self.critic = Critic(state_dim, action_dim).to(device)
        self.critic_target = copy.deepcopy(self.critic)
        self.critic_optimizer = torch.optim.Adam(self.critic.parameters(), weight_decay=1e-2)

        self.discount = discount
        self.tau = tau

    def select_action(self, state):
        state = torch.FloatTensor(state.reshape(1, -1)).to(device)
        return self.actor(state).cpu().data.NumPy().flatten()

    def train(self, replay_buffer, batch_size=64):
        # Sample replay buffer
        state, action, next_state, reward, not_done = replay_buffer.sample(batch_size)

        # Compute the target Q value
        target_Q = self.critic_target(next_state, self.actor_target(next_state))
        target_Q = reward + (not_done * self.discount * target_Q).detach()

        # Get current Q estimate
        current_Q = self.critic(state, action)

        # Compute critic loss
        critic_loss = F.mse_loss(current_Q, target_Q)

        # Optimize the critic
        self.critic_optimizer.zero_grad()
        critic_loss.backward()
        self.critic_optimizer.step()

        # Compute actor loss
```

```python
        actor_loss = -self.critic(state, self.actor(state)).mean()

        # Optimize the actor
        self.actor_optimizer.zero_grad()
        actor_loss.backward()
        self.actor_optimizer.step()

        # Update the frozen target models
        for param, target_param in zip(self.critic.parameters(), self.critic_target.parameters()):
            target_param.data.copy_(self.tau * param.data + (1 - self.tau) * target_param.data)

        for param, target_param in zip(self.actor.parameters(), self.actor_target.parameters()):
            target_param.data.copy_(self.tau * param.data + (1 - self.tau) * target_param.data)

    def save(self, filename):
        torch.save(self.critic.state_dict(), filename + "_critic")
        torch.save(self.critic_optimizer.state_dict(), filename + "_critic_optimizer")

        torch.save(self.actor.state_dict(), filename + "_actor")
        torch.save(self.actor_optimizer.state_dict(), filename + "_actor_optimizer")

    def load(self, filename):
        self.critic.load_state_dict(torch.load(filename + "_critic"))
        self.critic_optimizer.load_state_dict(torch.load(filename + "_critic_optimizer"))
        self.critic_target = copy.deepcopy(self.critic)

        self.actor.load_state_dict(torch.load(filename + "_actor"))
        self.actor_optimizer.load_state_dict(torch.load(filename + "_actor_optimizer"))
        self.actor_target = copy.deepcopy(self.actor)
```

这段代码实现了一个深度确定性策略梯度(DDPG)算法,包括一个演员网络(Actor)和一个评论家网络(Critic)。演员网络用于生成动作,评论家网络用于评估状态-动作对的值。此外,代码还包括了目标网络的更新和模型参数的保存与加载方法。

当对上述代码块中的部分语句含义并不是很清楚时,就希望智能体像个知识渊博的老师一样,帮忙解释一下,此时第3轮交互如下。

【示例7-13】 与代码解释智能体第3轮交互：解释代码块含义

AGENT：请输入您的问题（输入'退出'来结束程序）：
ME：请帮我对上述代码中的每行进行注释。
AGENT：
```python
import copy
import numpy as np
import torch
import torch.nn as nn
import torch.nn.functional as F

# 检查是否有可用的CUDA设备，如果没有，则使用CPU
device = torch.device("cuda" if torch.cuda.is_available() else "cpu")

# 实现深度确定性策略梯度(DDPG)算法
# 论文：https://arxiv.org/abs/1509.02971
# [这不是TD3论文中使用的实现]
class Actor(nn.Module):
    def __init__(self, state_dim, action_dim, max_action):
        super(Actor, self).__init__()

        # 输入层，将状态维度映射到400维
        self.l1 = nn.Linear(state_dim, 400)
        # 隐藏层1，将400维映射到300维
        self.l2 = nn.Linear(400, 300)
        # 输出层，将300维映射到动作维度
        self.l3 = nn.Linear(300, action_dim)

        # 最大动作值
        self.max_action = max_action

    def forward(self, state):
        # 通过ReLU激活函数
        a = F.relu(self.l1(state))
        # 通过第2个ReLU激活函数
        a = F.relu(self.l2(a))
        # 输出层的tanh激活函数，并乘以最大动作值
        return self.max_action * torch.tanh(self.l3(a))
```

```python
class Critic(nn.Module):
    def __init__(self, state_dim, action_dim):
        super(Critic, self).__init__()
        # 输入层,将状态和动作连接后映射到400维
        self.l1 = nn.Linear(state_dim, 400)
        # 隐藏层,将400维映射到300维
        self.l2 = nn.Linear(400 + action_dim, 300)
        # 输出层,将300维映射到一维,即Q值
        self.l3 = nn.Linear(300, 1)

    def forward(self, state, action):
        # 通过ReLU激活函数
        q = F.relu(self.l1(state))
        # 将状态和动作连接后通过第2个ReLU激活函数
        q = F.relu(self.l2(torch.cat([q, action], 1)))
        # 输出层的Q值
        return self.l3(q)

class DDPG(object):
    def __init__(self, state_dim, action_dim, max_action, discount=0.99, tau=0.001):
        # 初始化演员网络,并将其移动到指定设备
        self.actor = Actor(state_dim, action_dim, max_action).to(device)
        # 复制演员网络的目标网络
        self.actor_target = copy.deepcopy(self.actor)
        # 初始化演员网络的优化器
        self.actor_optimizer = torch.optim.Adam(self.actor.parameters(), lr=1e-4)

        # 初始化评论家网络,并将其移动到指定设备
        self.critic = Critic(state_dim, action_dim).to(device)
        # 复制评论家网络的目标网络
        self.critic_target = copy.deepcopy(self.critic)
        # 初始化评论家网络的优化器
        self.critic_optimizer = torch.optim.Adam(self.critic.parameters(), weight_decay=1e-2)

        # 折扣因子
        self.discount = discount
        # 目标网络的更新率
```

```python
        self.tau = tau

    def select_action(self, state):
        #将状态转换为浮点数张量,并移动到指定设备
        state = torch.FloatTensor(state.reshape(1, -1)).to(device)
        #通过演员网络生成动作,并将其转换为 NumPy 数组
        return self.actor(state).cpu().data.NumPy().flatten()

    def train(self, replay_buffer, batch_size=64):
        #从经验回放缓冲区中采样
        state, action, next_state, reward, not_done = replay_buffer.sample(batch_size)
        #计算目标 Q 值
        target_Q = self.critic_target(next_state, self.actor_target(next_state))
        target_Q = reward + (not_done * self.discount * target_Q).detach()
        #获取当前的 Q 估计
        current_Q = self.critic(state, action)
        #计算评论家损失
        critic_loss = F.mse_loss(current_Q, target_Q)
        #优化评论家网络
        self.critic_optimizer.zero_grad()
        critic_loss.backward()
        self.critic_optimizer.step()
        #计算演员损失
        actor_loss = -self.critic(state, self.actor(state)).mean()
        #优化演员网络
        self.actor_optimizer.zero_grad()
        actor_loss.backward()
        self.actor_optimizer.step()
        #更新冻结的目标模型
        for param, target_param in zip
```

AGENT:请输入您的问题(输入'退出'来结束程序):

通过与 Code_interpreter 智能体的深入互动与交流,用户能够全面而深入地理解并掌握一套算法。在学习过程中,如果遇到对某些代码片段不理解或有疑问的情况,则用户可以直接向智能体提出问题,并即时获得解答。这种互动学习方式对于算法学习新手来讲极为

关键,它能够有效地帮助他们顺利踏入算法学习的大门。同时,对于那些已经精通某一编程语言(例如 Python)但不太熟悉其他语言算法的开发者来讲,这种智能辅助手段同样具有极大的实用价值,能够帮助他们更快地适应和掌握新的编程语言。

7.3.3 代码优化

随着算法研究的快速发展,代码优化已成为提升软件性能、提高资源利用率至关重要的一环。代码优化技术,特别是针对人工智能的算法代码优化,正逐步成为软件开发和性能调优领域的一把利器。以最先进的生成式人工智能技术为例,它们通过深入分析代码的结构和执行逻辑,能够有效地找出性能瓶颈,并提出针对性的优化方案。

在实践过程中,代码优化智能体为开发者提供了高效提升软件运行效率的途径。它不仅能识别并消除冗余代码,还能优化算法复杂度,从而显著地提高软件的响应速度和处理能力。这种技术的价值体现在多个方面:对于资深开发者而言,它有助于打造高性能的系统;对于初学者,则能够培养良好的编程习惯和性能意识。

然而,代码优化技术也面临着诸多挑战,如何在保证软件功能完整性的同时,实现最优化的代码性能,以及在优化过程中如何平衡代码的可读性和可维护性都是需要解决的问题。尽管如此,基于智能体的代码优化前景依然光明,它为软件开发和性能提升开辟了新的方向,提供了强有力的技术支持。Code_optimizer 代码优化智能体构造如下:

```
//modelscope-agent/demo/chapter_7/Code_optimizer.py
import os
import sys
os.environ['ZHIPU_API_KEY'] = ' 7a2bd7fc4838a2234b13ba87463707c8.Vxlt3YRAj6a8kWnG'
sys.path.append('/mnt/d/modelscope/modelscope-agent')
from modelscope_agent.agents.role_play import RolePlay
from modelscope_agent.tools.base import BaseTool
from modelscope_agent.tools import register_tool

role_template = '你扮演一名程序员,需要根据要求完成任务。'
llm_config = {'model': 'glm-4', 'model_server': 'zhipu'}
function_list = ['code_interpreter']
bot = RolePlay(
    function_list=function_list, llm=llm_config, instruction=role_template)

#用于存储对话历史记录的列表
dialog_history = []

def main():
    while True:
        try:
            #获取用户输入
            user_input = input("请输入您的问题(输入'退出'来结束程序): ")
            if user_input.lower() == '退出':
```

```
                print("程序已退出。")
                break

            #将用户的问题追加到对话历史记录中
            dialog_history.append(user_input)

            #使用 bot 处理用户输入的问题,并将对话历史作为上下文传递给模型
            response = bot.run("\n".join(dialog_history))

            #输出答案
            text = ''
            for chunk in response:
                text += chunk
            print(text)

            #将答案追加到对话历史记录中
            dialog_history.append(text)

        except KeyboardInterrupt:
            #如果用户按快捷键 Ctrl+C,则退出程序
            print("\n 程序已退出。")
            break
        except Exception as e:
            #打印错误信息并继续
            print(f"发生错误:{e}", file=sys.stderr)
            continue


if __name__ == "__main__":
    main()
```

上述代码块是一个简单的交互式智能体,它使用了智谱 AI 的大模型 API 和智能体构建框架来创建一个代码优化智能体,这个智能体扮演的是一个程序员角色,以下是第 1 轮交互过程,创建一套算法(当然,读者也可以通过构建 Python 文档读入工具,从本地读入 Python 代码),交互过程如下。

【示例 7-14】 与代码优化智能体的交互:创建一套基础代码

AGENT:请输入你的问题(输入'退出'来结束程序):
ME:请帮我用 Python 语言写一个粒子群优化算法
AGENT:好的,粒子群优化算法(Particle Swarm Optimization,PSO)是一种基于群体智能的优化工具,模拟鸟群觅食行为来寻找问题的最优解。下面是一个简单的Python 实现:

```python
import numpy as np
import random
```

```python
# 目标函数
def fitness_function(x):
    return x ** 2  # 这是一个简单的测试函数,在实际应用中需要替换为实际问题对
# 应的目标函数
# 初始化粒子群
class Particle:
    def __init__(self, fitness_function, bounds):
        self.position = np.array([random.uniform(b[0], b[1]) for b in bounds])
        self.velocity = np.zeros(len(bounds))
        self.best_position = None
        self.best_fitness = None
        self.fitness_function = fitness_function

    def evaluate(self):
        self.fitness = self.fitness_function(self.position)
        if self.best_fitness is None or self.fitness < self.best_fitness:
            self.best_fitness = self.fitness
            self.best_position = self.position.copy()

    def update(self, global_best_position):
        r1, r2 = random.random(), random.random()
        self.velocity = (self.velocity +
                        r1 * (self.best_position - self.position) +
                        r2 * (global_best_position - self.position))
        self.position += self.velocity

# 参数设置
bounds = [(-10, 10)]  # 定义搜索空间的边界,这里为了简化问题只设置了一个维度
num_particles = 30  # 粒子数量
max_iterations = 100  # 最大迭代次数
# 初始化粒子群
particles = [Particle(fitness_function, bounds) for _ in range(num_particles)]
global_best_position = None
global_best_fitness = None

# 主循环
for iteration in range(max_iterations):
    for particle in particles:
```

```
            particle.evaluate()
            if global_best_fitness is None or particle.best_fitness < global_best_fitness:
                global_best_fitness = particle.best_fitness
                global_best_position = particle.best_position.copy()
        for particle in particles:
            particle.update(global_best_position)

        # 打印当前最优解
        print(f"Iteration {iteration+1}: Best Fitness = {global_best_fitness}, Best Position = {global_best_position}")

    # 输出结果
    print(f"Global Best Fitness: {global_best_fitness}")
    print(f"Global Best Position: {global_best_position}")
```

这段代码定义了一个简单的粒子群优化算法,它寻找一个维度的最小化问题。在实际应用中,你可能需要调整目标函数、搜索空间和其他参数。

需要根据你的具体问题调整目标函数和搜索空间的边界。如果你的优化问题有多维度,则需要在粒子类的初始化方法中相应地修改 `bounds` 和其他相关部分。

在上述交互过程中,用户(标记为 ME)正在与一个代码优化器智能体(标记为 AGENT)进行对话。用户提出要求写一个粒子群优化算法,AGENT 便给出了一个基础版的粒子群优化算法。接下来,通过交互让 AGENT 找出可以优化的方向,然后沿着这个方向再对算法进行优化,因此第 2 轮交互的主要目标就是确定优化方向。

【示例 7-15】与代码优化智能体的交互:确定优化方向

AGENT:请输入你的问题(输入'退出'来结束程序):
ME:请帮我分析一下上面的算法有什么地方是可以优化的。
AGENT:上面的粒子群优化(PSO)算法实现的是一个基础版本,它遵循了 PSO 算法的核心概念,但是还有几个方面可以进行优化和改进:

1. **参数调整**:
   - **惯性权重(w)**:可以在粒子更新公式中引入惯性权重,以平衡全局搜索和局部搜索的能力。较大的 w 有利于全局搜索,而较小的 w 有利于局部搜索。
   - **加速常数(c1 和 c2)**:这两个常数决定了粒子向个体最优和全局最优位置的吸引程度。适当的调整可以影响算法的收敛速度和精度。

2. **粒子初始位置**:

- 可以采用更智能的方法来初始化粒子的位置,而不是随机生成,例如,可以使用拉丁超立方采样来保证初始位置的多样性。

3. **边界处理**:
- 当粒子的速度导致它们超出搜索空间时,应该有策略地处理这种情况,例如通过反射或吸收策略。

4. **适应度函数**:
- 在实际应用中的适应度函数可能更加复杂,可能需要计算时间较长或者包含多个局部最小值。这时,可以采用更复杂的适应度函数评估策略,如并行计算或使用代理模型(Surrogate Models)。

5. **停止条件**:
- 算法终止条件可以更加灵活,不仅依赖于迭代次数,还可以基于适应度值的改进幅度或达到预定的适应度阈值。

6. **多样性维护**:
- 为了避免算法早熟收敛,可以引入多样性维护机制,如变异操作,或者当群体多样性下降到一定程度时重新初始化部分粒子。

7. **粒子更新策略**:
- 可以尝试不同的更新策略,如异步更新、领导者粒子策略等,以增加搜索的动态性和效率。

8. **实现细节**:
- 使用更高效的数组操作和避免不必要的复制,以提高算法的执行效率。
- 对于大规模问题,可以考虑使用基于向量的操作来并行化计算,例如使用 NumPy 库。

9. **算法监控和调试**:
- 引入日志记录和可视化工具来监控算法的执行过程,这有助于理解算法的行为并指导进一步的优化。

通过这些优化,可以提升 PSO 算法的性能,使其更适合解决特定的问题。在实际应用中,通常需要根据问题的性质反复试验和调整,以达到最佳的优化效果。

在上述交互过程中,用户(标记为 ME)向代码优化器智能体(标记为 AGENT)提出了要求,希望它能够给出一些优化建议。AGENT 便给出了一些可供优化的方向,在这些优化方向中,假设读者选取了粒子更新策略作为优化方向,则进行第 3 轮的交互。

【示例 7-16】 与代码优化智能体的交互:实施优化

AGENT:请输入你的问题(输入'退出'来结束程序):

ME：请帮我将上述的粒子群优化算法沿着"粒子更新策略"的方向进行改进，同时将优化后的 Python 代码打印出来。

AGENT：在粒子群优化算法中，改进"粒子更新策略"可以通过引入一些高级技术，例如自适应惯性权重（Adaptive Inertia Weight，AIW）和随机扰动（Stochastic）。自适应惯性权重可以根据粒子的历史表现动态地调整惯性权重，而随机扰动则可以增加搜索的随机性，帮助算法逃离局部最优。

下面是沿这个方向改进后的 Python 代码：

```python
import numpy as np
import random

# 目标函数
def fitness_function(x):
    return x**2 # 这是一个简单的测试函数，在实际应用中需要替换为实际问题对
# 应的目标函数

# 初始化粒子群
class Particle:
    def __init__(self, fitness_function, bounds):
        self.position = np.array([random.uniform(b[0], b[1]) for b in bounds])
        self.velocity = np.zeros(len(bounds))
        self.best_position = self.position.copy()
        self.best_fitness = None
        self.fitness_function = fitness_function

    def evaluate(self):
        self.fitness = self.fitness_function(self.position)
        if self.best_fitness is None or self.fitness < self.best_fitness:
            self.best_fitness = self.fitness
            self.best_position = self.position.copy()

# 参数设置
bounds = [(-10, 10)]   # 定义搜索空间的边界，这里为了简化问题只设置了一个维度
num_particles = 30     # 粒子数量
max_iterations = 100   # 最大迭代次数
w_max = 0.9            # 最大惯性权重
w_min = 0.4            # 最小惯性权重

# 初始化粒子群
```

```python
    particles = [Particle(fitness_function, bounds) for _ in range(num_particles)]
    global_best_position = None
    global_best_fitness = None

    # 主循环
    for iteration in range(max_iterations):
        for particle in particles:
            particle.evaluate()
            if global_best_fitness is None or particle.best_fitness < global_best_fitness:
                global_best_fitness = particle.best_fitness
                global_best_position = particle.best_position.copy()

        # 更新惯性权重
        w = w_max - (w_max - w_min) * (iteration / max_iterations)
        for particle in particles:
            r1, r2 = random.random(), random.random()
            # 自适应权重和随机扰动
            particle.velocity = (w * particle.velocity +
                                 r1 * (particle.best_position - particle.position) +
                                 r2 * (global_best_position - particle.position) +
                                 0.1 * np.random.uniform(-1, 1, particle.velocity.shape))  # 随机扰动
            particle.position += particle.velocity

        # 打印当前最优解
        print(f"Iteration {iteration + 1}: Best Fitness = {global_best_fitness}, Best Position = {global_best_position}")

    # 输出结果
    print(f"Global Best Fitness: {global_best_fitness}")
    print(f"Global Best Position: {global_best_position}")
```

在这个改进版本中,我引入了自适应惯性权重`w`,它随着迭代次数的增加而线性减少,从`w_max`减少到`w_min`。此外,我还添加了一个随机扰动项`0.1 * np.random.uniform(-1, 1, particle.velocity.shape)`,以增加搜索的随机性。

需要注意,这些改进参数(如最大/最小惯性权重、随机扰动系数等)可能需要根据实际问题的性质进行调整。此外,停止条件、粒子初始位置和其他参数也可以根据需要进行优化。

无疑,上述优化后的代码可能并不适合所有特定场景,但它提供了一个有价值的范例,为研究人员和开发者指明了探索的方向。在技术进步的旅程中,这样的启发往往成为激发创新和技术突破的火花。通过深入探索代码优化智能体,有机会在以下领域更深入地进行探索:

首先,智能体能够整合更为尖端的代码分析技术,对代码库进行全方位的健康检查,挖掘出隐藏更深的性能瓶颈,其次,结合机器学习技术,智能体可以从海量的代码样例中提炼出优化的最佳实践,并智能地推荐针对特定场景的优化方案。此外,智能体还能通过与开发者的互动,洞悉他们的个性化需求,提供定制化的优化建议。

更进一步,代码优化智能体有望演变为一种团队协作利器,助力团队成员共享优化心得,推动知识的广泛传播。在教育界和培训领域,它也能充当一名出色的教学助手,向编程初学者传授编写高效、易维护代码的技巧。同时,考虑到代码安全的重要性,智能体在优化过程中应具备保护代码敏感信息的功能,确保优化工作不会带来新的安全威胁。

综上所述,代码优化智能体的诞生预示着在软件开发流程中,将迎来一位更加智能、高效的合作伙伴。它不仅能显著地提升代码性能,还将在提高开发效率和维护代码质量方面发挥至关重要的作用。

7.4 本章小结

本章深入地探讨了智能体工具在财务、交通运输及科研领域的应用,具体包括以下 3 个方面。

(1) 财务分析报告撰写:本章详细地介绍了智能体工具在财务分析报告撰写过程中的重要作用。通过文件创建、写入、读取和删除等操作,智能体工具实现了与本地文件系统的无缝交互,为财务数据的分析和报告撰写提供了有力支持。此外,本章还阐述了跨文件操作、扩写、续写和润色财务分析报告的方法,进一步提升了报告的质量和可读性。

(2) 交通知识库构建:本章介绍了如何利用大模型和 ModelScope-Agent 构建个人专属的通勤交通知识库。通过数据收集、预处理和知识提取,实现了知识库的高效管理和智能问答功能。通勤交通知识库的应用场景包括站点查询、时间预估等,为个人和机构提供了便捷的决策支持。

(3) 科研领域应用:本章分析了智能体在科研领域的应用价值,包括数据收集、预处理、实验设计与模拟、知识管理与发现等方面。同时,本章还探讨了代码生成、代码解释和代码优化等技术在科研领域的应用,为算法工程师提供了强大的辅助工具。

总之,本章展示了智能体工具在财务、交通运输和科研领域的广泛应用,以及如何借助大模型提升工作效率和创新能力。随着技术的不断进步,智能体在我国各领域的应用将更加深入,为社会发展带来更多突破。

第 8 章 基于多智能体构建的群体型应用

9min

人工智能技术的飞速发展,特别是大模型的突破,使多智能体系统的研究和应用得到了前所未有的推动。大模型,例如 OpenAI 的 GPT 系列、谷歌的 BERT、智谱 AI 的 GLM 系列及百度的文心大模型等,通过在海量数据上进行预训练,展现了卓越的语言理解、知识推理和自主学习能力,为多智能体系统提供了智能决策的可能性。

多智能体系统是由多个智能体组成的系统,这些智能体可以是软件程序、机器人或其他自动化实体,当然,本书中主要围绕算法程序构造的智能体展开。这些智能体可以通过协作和竞争相互影响,共同完成某个任务或解决某个问题;群体型应用则是指由多个智能体共同参与的应用场景。这些应用通常要求智能体之间能够有效地进行协作或竞争,以实现系统的整体目标。多智能体构建的群体型应用具有广泛的应用前景,如智能交通、无人机编队、智能电网、机器人足球等。

在多智能体系统中,智能体作为具有自主行动能力的个体,通过相互协作和通信,共同完成复杂任务。以大模型为核心的多智能体系统是由智能体工具、大模型、通信网络和环境模型等组成的。智能体工具负责收集信息并执行具体任务,大模型负责处理这些信息,进行认知决策和知识推理,并向智能体工具发出指令。通信网络确保信息的实时传递,而环境模型则为智能体提供交互场景。多智能体架构图如图 8-1 所示。

在图 8-1 中,Ray 发挥着关键作用,它让用户能够轻松地将 ModelScope-Agent 扩展成分布式多智能体系统,而整个过程仅需更新几行代码即可实现让应用程序并行处理,无须担心服务通信、故障恢复、服务发现和资源调度等复杂问题。多智能体框架之所以需要这样的能力,是因为虽然现有研究证明了多智能体系统相比单智能体能获得更好的结果,但在实际应用中,许多任务需要由一群单智能体高效协作完成,但目前支持这种场景的多智能体框架还不多见。鉴于 ModelScope-Agent 已在生产环境(如 ModelScope Studio)中证明了其可行性,因此将单智能体扩展到分布式多智能体是多智能体系统在生产环境中落地的一种可行方式。另外,考虑到不影响现有工作流程,解决方案主要采取了以下措施:

首先,将多智能体的交互逻辑与单智能体的逻辑解耦。通过 AgentEnvMixin 类,基于 Ray 处理所有多智能体通信逻辑,这样就不需要对任何现有单智能体模块中的原始逻辑进行更改了。环境模块负责管理环境信息,并采用发布/订阅机制来促进智能体之间的互动,

第8章 基于多智能体构建的群体型应用

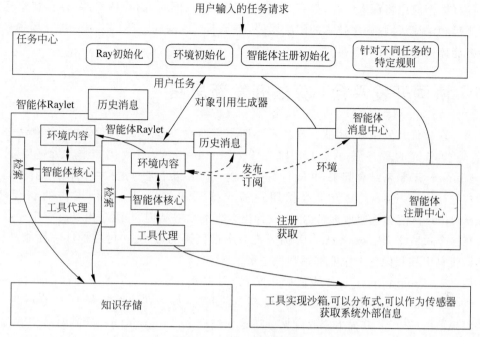

图 8-1 多智能体架构图

确保在执行层面不会阻塞智能体。消息中心维护在环境模块中,同时每个智能体也独立管理自己的历史记录,其次,引入智能体注册中心的概念,用于维护系统中智能体的信息并实现相关能力的扩展。此外,该中心还负责更新智能体的状态,确保系统中的每个智能体都能够有效地进行协调和通信。最后,任务中心具有开放性,允许消息被订阅或发布给所有智能体,支持智能体之间各种形式的交互,包括随机交流或通过用户定义的逻辑以循环方式推进。此外,任务中心还允许使用 send_to 和 sent_from 方法进行直接交互,从而快速地开发流程简单的多智能体系统。

在具体应用方面,以大模型为核心的多智能体系统可以被应用到智慧城市、无人驾驶、智能供应链等领域,例如,在智慧城市中,智能体工具负责收集城市各区域的数据,大模型则扮演着不同角色对这些数据进行深入的多层次和多角度分析,随后,专门的智能体还可以根据这些分析预测城市发展趋势,为规划者提供决策支持。在无人驾驶中,每辆汽车都可以被看作一个智能体,通过与环境模型的交互,学习驾驶技巧和常识知识,然后通过分享学习到的经验来矫正错误行为,实现路径规划和协同进化,从而提升交通效率和安全性。

然而,这一前沿技术也面临着诸多挑战。首先,大模型对计算资源的需求巨大,如何在有限的计算资源下高效运行是一个亟待解决的问题,其次,数据隐私和安全问题在多智能体系统的数据传输和处理中尤为重要。此外,大模型需要具备良好的泛化能力,以适应不断变化的环境和任务。

在未来,技术融合将是多智能体群体型应用的关键。结合云计算、边缘计算等技术,可以提升多智能体系统的计算效率和响应速度;跨领域的应用也将进一步拓展,由多智能体构建的群体型应用将深入医疗、教育、金融等多个领域，同时，随着技术的发展，制定相应的伦理规范和法律法规，确保技术的健康发展，将是不可或缺的一环。接下来将分场景来展示由多智能体构建的群体型应用。

8.1 协同开发平台：算法开发新思路

当今在软件开发领域，团队合作的重要性不言而喻。基于双智能体协同的算法开发模式，将经验丰富的程序员 A（以下称为 Programmer_A）与代码审核员 B（以下称为 Programmer_B）紧密结合起来，共同打造高质量代码。以下是对这种协同模式的阐述：

首先，Programmer_A 负责根据用户需求撰写相关代码。凭借丰富的编程经验，Programmer_A 能够快速地理解需求，设计出合理的算法结构，并编写出具有一定质量的代码。在这个过程中，Programmer_A 需要充分考虑代码的可读性、可维护性和性能，以确保后续的代码审核和优化工作能够顺利地进行。

接下来，Programmer_B 作为代码审核员，对 Programmer_A 编写的代码进行详细检查。Programmer_B 的任务是找出代码中存在的问题，如潜在的性能瓶颈、安全隐患、不符合编码规范的地方等，并提出修改意见。在这个过程中，Programmer_B 需要具备敏锐的洞察力和严谨的工作态度，以确保代码的质量得到提升。

在交互过程中，Programmer_A 与 Programmer_B 展开充分沟通。针对 Programmer_B 提出的修改意见，Programmer_A 进行反思和调整，优化代码结构，消除潜在问题。这种双向反馈机制有助于提高代码质量，确保项目顺利进行。经过多次迭代，Programmer_A 与 Programmer_B 共同打磨出一套高质量的代码。这种基于双智能体协同的算法开发模式，不仅充分地发挥了两位虚拟程序员的专长，还构建起了团队默契与信任。最终，这种协同模式将为用户带来了稳定、高效、易于维护的软件产品。

接下来，利用前面提到的智能体，结合大模型丰富的编程经验，构建一套无人参与的算法协同开发框架，在这个过程中，用户只需提出需求，由智能体构成的 Programmer_A 和 Programmer_B 展开通力合作，共同完成一套高质量算法的编写。双智能体协同算法开发框架的组成如下：

```
//modelscope-agent/demo/chapter_8/Two-agent_collaborative_development.py
import sys
import os
import ray
sys.path.append('/mnt/d/modelscope/modelscope-agent')
from modelscope_agent import create_component
from modelscope_agent.agents import RolePlay
from modelscope_agent.task_center import TaskCenter
from modelscope_agent.multi_agents_utils.executors.ray import RayTaskExecutor

os.environ['ZHIPU_API_KEY'] = YOUR_ZHIPU_API_KEY
```

```python
#初始化 Ray
ray.init()

REMOTE_MODE = True

if REMOTE_MODE:
    RayTaskExecutor.init_ray()

llm_config = {'model': 'glm-4', 'model_server': 'zhipu'}
function_list = []

#创建任务中心和角色扮演组件
task_center = create_component(
    TaskCenter,
    name='task_center',
    remote=REMOTE_MODE)

role_programmer_A = '你是一位经验丰富的程序员,可以根据用户要求撰写相关代码,同时也要根据 programmer_B 的修改意见来改进代码。'
role_programmer_B = '你是一位代码审核员,你需要检查 programmer_A 写的代码,然后找出其中存在的问题或者可以改进的地方,并提出修改意见,但不需要你直接修改代码。'

programmer_A = create_component(
    RolePlay,
    name='programmer_A',
    remote=REMOTE_MODE,
    llm=llm_config,
    function_list=function_list,
    instruction=role_programmer_A)

programmer_B = create_component(
    RolePlay,
    name='programmer_B',
    remote=REMOTE_MODE,
    llm=llm_config,
    function_list=function_list,
    instruction=role_programmer_B)

#在远程模式下注册智能体
ray.get(task_center.add_agents.remote([programmer_A, programmer_B]))

n_round = 4 #3 round for each agent
task = '写一段 Python 语言的图像去噪算法。'
ray.get(task_center.send_task_request.remote(task, send_to=['programmer_A']))

while n_round > 0:
    for frame in task_center.step.remote():
        print(ray.get(frame))
    n_round -= 1
```

上述代码块使用 Ray 库和 ModelScope 框架来创建一个分布式计算环境,其中定义了两个角色扮演智能体:程序员 A 和审核员 B。程序员 A 负责编写代码并根据审核员 B 的反馈进行改进,而审核员 B 则负责审核代码并提出修改意见。代码初始化了 Ray,设置了任务中心,并将一项图像去噪算法的任务分配给程序员 A。通过一系列迭代,任务中心协调两个智能体之间的交互,并打印出每轮的执行结果。智能体的初始化过程和任务分发状态展示如下。

【示例 8-1】 协同开发平台中的智能体初始化和任务分发

Adding agent to task center:programmer_A

Adding agent to task center:programmer_B

user_requirement send message:写一段 Python 语言的图像去噪算法。To programmer_A

programmer_A send message:好的,下面是一个简单的图像去噪示例,使用的是 Python 中的 OpenCV 库。这个例子使用了非局部均值去噪算法(Non-Local Means Denoising),这种方法通常能有效地去除噪声,同时保留图像的细节。

任务中心首先添加了程序员 A 和审核员 B 作为智能体,并分别通知了用户。随后,用户提出了编写一个基于 Python 语言图像去噪算法的需求,该需求被传达给了程序员 A。程序员 A 回应了用户,表示将提供一个使用 OpenCV 库的非局部均值去噪算法的示例,这是一种有效去除噪声同时保留图像细节的方法。程序员 A 提供的去噪示例代码如下。

【示例 8-2】 协同开发平台中由智能体扮演的程序员 A 提供的去噪代码

首先,确保你已经安装了 OpenCV。如果没有安装,则可以使用 pip 安装:

```bash
pip install opencv-python
```

下面是去噪代码的示例:

```python
import cv2
import numpy as np

def denoise_image(image_path, h=10, hColor=10, templateWindowSize=7, searchWindowSize=21):
    """
    使用 OpenCV 的 Non-Local Means Denoising 去噪算法来去噪图像。
    image_path:图像路径
    h:噪声强度,值越大,去噪效果越强
```

```
        hColor：色彩噪声强度
        templateWindowSize：模板窗口大小
        searchWindowSize：搜索窗口大小
        """
        # 读取图像
        image = cv2.imread(image_path, cv2.IMREAD_COLOR)
        # 应用非局部均值去噪
        dst = cv2.fastNlMeansDenoisingColored(image, None, h, hColor, templateWindowSize, searchWindowSize)

        return dst

# 使用函数去噪
image_path = 'path_to_your_image.jpg'    # 替换为图像路径
denoised_image = denoise_image(image_path)

# 展示去噪前后的图像
cv2.imshow('Original', cv2.imread(image_path))
cv2.imshow('Denoised', denoised_image)

# 等待键盘事件,之后关闭窗口
cv2.waitKey(0)
cv2.destroyAllWindows()

# 如果需要保存去噪后的图像
# cv2.imwrite('denoised_image.jpg', denoised_image)
```

上述代码提供了一个使用 OpenCV 库进行图像去噪的 Python 示例。首先,它提醒用户确保已经安装了 OpenCV,如果没有安装,则可以通过 pip 命令进行安装。接着,定义了一个名为 denoise_image 的函数,该函数用于接受图像路径和一些参数,使用 OpenCV 的 fastNlMeansDenoisingColored 方法来应用非局部均值去噪算法。最后,代码展示了如何调用这个函数为一张图像去噪,并在窗口中显示去噪前后的图像。如果需要,则可以将去噪后的图像保存到文件中。

注意：上面的代码假设图像文件存储于给定的路径中,并且该路径需要被正确设置。

随后,任务中心将上述写好的代码发送给审核员 B,并指出,如果审核员 B 提出需要修改上述代码,则程序员 A 可以根据建议来修改。审核员 B 给出的修改建议如下：

【示例 8-3】 协同开发平台中由智能体扮演的程序员 B 提供的审查意见

programmer_B send message：#审核代码并提出修改意见

以下是针对 programmer_A 写的代码的一些建议和潜在的问题：

1. **错误处理**：
   - 代码中没有对可能出现的错误进行处理，例如，如果提供的图像路径不存在或者图像无法读取，则代码将会抛出异常。建议添加错误处理机制。

   ```python
   if img is None：
       print(f"Error：Could not open or find the image '{image_path}'. ")
       return
   ```

2. **参数设置**：
   - `h` 和 `hColor` 参数对于不同的图像可能需要调整。这些参数应该根据噪声的级别和图像的特定需求进行优化。建议将这些参数作为函数的输入参数，并提供一些指导说明，以便用户知道如何选择合适的值。

3. **函数注释**：
   - 函数注释中提到了 `templateWindowSize` 和 `searchWindowSize` 参数，但没有解释它们的具体作用。建议添加对这些参数的解释。

4. **代码可读性**：
   - 变量和函数的命名应该更具描述性，例如，`h` 和 `hColor` 可以重命名为 `strengthBrightness` 和 `strengthColor`。
   - 代码中的一些常量（如窗口大小）如果是在多次调用中保持不变的，则可以设置为默认参数的默认值。

5. **代码效率**：
   - 如果该函数会被多次调用，则考虑将 OpenCV 的导入移到文件的顶部，避免每次调用时都重新导入。

6. **返回值**：
   - 当前函数不返回任何值，只是保存去噪后的图像。如果调用者需要在其他地方使用这个去噪后的图像，则建议修改函数以返回去噪后的图像。

   ```python
   return dst
   ```

7. **图像保存**：
   - 如果输出路径已经存在一个文件，则 `cv2.imwrite` 将会覆盖它。建议添加一个检查机制，或者在保存之前询问用户。

8. **参数默认值**：
   - 参数的默认值可能不是对所有图像都适用的。建议对这些参数进行实验，以找到适合大多数情况的默认值。

9. **函数通用性**：
   - 函数目前仅可以处理彩色图像（通过 `cv2.IMREAD_COLOR`）。如果想要处理灰度图像，则可以添加一个参数来控制读取图像的方式。

10. **代码展示**：
    - 如果该代码用于教学或演示，则可以添加打印语句来展示去噪的进度或者当前的参数设置。

综上所述，建议 programmer_A 根据这些建议对代码进行相应调整。这些修改将提高代码的健壮性、可读性和可用性。to programmer_A

上述内容是审核员 B 对程序员 A 编写的代码的审核意见，包括加入错误处理，明确参数作用，改进命名以提高可读性，返回去噪图像以便复用，避免覆盖现有文件，调整默认参数，增加对灰度图像的支持，并在教学演示时添加输出信息等。基于上述审核意见，程序员 A 给出的修改后的代码如下。

【示例 8-4】 协同开发平台中由智能体扮演的程序员 A 根据程序员 B 的意见进行的修改

基于 programmer_B 的反馈，下面是更新后的代码，它包含了错误处理、参数优化、注释完善及代码可读性的提升：

```python
import cv2
import numpy as np
import os

def denoise_image(image_path, output_path, strength_brightness=10, strength_color=10,
                  template_window_size=7, search_window_size=21, use_mixture_model=False):
    """
    使用 OpenCV 的非局部均值去噪方法对图像进行去噪。

    :param image_path: 输入图像的路径
    :param output_path: 输出去噪图像的路径
```

```python
    :param strength_brightness：用于亮度/灰度图像的过滤强度参数
    :param strength_color：用于彩色图像的过滤强度参数
    :param template_window_size：模板窗口大小,用于确定邻域的大小
    :param search_window_size：搜索窗口大小,用于确定搜索相似像素的区域大小
    :param use_mixture_model：是否使用混合高斯模型去噪,适用于灰度图像
    """
    # 检查图像文件是否存在
    if not os.path.exists(image_path)：
        print(f"Error：The file {image_path} does not exist.")
        return None

    # 读取图像
    img = cv2.imread(image_path, cv2.IMREAD_COLOR)

    # 检查图像是否可以正确读取
    if img is None：
        print(f"Error：Could not open or find the image {image_path}.")
        return None

    # 应用去噪算法
    if use_mixture_model：
        # 如果使用混合高斯模型,则需要先将图像转换为灰度
        gray = cv2.cvtColor(img, cv2.COLOR_BGR2GRAY)
        # 应用混合高斯模型去噪
        dst = cv2.fastNlMeansDenoising(gray, None, strength_brightness, template_window_size, search_window_size)
    else：
        # 应用非局部均值去噪
        dst = cv2.fastNlMeansDenoisingColored(img, None, strength_brightness, strength_color,
                                              template_window_size, search_window_size)

    # 保存去噪后的图像
    if dst is not None：
        cv2.imwrite(output_path, dst)
        return dst
    else：
        print(f"Error：Could not denoise the image {image_path}.")
```

```
    return None

#调用函数进行去噪处理
denoised_img = denoise_image('noisy_image.jpg', 'denoised_image.jpg', use_
mixture_model=False)
```

在这个版本中,我做了以下改动:

1. 将参数名改为更具描述性的名称,如`strength_brightness`和`strength_color`。
2. 添加了对图像是否正确读取的检查。
3. 如果去噪成功,则函数会返回去噪后的图像;如果去噪失败,则会返回`None`并打印错误信息。
4. 在保存图像之前,检查`dst`是否为`None`,确保不会因为去噪失败而保存一个空图像。
5. 优化了函数注释,解释了窗口大小参数的作用。
6. 函数现在能够返回去噪后的图像,这样调用者可以进一步处理或者直接使用这张图像。

更新后的代码增加了错误处理、参数描述性命名、返回去噪图像、保存前检查及完善的注释,提高了代码的健壮性、可读性和实用性,相比于程序员 A 初次输出的代码有了明显提升,当然,整个交互过程中也存在一些问题和需要注意的事项。

注意:上述代码只是从智能体输出的大量内容中筛选出的一部分,还有大量无用文本并没有展示在本书中,因此读者如果使用本套代码进行测试,则需要自己从输出的代码中找出有价值的信息片段。

8.2 灵动交互空间:人机互动新体验

在全新的互动聊天空间中,探索了一个激动人心的交流场景——多智能体聊天室。这里,不仅智能体之间能够进行流畅对话,读者作为参与方也能融入其中,与它们共同探讨各种话题,开展各种游戏。这个聊天室不仅是一个技术突破的展示,更是一个人机共融的实验平台。这个交互空间打破了传统的人机交流界限,能够让读者充分体验智能体带来的颠覆性互动体验。在这里,每次对话都是一次思维碰撞,每次讨论都是对人工智能理解和适应人类交流模式能力的深化。下面,以唐僧师徒四人在取经路上开展的飞花令诗词接龙游戏和智慧教辅课堂两个场景为例展示人机互动的全新体验。

8.2.1 场景1:取经路上诗词趣

在取经的路上,唐僧师徒四人为了缓解长途跋涉的艰辛,决定开展一场飞花令诗词接龙游戏。阳光透过稀疏的树叶,洒在四人围坐的草地上,气氛轻松而愉快,而在这场游戏中,除了唐僧的输入信息来源于用户外,其余的孙悟空、猪八戒和沙僧均由智能体构成。

游戏开始,孙悟空首先问师傅有啥事,而猪八戒则猜出了师傅的想法,并且抢先给出了"花间一壶酒,独酌无相亲",接着,一场诗词飞花令便拉开序幕。在这个过程中,孙悟空的智能体凭借其丰富的诗词储备,应对自如,猪八戒的智能体则偶尔出错,沙僧的智能体则表现沉稳,每句诗词都恰到好处,构建的诗词趣味智能聊天室如图8-2所示。

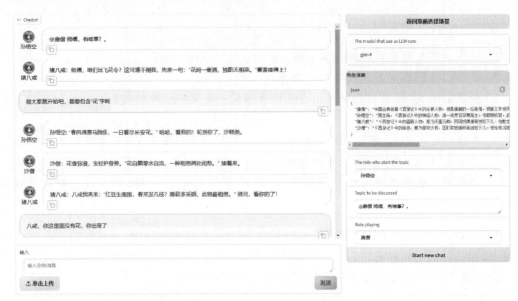

图 8-2 诗词趣味智能聊天室

以下是构建诗词趣味聊天室 Chat_room 的运行主程序的源代码:

```
//modelscope-agent/demo/chapter_8/Chat_room.py
import os
import sys

#改变当前工作目录
os.chdir('/mnt/d/modelscope/modelscope-agent/apps/multi_roles_chat_room')

#将上级目录添加到 sys.path,以便导入模块
sys.path.append('../../')

os.environ['ZHIPU_API_KEY']=YOUR_ZHIPU_API_KEY
llm_config = {'model': 'glm-4', 'model_server': 'zhipu'}

#更新 app.py 文件中的代码
app_py_path = '/mnt/d/modelscope/modelscope-agent/apps/multi_roles_chat_room/app.py'
with open(app_py_path, 'r') as file:
```

```
    filedata = file.read()

#替换字符串
filedata = filedata.replace('demo.launch()', 'demo.launch(share=True)')

#写回文件
with open(app_py_path, 'w') as file:
    file.write(filedata)

#设置 PYTHONPATH 环境变量
os.environ['PYTHONPATH'] = os.environ.get('PYTHONPATH', '') + ':/content/modelscope-agent'

#获取 app.py 的绝对路径(根据文件夹所在路径进行修改)
app_py_path = '/mnt/d/modelscope/modelscope-agent/apps/multi_roles_chat_room/app.py'

#运行 app.py
with open(app_py_path, mode='r') as file:
    #读取 app.py 文件内容
    app_code = file.read()

#使用 exec 来运行 app.py 文件内容
exec(app_code)
```

运行上述 Python 代码后,命令行中会给出一个网址 http://127.0.0.1:7860/,只需将该网址复制到浏览器中,便可以打开一个运行界面,然后设置的主智能体(本示例中是孙悟空)会根据提示词开始输出结果,而其他的智能体则会根据主智能体及用户(本示例中是唐僧)输入来判断并生成合理的输出,从而构建起一个多智能体聊天室。部分聊天交互内容如下:

【示例 8-5】 诗词趣味智能聊天室中多智能体的交互过程

孙悟空:@唐僧 师傅,有啥事?

猪八戒:师傅,咱们玩飞花令?这可难不倒我,先来一句:"花间一壶酒,独酌无相亲。"看谁接得上!

唐僧(用户):那大家就开始吧都要包含"花"字啊。

孙悟空:"春风得意马蹄疾,一日看尽长安花。"哈哈,看我的!轮到你了,沙师弟。

沙僧:花香弥漫,宝杖护身旁。"花自飘零水自流,一种相思两处闲愁。"接着来。

猪八戒:八戒我再来:"红豆生南国,春来发几枝?愿君多采撷,此物最相思。"师兄,看你的了!

唐僧(用户):八戒,你这里面没有花,你出局了。

孙悟空：哈哈，八戒，这次你输了！我来："落花人独立，微雨燕双飞。"师傅，看我的！

沙僧："落花人独立，微雨燕双飞。"师傅，该你了。

猪八戒：哎呀，我真是猪脑袋！下次一定注意。师傅，再来一局，我肯定能赢！

唐僧（用户）：沙僧，你的和悟空的重复了。

猪八戒：嘿嘿，沙师弟也迷糊了。这次我肯定用心，再来一局！

唐僧（用户）：沙僧，重新来一句，要不然就算你出局了。

沙僧："疏影横斜水清浅，暗香浮动月黄昏。"师傅，这次我可用心了。

孙悟空：好一句"疏影横斜水清浅"，沙师弟有长进！我接："桃花潭水深千尺，不及汪伦送我情。"看谁还能跟上！

在上述对话中，唐僧的3个师徒及用户扮演的角色唐僧在取经路上进行了一场飞花令诗词接龙游戏。游戏规则是每句诗词必须包含花字。猪八戒和沙僧因未能遵守规则而被判出局，孙悟空则坚持到了最后。整个场景充满了趣味性和互动性，同时也体现了团队之间的竞争和合作。当然，也许有读者会觉得这种场景缺乏实用价值，那么，下面的这个教育场景，想必会带来不一样的体验。

注意：上述聊天内容均复制于图 8-2 所示的诗词趣味智能聊天室中，并且除了唐僧由用户自己扮演外，其余三人均为智能体。

8.2.2 场景 2：智慧教辅课堂

智慧教辅课堂旨在通过大模型驱动的智能体，结合提示工程和微调训练，打造一个可以比肩不同专业学科老师的独立课堂。这种课堂不再是传统的一对多模式（一名老师面对多名学生），而是转变为每名学生配备一群专业的老师，当然，这里的专业老师并不是真实的个体，而是由大模型驱动的智能体。在这里，虚拟的智能教学团队可以根据学生的需求和特点，量身定制教学方案，提供专业领域的精准教学，打破了传统教育的局限，提升了教育教学的质量。

这种模式可以使教育资源得到最大化利用，确保了每名学生都能在适合自己的教学环境中茁壮成长，而且还为我国未来教育发展提供新的途径和思路。在智慧教辅课堂中，学生可以随时随地提问，获得针对性的解答，提高学习效率，同时培养创新思维和沟通协作等综合素质。这一创新的教学方式，不仅有助于提升学生成绩，更为培养创新型人才探索了道路，为国家教育事业的蓬勃发展注入了新的活力。基于智慧辅助课堂进行交流和讨论的过程如图 8-3 所示。

图 8-3 中的智慧教辅课堂一共定义了 5 个角色，首先是小王，也就是用户自己，另外 4 位是由智能体构成的语文老师孔子语，数学老师陈景数，英语老师李雷英，化学老师居里化，故事的线索及各个角色的主要特点如下。

第8章 基于多智能体构建的群体型应用

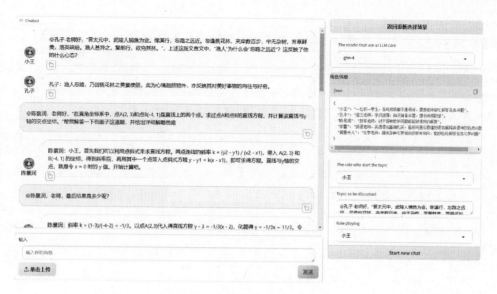

图 8-3 智慧教辅课堂

【示例 8-6】 故事线索设计及角色模板定义

STORY_1 =
"""
用户是初中生小王,目前处于初中一年级,马上要期末考试了,但在复习的过程中还有很多问题不懂,因此需要向各科老师请教,以便解答心中疑惑。
"""

ROLES_1 =
{
  '小王':'一位初一学生,各科成绩都不是很好,需要老师帮忙解答各类问题',
  '孔子语':'语文老师,学识渊博,知识储备丰富,擅长诗词歌赋',
  '陈景数':'数学老师,对于各种数学问题都能够很好地进行解答',
  '李雷英':'英语老师,英语语法基础扎实,能够用通俗易懂的语言解释英语中的各类问题',
  '居里化':'化学老师,擅长各种化学相关的初中知识,能够轻松解答各类化学问题'
}

  基于上述故事的线索和各个角色的塑造,接下来就可以运行智能体 Chat_room 的主程序源代码,这部分与前面的代码相同,此处不再过多地进行描述,运行成功后,小王可以通过输入窗口向聊天室中的各位老师提问题,老师会一一给出解答。首先是向语文老师孔子语请教一个文言文问题。

【示例8-7】 智慧教辅课堂中用户向语文老师抛出问题并展开交互

小王：@孔子语 老师好，"晋太元中，武陵人捕鱼为业。缘溪行，忘路之远近。忽逢桃花林，夹岸数百步，中无杂树，芳草鲜美，落英缤纷。渔人甚异之，复前行，欲穷其林。"，上述这段文言文中，"渔人"为什么会"忘路之远近"？这反映了他的什么心态？

孔子语：渔人忘路，乃因桃花林之美景使然，此为心境超然物外，亦反映其对美好事物的向往与好奇。

接下来是向数学老师陈景数请教一个数学问题：

【示例8-8】 智慧教辅课堂中用户向数学老师抛出问题并展开交互

小王：@陈景数，老师好，"在直角坐标系中，点 A(2, 3)和点 B(−4, 1)是直线上的两个点。求过点 A 和点 B 的直线方程，并计算该直线与 y 轴的交点坐标。"帮我解答一下这道题，并给出详细解题思路。

陈景数：小王，首先可以利用点斜式来求直线方程。两点连线的斜率 $k = (y_2 − y_1) / (x_2 − x_1)$，代入 A(2, 3) 和 B(−4, 1) 的坐标，得到斜率后，再用其中的一个点代入点斜式方程 $y − y_1 = k(x − x_1)$，即可求得方程。直线与 y 轴的交点，也就是令 x = 0 时的 y 值。开始计算吧。

小王：@陈景数，老师，最后结果是多少呢？

陈景数：斜率 $k = (1−3)/(−4−2) = −1/3$。以点 A(2,3)代入得直线方程 $y − 3 = −1/3(x − 2)$，化简得 $y = −1/3x + 11/3$。令 x=0，y 轴交点为 (0, 11/3)。明白了吗？

通过交流，由智能体扮演的数学老师陈景数不仅给出了解题思路，同时还告诉了小王最终答案，便于小王更好地学习。紧接着是一道英语题，此时，小王要向英语老师李雷英请教。

【示例8-9】 智慧教辅课堂中用户向英语老师抛出问题并展开交互

小王：@李雷英 老师好，请帮我看一看这道题该怎么做"Tom is a 14-year-old boy who loves playing basketball. Every Saturday, he goes to the community basketball court with his friends. They practice for a few hours and then play a friendly match. Tom is the captain of the team, and he is very good at organizing his teammates.

Last Saturday, Tom's team had a match against another team from a nearby school. It was a close game, but Tom's team won by just two points. Tom was the top scorer, and he was very happy about the victory.

What will Tom probably do next Saturday?

A. Stay at home and watch TV.　B. Go to the basketball court to practice.　C. Visit

his grandparents. D. Study for his math test.
Answer the question based on the short text.
_____ (Choose the correct answer and write the corresponding letter.)"

李雷英：@小王，根据文章内容，Tom喜欢每周六去打篮球，又是队长，对比赛很投入，所以，下周六他最可能会做什么呢？答案是B，他会去篮球场练习。这个推理题主要考察对文章细节的理解。

在上述交互过程中，李雷英也给出了自己的答案和解题思路。最后是一道化学题，由化学老师居里化来给小王解答。

【示例8-10】 智慧教辅课堂中用户向化学老师抛出问题并展开交互

居里化：@小王，化学上遇到难题了么？如果有关化学反应或元素的问题，居里化随时帮你解答。别忘了，学习化学时要观察现象，理解本质，理论与实践结合，问题就能迎刃而解。

小王：@居里化 老师好，请帮我看一看下面这道题。题目：实验室中，有A、B、C三种溶液，它们分别是氢氧化钠溶液、硫酸铜溶液和稀盐酸。进行以下实验：
将A溶液滴加到B溶液中，观察到产生了蓝色沉淀。
将C溶液滴加到上述产生的蓝色沉淀中，观察到沉淀逐渐溶解。
根据以上实验现象，回答以下问题：
(1)A溶液是哪种溶液？为什么？(2)C溶液是哪种溶液？为什么？(3)B溶液中的溶质是什么？写出实验中发生反应的化学方程式。

居里化：好的，小王。1)A溶液是硫酸铜溶液，因为滴加到B溶液中产生了蓝色沉淀，这是铜离子和氢氧根离子结合形成氢氧化铜沉淀的特征。2)C溶液是稀盐酸，因为它能使氢氧化铜沉淀溶解，这是酸与碱反应生成水的特征。3)B溶液中的溶质是氢氧化钠，反应方程式为 $2NaOH + CuSO_4 \rightarrow Cu(OH)_2 \downarrow + Na_2SO_4$。这里的"↓"表示沉淀生成。

在完成了上述交互过程后，各位老师还进行了闲聊式的心得体会交流。

【示例8-11】 智慧教辅课堂中多智能体之间的交互

孔子语：小王，实验之观察，便是学问之道。A溶液与B溶液反应，显蓝色沉淀，可知A溶液中必有铜离子。C溶液能使沉淀溶解，必含酸性。此皆观察与推理之果。学问亦如此，观察现象，推理本质。

李雷英：@小王 分析得很好！在解答这类题目时，熟悉不同化学物质的性质和反应特点非常关键。继续加油，如果有英语问题，欢迎随时问我。

李雷英：@小王，孔子语的点评很到位。无论是文科还是理科，观察和推理都是解决问题的重要方法。在英语学习中,我们也要注意观察语境,推理词义,这样理解和运用语言会更自如。遇到难题,别忘了多观察、多思考。

在上述交互过程中,小王依次向语文、数学、英语和化学老师请教了相关问题。孔子语老师解析了文言文中渔人因美景而忘路的心态,陈景数老师讲授了求直线方程的方法,李雷英老师指导了英语阅读理解的技巧,而居里化老师则解答了化学实验问题。最后,孔子语和李雷英对此进行点评,指出观察和推理在学习和解决问题中的普遍适用性,鼓励小王在各个学科领域都要注重观察和思考。也许这个智慧课题还有不完善的地方,但是对于缺乏教育资源的学生来讲,不失为一种极好的补充。

8.3 智能交通调度:交通管理新方案

随着科技的持续进步,智能交通调度已经成为交通管理领域发展的新趋势。以大模型为核心的多智能体系统在智能交通调度中的应用,正为城市交通管理和城市发展带来前所未有的变革。在智能交通调度体系中,人、车、路三者的关系已经超越了传统意义上的简单主客体关系。随着无人驾驶技术和智慧城市理念的广泛普及,每辆车都将变成一个智能体,而整个城市也将演变成一个超级智能体。在这个体系中,三者间的关系展现出更加显著的协调性和多样性。

在传统交通管理中,信号灯的配时往往固定不变,这使它难以适应实时交通流量的变化。尤其是在早高峰和晚高峰时段,经常碰到部分车道交通拥堵严重,而另外一些车道则人流稀少。在未来,以大模型为核心的智能交通调度系统将能够根据实时交通数据动态地调整信号灯配时,甚至能够预先为自动驾驶车辆规划出更优路径,从而减少车辆等待时间,缓解交通拥堵问题。在这个过程中,用户只需提出合理诉求,例如出行的时间和地点,自动驾驶车辆这个智能体将负责路径规划,并将规划方案上传至城市路网智能体进行确认,城市路网智能体将统筹考虑所有因素,回传方案可行性预测和评估,反馈给车辆智能体,最终,用户可以根据这些信息决定是否采纳方案。

智能交通调度系统能够更好地实现跨系统协同工作。它能与公共交通调度系统、紧急救援系统等无缝集成,实现信息共享和资源的优化配置。在紧急救援情况下,该系统能够迅速作出响应,调整同一路段上的交通信号灯和其他自动驾驶车辆的行驶路径,为救援车辆开辟一条畅通无阻的绿色通道,确保救援行动的及时性和高效性。

在停车服务和效率方面,智能交通调度系统通过与智能停车系统等智能体的互联互通,能够实时监测并预测停车场在接下来的一段时间内的空车位情况,为车主提供便捷的停车服务。同时,由智能体构成的停车场还能根据停车的实时数据,动态地调整停车费用,引导车主合理使用停车资源,从而进一步优化停车效率和资源分配。多智能体构建一个简单智能交通调度系统 Dispatch_of_ITS,代码如下:

```python
//modelscope-agent/demo/chapter_8/Dispatch_of_ITS.py
import sys
import os
import ray
sys.path.append('/mnt/d/modelscope/modelscope-agent')
from modelscope_agent import create_component
from modelscope_agent.agents import RolePlay
from modelscope_agent.task_center import TaskCenter
from modelscope_agent.multi_agents_utils.executors.ray import RayTaskExecutor

os.environ['ZHIPU_API_KEY'] = '5d7c3defa19473807dffb4bbfb5c7cb0.k3UQ2Ztc7z4g9l7N'
#初始化 Ray
ray.init()

REMOTE_MODE = False

if REMOTE_MODE:
    RayTaskExecutor.init_ray()

llm_config = {'model': 'glm-4', 'model_server': 'zhipu'}
function_list = []

#创建任务中心和角色扮演组件
task_center = create_component(
    TaskCenter,
    name='task_center',
    remote=REMOTE_MODE)

role_A = '你是乘客 Passenger,你负责提出需求,包括什么时间之前到达什么地点,同时,你也有权利来决定是否按照城市道路网络智能体 Road_Network 提供的路线走,或者具体按照哪条路线来走。'
role_B = '你是自动驾驶车辆智能体 Car,负责接收乘客 Passenger 提出的需求,并结合自己当前的定位给出具体的路径规划,同时,在城市道路网络智能体 Road_Network 给出方案后,反馈给乘客 Passenger。' \
    '以下是常规的路线规划:' \
    '1号线:6:53到夏湾公交总站、6:53到白石南、6:55到银石雅园、6:57到兰埔、7:05到中电大厦、7:05到度假村、7:07到九洲花园、7:10到九州大道东、7:12到珠海电台、7:18到吉大、7:20到九洲城、7:24到湾仔沙、7:26到百货公司、7:28到邮政大厦、7:30到凤凰北、7:50到南方软件园、8:00到白沙、8:05到达智能软件开发有限公司(公司)。' \
    '2号线:6:45到前山、7:05到暨南大学、7:07到武警支队、7:09到柠溪、7:11到香柠花园、7:13到南香里、7:15到南坑、7:17到香洲总站、7:19到紫荆园、7:21到华子石西、7:23到华子石东、7:28到水拥坑海天公园、7:30到美丽湾、7:31到银坑、7:33到鸡山南、7:38到唐家市场、7:40到港湾一号、8:05到达智能软件开发有限公司(公司)。' \
    '3号线:6:30到到金斗湾客运站、6:52到汇星建材市场、7:02到雅居乐万象郡、7:05到诺丁山、7:07到振华中路、7:11到景湖居、7:12到雅居乐花园、7:14到金涌大道北、7:19到大布、7:22到中山温泉、7:30到肖家村、7:32到三乡布匹市场、7:47到金鼎市场、7:48到下栅、7:50到官塘、8:05到达智能软件开发有限公司(公司)。' \
```

'4号线：6:40到漾湖明居、6:58到海纳石鸣苑、7:00到招商花园城、7:02到翠微市场、7:04到翠微路北、7:10到仁恒星园、7:12到香洲区府、7:14到南村、7:15到新村、7:18到兴业中、7:21到名街花园、7:28到梅华中、7:31到香山湖、7:33到健民路北、7:41到宁堂、8:05到达智能软件开发有限公司(公司)。' \

'5号线：6:55到优越香格里、6:57到中澳新城、7:03到诗僧路北(万科城)、7:05到扣扉路南、7:06到上冲检查站(上冲小镇)、7:12到新香洲万家、7:14到安居园、7:17到体育中心西、7:27到公安村、7:30到梅界路口、8:05到达智能软件开发有限公司(公司)。' \

'6号线：7:45到唐家人才公寓、7:48到半岛三路口、7:50到仁恒滨海半岛、7:52到半岛驿站公园、7:54到华发蔚蓝堡、7:56到后环路口、7:58到海怡湾畔、8:04到万科红树东岸，8:05到最终到达智能软件开发有限公司(公司)。' \

'7号线：6:50到山湖海路西、6:53到山湖海路东、6:55到滨海天际北门、7:00到湖心路口、7:02到白藤二路、7:03到西江月、7:04到万威美地、7:05到德昌盛景、7:06到时代香海彼岸、7:41到宁堂、8:05到达智能软件开发有限公司(公司)。' \

'8号线：车6:32到华发商都、7:04到南屏大桥、7:08到中臣花园、7:10到造贝、7:12到人力资源中心、7:17到明珠中、7:20到翠微、7:24到明珠站、7:26到公交花园、7:31到恒雅名园、7:33到蓝盾路口、7:48到宁堂、8:05到达智能软件开发有限公司(公司)。' \

'9号线：7:40到锦绣海湾城七期西、7:42到锦绣海湾城一期东、7:45到华庭云谷一店(路口)、7:46到华庭云谷二店(路口)、7:48到城轨珠海北站、8:05到达智能软件开发有限公司(公司)。' \

'10号线：6:55到鳄鱼岛、6:57到丽湖名居、6:59到星宇、7:01到田家炳中学、7:03到斗门装饰建材、7:05到中纺城、7:07到白蕉汽车站、7:09到工业大道北、8:05到达智能软件开发有限公司(公司)。' \

'11号线：7:41到锦绣海湾城会所、7:45到科创纵三路、7:49到惠景惠园、7:51到科技八路东、7:53到科技六路中、8:05到达智能软件开发有限公司(公司)。' \

'12号线：7:42到锦绣海湾城六期西、7:44到下沙跨线桥西、7:47到锦绣海湾城六期东、7:49到博爱门诊、7:50到锦绣海湾城三期、8:05到达智能软件开发有限公司(公司)。' \

role_C = '你是城市道路网络智能体 Road_Network，你需要结合当前城市路况，评估和预测自动驾驶车辆智能体 Car 给出的路径哪条最优，并给出原因，最后将结果反馈给自动驾驶车辆智能体 Car。' \

'需要注意，根据以往经验，3号线(诺丁山上车)在途经肖家村时会堵车40min，从而导致达到公司的时间推迟40min左右'

```
Passenger = create_component(
    RolePlay,
    name='Passenger',
    remote=REMOTE_MODE,
    llm=llm_config,
    function_list=function_list,
    instruction=role_A)

Car = create_component(
    RolePlay,
    name='Car',
    remote=REMOTE_MODE,
    llm=llm_config,
    function_list=function_list,
    instruction=role_B)

Road_Network = create_component(
```

```
        RolePlay,
        name='Road_Network',
        remote=REMOTE_MODE,
        llm=llm_config,
        function_list=function_list,
        instruction=role_C)

#在远程模式下注册代理
task_center.add_agents([Passenger, Car, Road_Network])

n_round = 6 #3 round for each agent
task = '目前的位置距离九州大道东 1.5km,距离暨南大学 1km,距离诺丁山 0.8km,乘客
Passenger 步行的速度是每小时 5km,要求花费尽可能短的时间到达智能软件开发有限公司。' \
        '备注:计算最短达到时间时,只需考虑乘客 Passenger 的步行时间和从上述 3 个站点到
达公司所需的时间,而从上述 3 个站点到达公司的时间可以通过到达公司的时间减去到达站点的
时间。' \
        '例如 7:10 到九州大道东,表示到达九州大道东的时间是 7:10。' \
        '注意,不要以代码的形式展示,同时不要自由发挥,根据给定的数据来判断。'
task_center.send_task_request(task, send_from='Passenger')

#in 1st step, let Car only send his opinion to Road_Network, the message will print
out
for frame in task_center.step(allowed_roles='Car'):
    print(frame)


#in 1st step, let Car only send his opinion to Road_Network, the message will print
out
for frame in task_center.step(allowed_roles='Road_Network'):
    print(frame)
```

上述算法构建了一个多智能体系统,用于模拟乘客、自动驾驶车辆和城市路网络之间的交互。系统定义了乘客、自动驾驶车辆和城市道路网络 3 个角色,并为它们指定了指令和配置,其中乘客这一角色可以提出诉求,自动驾驶车辆依托电子地图能够实现多个路线的查询和规划,城市道路网络主要用于判断和预测当前道路是否通畅,并给出反馈建议。

注意:在上述代码中,路线图被事先存储在自动驾驶车辆智能体中,这主要是由于上述实例并没有关联地图功能,因此没有办法进行实时查询,只能通过这种方式进行模拟。

用户乘客提出的任务如下:目前的位置距离九州大道东 1.5km,距离暨南大学 1km,距离诺丁山 0.8km,乘客 Passenger 步行的速度是每小时 5km,要求花费尽可能短的时间到达智能软件开发有限公司。接下来,首先给出智能交通调度系统 Dispatch_of_ITS 运行时,针对乘客提出的任务自动驾驶车辆提供的方案。

【示例 8-12】 智能交通调度平台中自动驾驶车辆智能体提供的乘车方案

Car send message:基于给定的信息,需要计算 Passenger 从当前所在位置到九州大道东、暨南大学、诺丁山 3 个地点的步行时间,然后加上从这些地点到智能软件开发有限公司的预计时间,以确定哪个方案的总用时最短。

首先,我们计算步行时间(假设乘客立即上车)。

1. 九州大道东:乘客距离九州大道东 1.5km,步行速度 5km/h,步行时间为 1.5km/5km/h=0.3h=18min。

-从九州大道东到公司的预计时间是 8:05,所以从当前位置到公司的总时间是 7:10(到达九州大道东时间)+ 18min(步行时间)= 7:28,然后加上从九州大道东到公司的时间。

2. 暨南大学:乘客距离暨南大学 1km,步行时间为 1km/5km/h = 0.2h = 12min。

-从暨南大学到公司的预计时间是 8:05,所以总时间是 7:05(到达暨南大学时间)+ 12min(步行时间)= 7:17,然后加上从暨南大学到公司的时间。

3. 诺丁山:乘客距离诺丁山 0.8km,步行时间为 0.8km/5km/h = 0.16h = 9.6min(约 10min)。

-从诺丁山到公司的预计时间是 8:05,所以总时间是 7:07(到达诺丁山时间)+ 10min(步行时间)= 7:17,然后加上从诺丁山到公司的时间。

现在需要计算从各个站点到公司的时间:

-从九州大道东到公司:8:05 - 7:10 = 55min

-从暨南大学到公司:8:05 - 7:05 = 60min

-从诺丁山到公司:8:05 - 7:07 = 58min

结合步行时间,我们计算总时间:

1. 九州大道东方案的总时间 = 步行时间(18min)+ 车程时间(55min)= 73min

2. 暨南大学方案的总时间 = 步行时间(12min)+ 车程时间(60min)= 72min

3. 诺丁山方案的总时间 = 步行时间(10min)+ 车程时间(58min)= 68min

因此,从诺丁山出发的方案总用时最短,为 68min。建议乘客前往诺丁山站点选择相应的线路。to Road_Network

上述自动驾驶汽车智能体发送的消息是一个关于如何选择最短出行时间的分析。通过计算乘客从当前位置步行到 3 个不同地点(九州大道东、暨南大学、诺丁山)的时间,并结合从这些地点乘车到公司的预计时间,得出了从诺丁山出发的总用时最短,为 68min,因此,建议乘客前往诺丁山站点乘坐车辆,但是,这仅仅是理想状态下花费的时间,而在实际驾驶过程中，还要考虑拥堵等情况，因此需要向城市道路网络智能体寻求帮助，以确定规划的路线上是否有车祸或者其他影响交通的状况。以下是城市道路网络智能体给出的判断：

【示例 8-13】 智能交通调度平台中路网智能体给出的判断和建议

Road_Network send message：Road_Network：

根据当前城市路况和以往经验，尽管诺丁山方案的步行时间加上车程时间看似最短，但我们必须考虑你提到的 3 号线在途经肖家村时会堵车 40min 的情况。这个因素将会严重影响从诺丁山出发的方案。

考虑到这一点，需要重新评估这些方案：

1. 九州大道东方案：
   - 步行时间：18min
   - 车程时间：不受肖家村堵车影响，预计 55min
   - 总时间：18min + 55min = 73min

2. 暨南大学方案：
   - 步行时间：12min
   - 车程时间：不受肖家村堵车影响，预计 60min
   - 总时间：12min + 60min = 72min

3. 诺丁山方案：
   - 步行时间：10min
   - 车程时间：受肖家村堵车影响，预计 58min + 40min 堵车时间 = 98min
   - 总时间：10min + 98min = 108min

重新评估后，可以看出，尽管诺丁山方案的步行时间最短，但由于存在堵车问题，总时间变成了最长的，为 108min，因此，最优的方案应该是九州大道东或暨南大学方案。

由于九州大道东方案的总时间为 73min，而暨南大学方案的总时间为 72min，可以得出结论，暨南大学方案是最优的，因为它不仅避免了肖家村的堵车问题，而且总时间也是最短的。

反馈给自动驾驶车辆智能体 Car 的信息如下：

"基于当前城市路况和经验数据，建议选择暨南大学作为起点，因为从该地点出发的方案总用时最短，为 72min，并且不会受到肖家村堵车的影响。" to Car

城市道路网络智能体根据最新的路况信息和历史数据分析，对先前的出行方案进行了调整。原本看似最佳的诺丁山方案，因考虑到 3 号线经过肖家村时的长时间拥堵（约 40min），其实际所需时间大幅增加。经过重新评估，发现九州大道东和暨南大学的方案未堵影响,其总行程时间分别为73min和72min。这一分析结果表明,暨南大学方案在避免交通拥堵的同时,还拥有最短的总耗时,成为更优的选择。据此,建议自动驾驶车辆智能体Car优先考虑从暨南大学出发。自动驾驶车辆智能体Car在收到城市道路网络智能体提供的建议后会展示给乘客Passenger,最终由乘客Passenger来决定是否采纳上述建议。

注意:上述结果是经过多次运行调试后获得的结果。多智能体构建的系统想要获得最佳的结果,需要更多的设置和调试,因为某个智能体发出信息后,其他智能体的回复往往存在更多不确定性。

8.4 虚拟艺术舞台:相声表演新形态

在数字技术的澎湃浪潮中,艺术表演的疆域正在不断扩展。相声,这一承载着中国深厚文化底蕴的曲艺瑰宝,也在科技的助力下焕发出全新的生命力。通过融合人工智能、虚拟现实、增强现实等前沿技术,构建一个虚拟艺术舞台,让相声表演在打破物理空间束缚的同时,实现与观众零距离的互动体验。在此基础上,通过引入生成式人工智能技术,辅助传统相声的创作与表演,必将带来颠覆性的变革,为观众呈现前所未有的感官享受。下面是虚拟艺术舞台的一些可能的发展方向:

大模型驱动相声创作。在相声艺术的创作过程中,借助大模型构建的智能体,可以极大地提升艺术家内容创作的效率与品质。智能体通过深度学习相声的经典段子、精湛的表演技艺和独特的语言风格,精准捕捉相声演员的个性魅力。经过算法的精心优化,AI能够创作出既继承传统美学精髓,又充满创新活力的相声剧本,为相声艺术的创新与发展注入源源不断的创意动力。

多智能体协同表演。在事先构建好的虚拟艺术舞台上,相声不再是自然人的独有工作。多智能体使多个AI角色能够实时互动,模仿人类相声演员之间的默契配合。这些智能体不仅能根据观众的反应即时调整表演策略,还能在对话中加入目前的热点话题,让表演更加贴近生活,更具时代感。

观众参与的沉浸式体验。通过VR或AR设备,观众可以置身于虚拟场景之中,与虚拟相声演员进行直接对话,甚至成为表演的一部分。这种沉浸式的体验不仅增强了观众的参与感,也让相声表演变得更加生动有趣,每次演出都可能因为观众的互动而产生不同的效果。虚拟艺术舞台上的相声表演,不仅是对传统艺术形式的一次革新,更是科技与人文交融的典范,展现了科技与艺术融合的无限可能性。接下来,通过设定两个相声中的捧哏和逗哏角色,开展一段简单的虚拟相声。构建虚拟艺术舞台相声智能体CrossTalk的代码如下:

```
//modelscope-agent/demo/chapter_8/CrossTalk.py
import sys
import os
import ray
sys.path.append('/mnt/d/modelscope/modelscope-agent')
```

```python
from modelscope_agent import create_component
from modelscope_agent.agents import RolePlay
from modelscope_agent.task_center import TaskCenter
from modelscope_agent.multi_agents_utils.executors.ray import RayTaskExecutor

os.environ['ZHIPU_API_KEY'] = YOUR_ZHIPU_API_KEY
#初始化Ray
ray.init()

REMOTE_MODE = True

if REMOTE_MODE:
    RayTaskExecutor.init_ray()

llm_config = {'model': 'glm-4', 'model_server': 'zhipu'}
function_list = []

#创建任务中心和角色扮演组件
task_center = create_component(
    TaskCenter,
    name='task_center',
    remote=REMOTE_MODE)

role_A = '你是小岳,一个幽默风趣、活泼开朗的喜剧演员。你擅长与用户互动,能够敏锐地捕捉并模仿人类情感的微妙变化,通过自嘲和适度的讽刺来营造轻松愉快的交流氛围。'
role_B = '你是小孙,著名相声演员,小岳的搭档,一位沉稳内敛却又机智过人的捧哏专家。你具有深厚的文化底蕴和敏锐的思维反应。你擅长在对话中不动声色地抛出精妙的点评或反问,既支撑着主要话题的展开,又能适时提供智慧的火花,让用户在享受笑料的同时,也感受到深邃的思想碰撞。'

actor_yue = create_component(
    RolePlay,
    name='actor_yue',
    remote=REMOTE_MODE,
    llm=llm_config,
    function_list=function_list,
    instruction=role_A)

actor_sun = create_component(
    RolePlay,
    name='actor_sun',
    remote=REMOTE_MODE,
    llm=llm_config,
    function_list=function_list,
    instruction=role_B)

#在远程模式下注册代理
ray.get(task_center.add_agents.remote([actor_yue, actor_sun]))
```

```
n_round = 1
task = '现在是在相声有新人的舞台上,小岳和小孙两个人要表演相声,主题围绕"考大学"展开,' \
       '在这个过程中,小岳调侃小孙,小孙巧妙化解并回击,两个人有来有往。' \
       '注意:两个人的交流要逻辑严谨,条理清晰,不能胡说八道。'
ray.get(task_center.send_task_request.remote(task))

while n_round > 0:
    for frame in task_center.step.remote():
        print(ray.get(frame))
    n_round -= 1
```

在精心编码的数字世界中,智能体CrossTalk塑造了两位虚拟相声艺术家——机智幽默的小岳和沉稳睿智的小孙。他们各自拥有独特的性格魅力和表演风格,为相声舞台注入了新的活力。在这段代码的巧妙编织下,设定了一场别开生面的艺术表演场景,即在备受瞩目的相声有新人舞台上,两位艺术家将围绕考大学这一主题展开即兴创作。基于这些丰富的背景信息和角色设定,相声智能体CrossTalk即将启动,它将运用其算法智慧,为观众带来一场精彩绝伦的相声表演:

【示例8-14】 虚拟艺术舞台上多个智能体的交互过程

(场景:相声有新人的舞台上,灯光聚焦,观众掌声如雷,小岳和小孙走上台来)

小岳:(拍着小孙的肩膀)哎,小孙,听说你当年考大学,那可是千军万马过独木桥啊!

小孙:(微笑)是啊,那时候竞争激烈,不像你现在,独木桥都换成高速公路了。

小岳:(故作惊讶)哦?此话怎讲?

小孙:你看看你,长得帅,又有才,考大学不就跟逛公园似的,轻轻松松。

小岳:(得意地笑)那倒是,不过我可是实至名归的!

小孙:(调侃)对,你那叫"名落孙山",而我叫"孙山"。

小岳:(愣了一下,接着笑)嘿,你这家伙,还真是沉得住气啊!

小孙:那当然,我这人向来沉稳内敛,不像你,风风火火的。

小岳:(不服气)我那叫激情四溢,懂吗?

小孙:(点头)懂懂懂,激情四溢到把准考证都丢了。

小岳:(尴尬地笑)那不是年轻不懂事嘛!

小孙:年轻不懂事,老了懂事了,可考试没了。

小岳:(感慨)是啊,时光荏苒,岁月如梭,转眼我们都老了。

小孙:(接话茬)是啊,不过你放心,就算咱们老了,相声这门艺术还是会后继有人的。

小岳:(好奇)哦?你怎么知道?

小孙:你没看现在那些小朋友,一个个都聪明得很,考大学对他们来讲,那就是小菜一碟。

小岳:(疑惑)那么我们这些老一辈的人怎么办?

小孙：(机智回答)咱们就负责给他们捧哏，传承这门艺术，让相声事业发扬光大！
(观众热烈鼓掌，相声表演圆满结束)

在这个虚拟的艺术舞台上，相声演员小岳和小孙以轻松幽默的方式展开了一场关于考大学经历的对话。两人在互相调侃中展现了各自的特点，小岳的活泼开朗和自信，小孙的沉稳内敛和机智。他们通过回忆和对比，表达了对过去竞争激烈的考试环境的感慨，同时也展现了年轻一代的聪明才智。最终，小孙以传承相声艺术的责任感作为结尾，强调了老一辈艺术家在培养后继者中的角色，赢得了观众的掌声和认可，表演在欢声笑语中圆满结束。尽管上述情节相对简单，但是已经具备了一定的逻辑性，并给出了一些动作和情景的提示，对于相声演员的创作会带来一定的启发和推动作用。

8.5 本章小结

本章主要介绍了基于多智能体构建的群体型应用。首先，阐述了多智能体系统的定义、组成及应用前景，并详细介绍了多智能体系统的架构及其各组成部分的功能，其次，通过具体场景展示了多智能体系统在协同开发平台、灵动交互空间、智能交通调度和虚拟艺术舞台等方面的应用。这些应用案例表明，多智能体系统具有广泛的发展潜力，能够为各领域带来前所未有的变革，然而，多智能体系统在实际应用中仍面临诸多挑战，如计算资源限制、数据隐私和安全问题等。最后，本章提出了技术融合和跨领域应用的发展方向，并强调了制定伦理规范和法律法规的重要性。总体而言，多智能体群体型应用在未来有望深入各个领域，为国家科技创新和社会发展贡献力量。

参 考 文 献

扫描下方二维码可获取本书参考文献。

参考文献

图 书 推 荐

书 名	作 者
HuggingFace自然语言处理详解——基于BERT中文模型的任务实战	李福林
动手学推荐系统——基于PyTorch的算法实现（微课视频版）	於方仁
轻松学数字图像处理——基于Python语言和NumPy库（微课视频版）	侯伟、马燕芹
自然语言处理——基于深度学习的理论和实践（微课视频版）	杨华 等
Diffusion AI绘图模型构造与训练实战	李福林
全解深度学习——九大核心算法	于浩文
图像识别——深度学习模型理论与实战	于浩文
深度学习——从零基础快速入门到项目实践	文青山
AI驱动下的量化策略构建（微课视频版）	江建武、季枫、梁举
LangChain与新时代生产力——AI应用开发之路	陆梦阳、朱剑、孙罗庚 等
自然语言处理——原理、方法与应用	王志立、雷鹏斌、吴宇凡
人工智能算法——原理、技巧及应用	韩龙、张娜、汝洪芳
ChatGPT应用解析	崔世杰
跟我一起学机器学习	王成、黄晓辉
深度强化学习理论与实践	龙强、章胜
Java+OpenCV高效入门	姚利民
Java+OpenCV案例佳作选	姚利民
计算机视觉——基于OpenCV与TensorFlow的深度学习方法	余海林、翟中华
量子人工智能	金贤敏、胡俊杰
Flink原理深入与编程实战——Scala+Java（微课视频版）	辛立伟
Spark原理深入与编程实战（微课视频版）	辛立伟、张帆、张会娟
PySpark原理深入与编程实战（微课视频版）	辛立伟、辛雨桐
ChatGPT实践——智能聊天助手的探索与应用	戈帅
Python人工智能——原理、实践及应用	杨博雄 等
Python深度学习	王志立
AI芯片开发核心技术详解	吴建明、吴一昊
编程改变生活——用Python提升你的能力（基础篇·微课视频版）	邢世通
编程改变生活——用Python提升你的能力（进阶篇·微课视频版）	邢世通
编程改变生活——用PySide6/PyQt6创建GUI程序（基础篇·微课视频版）	邢世通
编程改变生活——用PySide6/PyQt6创建GUI程序（进阶篇·微课视频版）	邢世通
Python语言实训教程（微课视频版）	董运成 等
Python量化交易实战——使用vn.py构建交易系统	欧阳鹏程
Python从入门到全栈开发	钱超
Python全栈开发——基础入门	夏正东
Python全栈开发——高阶编程	夏正东
Python全栈开发——数据分析	夏正东
Python编程与科学计算（微课视频版）	李志远、黄化人、姚明菊 等
Python游戏编程项目开发实战	李志远
Python概率统计	李爽
Python区块链量化交易	陈林仙
Python玩转数学问题——轻松学习NumPy、SciPy和Matplotlib	张骞

续表

书 名	作 者
仓颉语言实战（微课视频版）	张磊
仓颉语言核心编程——入门、进阶与实战	徐礼文
仓颉语言程序设计	董昱
仓颉程序设计语言	刘安战
仓颉语言元编程	张磊
仓颉语言极速入门——UI 全场景实战	张云波
HarmonyOS 移动应用开发（ArkTS 版）	刘安战、余雨萍、陈争艳 等
openEuler 操作系统管理入门	陈争艳、刘安战、贾玉祥 等
AR Foundation 增强现实开发实战（ARKit 版）	汪祥春
AR Foundation 增强现实开发实战（ARCore 版）	汪祥春
后台管理系统实践——Vue.js＋Express.js（微课视频版）	王鸿盛
HoloLens 2 开发入门精要——基于 Unity 和 MRTK	汪祥春
Octave AR 应用实战	于红博
Octave GUI 开发实战	于红博
公有云安全实践（AWS 版·微课视频版）	陈涛、陈庭暄
虚拟化 KVM 极速入门	陈涛
虚拟化 KVM 进阶实践	陈涛
Kubernetes API Server 源码分析与扩展开发（微课视频版）	张海龙
编译器之旅——打造自己的编程语言（微课视频版）	于东亮
JavaScript 修炼之路	张云鹏、戚爱斌
深度探索 Vue.js——原理剖析与实战应用	张云鹏
前端三剑客——HTML5＋CSS3＋JavaScript 从入门到实战	贾志杰
剑指大前端全栈工程师	贾志杰、史广、赵东彦
从数据科学看懂数字化转型——数据如何改变世界	刘通
5G 核心网原理与实践	易飞、何宇、刘子琦
恶意代码逆向分析基础详解	刘晓阳
深度探索 Go 语言——对象模型与 runtime 的原理、特性及应用	封幼林
深入理解 Go 语言	刘丹冰
Vue＋Spring Boot 前后端分离开发实战（第 2 版·微课视频版）	贾志杰
Spring Boot 3.0 开发实战	李西明、陈立为
Spring Boot＋Vue.js＋uni-app 全栈开发	夏运虎、姚晓峰
Dart 语言实战——基于 Flutter 框架的程序开发（第 2 版）	亢少军
Dart 语言实战——基于 Angular 框架的 Web 开发	刘仕文
Power Query M 函数应用技巧与实战	邹慧
Pandas 通关实战	黄福星
深入浅出 Power Query M 语言	黄福星
深入浅出 DAX——Excel Power Pivot 和 Power BI 高效数据分析	黄福星
从 Excel 到 Python 数据分析：Pandas、xlwings、openpyxl、Matplotlib 的交互与应用	黄福星
云原生开发实践	高尚衡
云计算管理配置与实战	杨昌家
移动 GIS 开发与应用——基于 ArcGIS Maps SDK for Kotlin	董昱